東深供水工程建設實錄

陳啟文／著

開明書店

謹以此書獻給

「時代楷模」——東深供水工程建設者群體

這是一部追蹤東深供水工程來龍去脈和建設者群體的深度調查文本。

翻開香港的史冊，乾旱缺水長時間困擾着香港，每遇大旱，水荒必至。

誰能拯救在大旱與水荒之中備受煎熬的香港同胞？這其實不是天問，而是來自人間的叩問。香港三面環海，一旦與內地隔開，就是一座海上孤島。但香港在面朝大海的同時，又背靠着祖國內地，這就是香港最大的靠山。1963 年 6 月，中央政府發出《關於向香港供水談判問題的批覆》，周恩來總理指示：「要不惜一切代價，保證香港同胞渡過難關！」

隨後，一個從東江引流入港的工程計劃進入了國家層面的運作。這一工程，最初命名為東江——深圳供水灌溉工程，簡稱「東深供水工程」。從 1964 年春天到 1965 年春天，來自珠江三角洲地區的上萬名建設者，以「要高山低頭，令河水倒流」的意志，在短短一年時間內就建成了一個全長 83 公里的大型跨流域供水工程，譜寫了一曲感天動地、氣壯山河的奮鬥者之歌。

此後，一代代建設者和守護者秉持初心，接力傳承，對東深供水工程進行了三次擴建和一次脱胎換骨的改造，使供水能力提升了三十多倍，迄今已累計對港供水近三百億立方米，相當於半個多三峽水庫的庫容，超過了一個半洞庭湖，滿足了香港約百分之八十的用水需求，其水質之優，流量之大，跨越地域之廣，科技運用之新，均屬全國首位，堪居世界前列。

東深供水不同於一般的供水工程，這是哺育粵港兩地同胞的生命水，更是香港與祖國內地骨肉相連的一條血脈、血濃於水的一條命脈。那源遠流長的生命之源，飽含着祖國母親對香港同胞的深情大愛早已滲入香港的每一寸土地，融入了香港同胞的血脈深處。那些經歷過香港當年的水荒、見證了香港今日之繁榮的香港同胞發自肺腑地感言：「有鹽同鹹，無鹽同淡！祖國永遠是香港的靠山，不管過去、現在還是未來，中央都是急港人所急、想港人所想，全力維護和增進香港市民的福祉。」

目 錄

引 子

一

我接下來要追溯的一切，都是從一條源遠流長的河流開始。

這是一條被人類反覆命名的河流：湟水、循江、尋烏水、定南水、龍川江、東江……

事實上，她每流經一個地方就會獲得一次命名。對於人類，這是一種深情的眷戀和挽留的方式，無論她將流向何方，她的名字，她的魂，就在這樣深情的呼喚下，在她流經的那個地方留下了，從此，永遠，她與那一方水土成了同義詞。當我注視她的那一刻，感覺有許多事物在一條河流同時發生。這不是我的幻覺，這是河流的意義。

這條最終被命名為東江的河流，是珠江的三大源流和四大水系之一。珠江是長江以南最大的河系，從長度和流域面積看，是僅次於長江、黃河的中國第三大河。若按流量，珠江則是無可爭辯的中國第二大河，其年均徑流量超過五條黃河，相當於長江的三分之一。但珠江從頭到尾都不是一條主幹清晰的河流，而是一個紛繁複雜而又相當廣泛的水系，也是一個典型的複合型流域，由西江、北江、東江和珠江三角洲水系組成。她更像是幾棵簇擁叢生在一起的大榕樹，這使得珠江更像一個泛指。「珠江煙波接海長」，一句嶺南古詩，揭示了珠江與大海的關係。若要於煙波浩渺中對東江正本清源，你就必須把她置於珠江水系和南中國海的大背景下，才能感受她深遠遼闊的境界。

這條河流的源頭遠在千里之外。每一條河流的源頭都是山，但在被揭示之前往往是雲遮霧繞、撲朔迷離。一條東江從歲月深處奔湧流來，而人類在漫長的歲月裏一直不知道這條長河的正源在哪裏。一條河流從哪裏來，到哪裏去？這和人類面臨的最基本的哲學問題一樣，關乎河流誕生、演變、進化的歷史和存在的意義，而江河之源的生態平衡、環境變遷對整條河流的影響更是有着牽一髮而動全身的效應。無論是追根溯源、正本清源，還是飲水思源，一切都必須從源頭開始。

許多年前人們就發現，東江是一條左右逢源的河流，東源為尋烏水，西源為定南水（又名九曲河），但哪裏才是正源呢？這裏就從尋烏說起吧。我最早知道尋烏，是因為一位偉人在這裏留下了艱難跋涉的足跡。1930 年春夏之交，那時正處於人生低谷的毛澤東在尋烏做了二十多天社會調查，撰寫了一部閃耀着實事求是精神光芒的經典之作——《尋烏調查》，首次提出了「沒有調查，沒有發言權」的科學論斷。這是中國革命的一個精神源頭，也是這片紅土地上最深厚的紅色基因。這一科學論斷，其實也是探尋江河源頭的科學方式。為了釐清東江的來龍去脈，江西省於 2002 年 11 月組成了東江源頭科考小組，歷經一年多的實地勘測和科學論證，對東西二源反覆進行比較，從而對東江正源做出科學認定：「東江的源河為尋烏水三桐河，源頭位於椏髻缽山南側，發源地為椏髻缽山。」

所謂正源，就是一條江河幹流的起點，亦即溯源而上的最遠點、最高點。按照河源確定的通行標準，從長度看，「河源唯遠」；從水量看，「流量唯大」；從方向看，「與主流方向一致」。誰最接近這三大標準，誰就可確定為河流正源。而發源於椏髻缽山的尋烏水，無論是其多年平均徑流量、降水量、流域面積還是河長，均大於發源於三百山的定南水，且「與主流方向一致」。就這樣，多少年來的人間紛爭最終以科學的方式解決了。這次科考不僅確定了東江正源，還摸清了東江源區的水資源、森林資源、地質資源、旅遊資源及生態環境等基本情況，為東江水資源規劃、開發利用、保護管理等提供了科學依據，這才是正本清源的真正意義。

一條河流的孕育與誕生，只因為一座山的存在。「問渠那得清如許？為有源頭活水來。」這是一位理學大師以詩的方式説出的至理名言，只有從經典中不斷探求「天地常久之道，天下常久之理」，才有源頭活水不斷注入，終能達到心靈澄明的境界。所謂天理也是自然真理，而對江河的追本溯源，又何嘗不是對自然真理的一種追尋？東江源頭的第一股活水，就源出雄踞尋烏、會昌、安遠三縣交界處的椏髻缽山，椏髻缽山也被視為「東江源頭第一山」，其主峰聳立於武夷山脈的東南端。這一帶為武夷山脈與九連山餘脈相接地帶，屬南嶺山地的一部分。這也是我曾經探尋過的一座山。那正是「空山新雨後，天氣晚來秋」，進入一條幽邃的山徑，靜謐中，只有樹葉與樹葉擦出的聲響。我不知道這山中有多少樹，滿目都是層林盡染的秋色和新鮮透明的空氣。在這裏，你可以盡情打開肺葉，深——呼——吸——在這樣的深呼吸中聽一聽鳥鳴，嗅一下向你伸來的花枝，或者，乾脆閉上雙眼，在這氣息中過濾一下自己的身心。這山間、林間到處都是流水聲，卻又透出一種神祕的空靈。水一直都在響，就像鳥一直在叫。朝天上看，天上就會滴下水來，你卻不知道這水來自哪裏，仿佛是一個不能公開的祕密。入山愈深，愈見風骨，那山勢突然陡峭起來，又抖擻起來。這是東江水系與贛江水系的天然分水嶺，往大裏説，這也是珠江流域與長江流域的分水嶺。站在這分水嶺上，「一腳踏三縣，一眼望兩江」，刹那間，那有如從天頂上放下來的一股活水，從一道赤紅色的石縫中噴薄而出，化身為飛流直下的瀑布，以一千多米的巨大落差，仿佛把一個世界隆重地推向另一個世界……

一股源頭之水，在那個瞬間完全淹沒了我的震驚，真的就像經歷了一次誕生，一條連接着母腹的血脈或臍帶就是從這裏開始綿延千里。「水者，地之血氣，如筋脈之通流者也。」這是齊相管仲在春秋時代説出的一個真理。千里東江，千里畫廊，這是一條風景優美的河流，一首《東江漁歌》唱出了東江的神韻：「東江河水緊鳩鳩，又好打魚又好遊，又好行船又好吃，又好放排出廣州。」這既是一條哺育千萬蒼生的生命之河，也是一條百舸爭流的黃金水道，她以一種神奇的穿透力貫穿了田園、村莊和城市的骨骼，如同血脈一樣向各個方向延伸，連接着同飲一江水的每一個生命，澤被着流域內的田疇沃野和自然生態。這世間，沒有誰能夠超越河流，河水流到哪裏，哪裏便開始生長出大片鮮亮而葱蘢的綠色，一方水土的氣息就是一條河流的氣息，一切的生命都被一條河流激活了。

從高清衞星地圖上看，東江源區位於江西、廣東兩省接壤的逶迤山嶺之間，而東江流域地勢東北高、西南低，狀若一把面朝南中國海徐徐撐開的摺扇，其幹流從源頭向西南跨越省界，流經廣東省河源市龍川縣，這是東江入粵第一縣，也是嶺南最古老的縣境之一，那沒有邊際的蒼茫山野隨着一條河流的到來而變得層次分明。在龍川縣楓樹壩水庫（原合河壩村）以上稱尋烏水，而在龍川又稱龍川江。這一段為東江上游，沿途流經河谷呈 V 字形的山丘地帶，河窄水淺而流速湍急。在合河壩一帶，東江接納了一級支流貝嶺水後始稱東江，自此進入中游，一路流經河源市和平縣、東源縣、源城區和紫金縣，然後進入粵東重鎮惠州市，流經惠城區和博羅縣觀音閣，又到了一個關鍵處。「江西九十九條河，只有一條通博羅」，這句話大致説出了東江的流向。而自龍川以下，隨着地勢逐漸降低，在觀音閣上游的東江右岸為平原，而左岸仍為丘陵區，隨着河寬增大，流速減慢，水勢漫漶，又加之有公莊河、西枝江和石馬河等三大支流匯入東江幹流，這一帶為東江流域的主要洪泛區，河道中多沖積性沙洲，每經一次洪水，沙洲位置就會發生變化。過了觀音閣，便進入東江下游。當東江流經東莞市石龍鎮，便進入了珠江三角洲，在穿越東莞境內後，東江幹流於廣州市黃埔區禺東聯圍（穗東聯圍）東南匯入珠江口的獅子洋。這就是千里東江的全部流程，幹流河長 562 公里，年均徑流量 257 億立方米，流域面積 35340 平方公里。這是來自水文部門的公開數據。若從年均徑流量看，東江也算是一條水量充沛的河流，在歷史上甚至是一條洪水泛濫的河流。然而，所謂年均徑流量只是一個基本定數，水是最變化莫測的，河流的命運一如人生命運，既有定數又有變數，決定河流命運的往往不是定數，而是變數，而定數遠遠趕不上變數。

自 20 世紀 50 年代末、60 年代初以來，隨着全球氣候變暖日益加劇，無論從珠江流域的大背景看，還是從東江流域的小氣候看，決定流量的降水和徑流愈來愈傾向於時空分佈不均的災難性特徵，已多次出現跨年度的特大旱情。而水量鋭減，除了自然環境和氣候變化，還有城鄉變遷和人口結構動態變化帶來的變數。尤其是近四十多年來，同飲一江水的香港、深圳、東莞在經濟迅猛發展的同時，也產生了強大的人口聚集效應，香港人口從 1960 年的三百多萬增長到如今的七百多萬，深圳（原寶安縣）、東莞從原來只有幾十萬、上百萬人口的農業縣已崛起為千萬級人口的現代化大都市，而無論是經濟騰飛還是城市崛起、人口劇增，一切都以水資源為前提，水是生命之源、萬物之基，貫穿了人類的全部歷史，控制了所有的生命形態。當眾多的變數錯綜複雜地交織在一起，致使東江水一次次降到歷史水位以下。就在我追溯這條河流之際，東江流域正遭受一場曠日持久的大旱，從 2020 年秋天至 2021 年春夏之交，東江流域降雨量創下了 1956 年以來同期最少紀錄，遭遇歷史罕見的秋、冬、春、夏連旱的跨年度特枯水情。我幾乎是眼睜睜地看着，東江一天比一天瘦弱了，瘦削得你已經看見她的骨頭，那些一直淹沒在水底下的礁石，正在以殘忍而尖鋭的方式露出水面，犬牙交錯，鋒芒畢露。哪怕汛期來臨，人們早已沒有了那種強烈的不安全感，她已經積蓄不起暴發一次洪水的力量。每一個東江兒女，都用焦渴的眼神注視着他們的母親河，滿懷着虔誠的祈求。

每一次走近東江，我都在心裏默默祈求。中國的每一條河流都有自己的神祇，東江的河神傳説為東河潘大仙，這應該是東江流域的一種久遠信仰，而人類對河流的信仰就是寄望於她能源源不絕又乾乾淨淨地滋潤萬物、澤被蒼生。當你心裏有了這樣的信仰，才能看清一條河流的真相。如果你真的覺得這河流裏有一個神，這水就不只是清澈和乾淨，而是聖潔，每一滴水都是聖潔的。當你愛着這個世界的每一滴水時，你才會愛着這個世界。

二

誰都知道，香港有一條香江，這是離東江最近的一條江。每個走進香港的人，都想看看這條傳説中的香江，我也是。那天，順着海風中飄來的一陣濕潤的清香，我疾步走了過去。去那裏一看，我就知道我錯了，那不是一條江，而是一條溪流。其實，很多人和我一樣，在未到香港之前，都以為香江就是香港的一條河流，甚至是香港的母親河，這是我們對香港的誤解之一。又或許是香港實在太缺水了，才把這樣一條小溪命名為香江，這讓我們有了太多的憧憬和想像，而往這裏一走，一下就走到了想像的盡頭。

很難想像，這個世界上三大天然深水港之一，竟然是由一條柔軟的、絲綢般的小溪在入海時沖積而成。這條最初的無名小溪，位於港島西郊薄扶林一帶，泉水來自港島最高峰太平山。薄扶林，古稱百步林，相傳為一片薄鳧鳥棲息的茂密的森林，因而又稱薄鳧林。對於逐水而居的人類，有水源之處必有村落，這條無名小溪，就是香港居民最初的淡水來源。薄扶林村原本就是一個有兩千餘人的村落，是港島上的兩條村落之一，這也是港島最早的原居民。一縷水脈哺育着這些先民，又沿薄扶林道及港島西岸一直向南延伸。而遠在英國人佔據香港之前，這裏就是一個天然港灣，那些放浪於海上的水手和漁人，在乾渴難耐時到處尋覓水源，不知是誰最早發現了這條甘香四溢的小溪，那一頓痛飲，讓他們幾乎撐脹了肚子，連胡茬上也掛滿了水珠子，都一個勁地叫喚着:「好彩啊，好彩啊！」

好彩，在粵語中就是好運，撞大運了！在這樣的叫喚聲中，這溪水的美名在大海上不脛而走，越傳越遠，一條小溪變成了傳説中的一條江，又因她散發的甘香，便在傳説中演繹成了一條名聞遐邇的香江，而一個原本無名的小港灣，也就開始被稱為香港。這是關於香江和香港之名的傳説之一，此外還有各種各樣的説法，但在所有的傳説中，我最相信的還是這個因水而名的傳説。可以説，沒有這條小溪，就沒有香港，直到今天，香江，依然是香港的別稱。然而，她給人帶來一種美妙的幻覺，這幻覺背後則是香港淡水資源奇缺的困境，甚至是絕境。

香港缺的其實不是水，一個擁有大海的地方，怎麼會缺水呢？她缺的是一條可供數百萬人暢飲的河流。這些年來，我一次次走進香港，幾乎把香港島、九龍和「新界」跑遍了，還真沒有看見比香江更大一點的河流。從自然條件看，有人把香港的水資源稱作一個悖論。香港地區屬於潮濕多雨的亞熱帶季風氣候，季節變化大，每年的降水量集中於 5 月至 9 月的春夏季，而人類翹首渴盼的雨水，往往隨熱帶風暴一起降臨。暴風雨來得迅猛，走得急迫，給沿海低窪地帶製造了一場場洪災和內澇，而汛期過後便進入了乾旱少雨的季節。按説，這樣的自然氣候應該可以涵養地下水，在雨季把雨水儲存下來。然而，從地質結構看，香港地層主要由火成岩和花崗岩組成，這種岩層透水性差，難以儲存充足的地下水，而地表又缺少河流與湖泊。這也注定了，香港水資源從地下到地表都先天不足。為了在降水集中的季節收集更多的雨水資源，港英當局多年來一直在苦心經營山塘、水庫等蓄水設施。1883 年，英國人在佔據香港四十餘年後，修建了香港史上的第一個水塘——薄扶林水塘，通過攔蓄溪水和儲積雨水，為英國人和香港上流社會提供自來水。而此時的薄扶林已成為英國商人的夏日避暑區，從山腰到山頂是一座座英倫風格的花園別墅，隨着山勢和溪澗層層而築，坐看雲起，俯瞰大海。山頂上還有守望者駐守，凡有輪船到港，守望者則升旗為號。這如仙境一般的地方，又有了一個雅人深致的美稱——博胡林。港督還於此創建了一座佔地百頃的博胡林公園，並在附近建有跑馬場。那些遠離故鄉的英國人，真是「此間樂，不思蜀」。

然而，這如神仙般的日子卻有一個難以解決的困境，那就是乾旱缺水。翻開香港的史冊，乾旱帶來的水危機長時間困擾着香港，每遇大旱，水荒必至。隨着時間推移，香港逐漸發展成一座高度繁榮的自由港和國際大都市，也是世界上人口密度最高的地區之一，而像香江那樣一條小溪流，無論怎樣甘香清甜，又怎能滿足越來越多的人口吮吸？一百多年來，港人吃水、用水，只能靠井水、雨水、溪澗、山塘勉強維持着，這在開埠之初還能湊合着對付，然而城市化、工業化步伐的加快和人口與日俱增，給香港供水帶來了難以承受的生命之重。又加之香港人口稠密、地域狹窄，在擁擠而狹窄的生存空間中也難以大面積地興建水庫，而水庫又必須依靠江河源源不斷地補充水源，僅靠雨水是遠遠不夠的，一旦遭遇長時間乾旱，隨着大量用水加上陽光蒸發，這大大小小的山塘、水庫很快就乾得冒煙了。一個焦渴無比的香港，一直是繁華背後掩蓋不住的真相。

香港開埠半個多世紀後，就遭遇了一次載入史冊的大旱，有人稱之為「香港旱魃」，這旱魃是中國古代神話傳説中引起旱災的怪物，它身穿青衣，能發出極強的光和熱，「旱魃為虐，如惔如焚」。

而這荒誕的傳説就是香港大旱的真實寫照，從 1893 年 10 月到 1894 年 5 月，香港大半年內滴雨未下，在烈日的炙烤下，山澗、水塘乾得開裂，連那水氹裏的泥漿水也被焦渴的人們喝光了，在極度乾渴時，一滴水也能救命啊。然而這髒水喝下去，很多人都生病了，正所謂「福無雙至，禍不單行」，一場旱災又導致了瘟疫流行，在短短三個月內香港就有兩千多人喪生。到了 1929 年，香港又遭遇一場更嚴峻的旱情，眼看着那山塘、水庫越來越淺，一窩窩蝌蚪蜷縮成一團，漸漸乾死在泥坑裏，連魚兒都在烈日下生生曬成了魚乾。為了救急，很多人只能駕着舢板、頂着風浪去位於東江口和珠江口之間的獅子洋取水。那一帶風險浪惡，相傳南海龍王將危害人間的母子二虎鎮鎖在江心，為了掙脱鎖鏈，它們或衝着大海怒吼，或對着天空長嘯，那虎嘯之聲如獅吼一般，在珠江口內掀起一陣陣驚濤駭浪，於是，人們便把珠江口內那片水域稱之為獅子洋。這地方距香港有百里之遙，不説那在風浪中來回顛簸的艱辛與兇險，若是遇上鹹潮上溯，這水根本就不能喝。這一次水荒，有二十多萬人紛紛逃離香港。

水荒，説穿了就是水危機，而水危機帶來的必然是最基本的生存危機。在中國內地，最大的災難往往是饑荒，最厲害的懲罰就是不給你飯吃。而在香港，最大的災難則是水荒，最厲害的懲罰則是不給你水喝。民以食為天，香港人把飲用水直呼為食水。為了解決「食水」問題，早在 1859 年，港英當局就曾懸賞一千英鎊，公開徵集解決方案，卻沒有徵集到有效方案。有人甚至説，這不是人力可以解決的，只有上帝才能解決。所謂上帝，在香港老百姓的心裏就是老天爺、龍王爺，而香港人也確實只能靠天下雨，望天喝水。一旦旱魃橫行，當地廟宇道觀就會設壇拜祭，祈求天降甘霖，普度眾生，可任你高僧道長一個個念得喉乾舌燥，那頭頂上依然是烈日高照的青天。不能不說，為了一口水，港英當局把該想的法術都想到了，試過了，那水資源缺乏的問題依然是一直無解的癥結，甚至是一個死結。在無法開源的處境下，那就只能採取節流的措施。1938年，在水荒籠罩下的香港第一次實行「制水」——限時限量管制用水，人們只能到街頭公共水管或送水車處排隊接水，香港人又稱之為「輪水」。為此，港英當局還制定了嚴禁市民浪費飲用水的法例，並成立了專門的行政機構——水務局，那些身着制服的水務官，在香港的街頭巷尾對市民用水進行巡查監督，違例者輕則罰款數百元至數千元，重則遭受牢獄之災，而最厲害的一招就是終止供水服務，這簡直是一個絕招——不給你水喝！除了「制水」，為了節水，香港從 20 世紀 50 年代起就採用了一種在世界各大城市中屬特例的方案，對廁所單獨採用一套特殊的沖水水管，用海水沖馬桶。不能不說，無論制度上，還是科技上，香港在節水方面都走在世界前列，這也是逼出來的，就像以色列一樣，在極度缺水地區成就了節水型社會的一個範例。

然而，無論你怎樣節流，若不能開源是無法從根本上解決缺水這一百年癥結的。就在香港不斷推出節水措施時，從 1962 年底到 1963 年，華南地區遭受百年一遇的跨年度大旱，香港島、九龍更是重災區，出現了自 1884 年有氣象記錄以來最嚴重的乾旱，連續九個月滴雨未下。而從 1945 年到 1963 年，在不到二十年的時間裏，香港人口已從四十多萬猛增至三百五十多萬，隨着香港的製造業及出口貿易產業的興起，香港用水量激增，儘管港英當局多年以來一直在苦心經營水塘等蓄水設施，但天不下雨，坐吃山空，山塘、水庫的所有存水只夠港人飲用四十多天。眼看着，香港又一次陷入了水荒的絕境。「月光光，照香港，山塘無水地無糧，阿姐擔水，阿媽上佛堂，唔知（不知）幾時沒水荒……」這是香港當時流行的一首歌謠，也是香港當年乾旱缺水真實寫照：山塘乾涸，田地龜裂，為了求水，阿媽只能上佛堂去乞求菩薩和龍王爺顯靈，這是絕望中的希望，又在絕望中破滅。

當水降到了維持生命的極限狀態，香港出台了史上最嚴格的限水政策，從開始限令每天通水四小時，很快就變成每四天供水四小時，隨後又減為三小時、兩小時、一小時，「平均每人每日只得水 0.02 立方米」。除了越來越嚴苛的供水時限，港英當局還貼出了

圖 1　香港居民排隊取水的擁擠場景（廣東省水利廳供圖）

厲行節水的佈告，要求市民每兩周只能洗一次頭。為了讓學生少出汗，學校甚至停了體育課。很多工廠停產，市民停工，一家老小都走上街頭到公共水管去候水、接水。

多少年過後，對於那場不堪回首的大旱和水荒，香港的許多過來人都留下了銘心蝕骨的記憶。據當時住在灣仔一帶的趙先生回憶，白天大部分時間都沒有食水供應，只有每天早上和晚上才供水一段時間。香港市民大多住在那些密密麻麻的、低矮錯雜的、以青磚砌成的唐樓之中，供水管道由樓下向樓上輸送，「四日來一次水，一次四粒鐘（四小時）」，一旦來水了，樓上樓下的住戶「似打仗一樣搶着來」，而樓上由於水壓嚴重不足，「水像線一樣細」，半天也接不上一桶水，而且隨時都會斷掉。「冇水了，冇水了！」水一斷，來自樓上的住戶就會衝樓下發出這樣的「喚水聲」，卻難以喚來一滴水。這時候一家老小就得趕緊提上水桶，到街上的公共水龍頭去排隊接水。香港人把水龍頭叫作水喉，這還真是特別形象和貼切，那無數乾得冒煙的喉嚨，都焦渴地等着一個水喉、一線流水來滋潤。在那鬧水荒的日子，香港許多人家都買了大水桶，當時香港一個普通職員的月薪只有一百多港元，一份叉燒只賣五分錢，一個大水桶就要幾十港元，但卻成了搶手貨，為了多搶一點水，家家戶戶搶着買，還有什麼比水更值錢啊，有錢也買不到！除了水桶，有的人帶上家裏幾乎所有能盛水的東西，臉盆，茶壺，有的甚至連鍋都端來了，然後排着長隊等候接水，港人稱之為「候水」，這是漫長而難以忍受的等候，手提的、肩挑的，擁擠着排成長隊慢慢地蠕動，一條蜿蜒扭曲的長蛇陣，前不見頭，後不見尾，這是當年香港大街上最常見的場景。那時候趙先生還是一個十來歲的孩子，但每次接到水之後，都是左右兩手各提一桶水，一步一步提上三樓，「連青筋都暴起身（突起來）啦！」他是笑着説的。哪怕在回憶中，你也能感受一個少年當年那不堪重負而又天真興奮的笑容。每個人都是這樣，只要能接上水，再累也覺得「好彩啊，好彩啊！」

然而，不是每個人都有這樣的「好彩」，很多人經常一等就是大半天，還沒輪到自己，水喉就斷流了，只能幹瞪着眼空手而歸，而家裏人望眼欲穿地等待，等來的只有更深的絕望。香港人一向是很講秩序的，但為了早一點接上水，有人鑽空子插隊，有人拚命往前擠，「候水」一下變成了搶水，而被擠在後邊的人又喊又罵，每次都有人為了搶水大打出手，扁擔、水桶都變成了武器，多少人還沒接到水，就已被打得頭破血流。而那些接到水的人，哪怕流血，也不能讓水白白流走，一個個用身體緊緊地護住水桶，這水比血還珍貴啊！

若是沒有接到水的人家，就只能去鄰居家借水，那可真是比借錢借米還難啊。借水的人開口難，被借的那戶人家也很難，左鄰右舍的，低頭不見抬頭見，也難免相互有個照應，但只要看到上門借水的人，誰都感覺像是來討債的一樣。無論是接來的水，還是借來的水，一家人要經過嚴格分配用水，每一滴水都要省着用，洗臉只能打濕毛巾隨便擦一下，刷牙也只是把牙刷沾濕一下，連口渴時都得使勁忍住，誰也不敢敞開喉嚨喝個痛快，感覺喝了這頓就沒有下頓了。而用水則是循環利用，淘米的水，再用來洗菜、洗碗、刷鍋，末了還要留下來澆花。洗澡更是天大的事了，香港市民們都有天天沖涼（洗澡）的習慣，一天不沖涼渾身就黏糊糊的難受得要命。在那乾旱的日子裏，一盆水往往是五六個人輪流洗，接下來還要洗衣服，最後用來拖地板。為了節水，還有人發明了花樣百出的生活小妙招，其中有一種是可以代替洗澡的「乾浴法」，用一碗清水加兩勺子黑醋，用抹布沾濕後一點一點地抹身子，還有的為了節省一杯水，用啃蘋果來代替刷牙漱口。

如今，那段乾旱焦渴的歲月，早已化作一幅幅斑駁褪色的黑白影像。很多人都看到過這樣一幅照片，一個光着腳丫子的小女孩，看上去只有八九歲的樣子，正顫顫悠悠地迎面走來，那稚嫩的肩膀上挑着兩桶水。這是一個住在山上木屋區（棚戶區）的小女孩，在接水後還要挑水上山，這一副擔子對於她太沉重了，又加之坡陡路窄，走在前面的媽媽也挑着一擔水，一邊上坡一邊不時回望，生怕年幼的女兒把水給灑了。那小女孩張開兩隻柔弱的手臂，小心翼翼地護着兩個水桶，但水桶還是在左右搖晃，感覺一陣風就要將她吹倒。但她沒有倒下，一直努力支撐着那小小的身軀，那身上、臉上都髒兮兮的，一雙眼睛卻很亮，眼裏沒有憂傷，反而閃爍着奇異的興奮、驕傲和滿足的神情。哪怕隔着近六十年的歲月，當你看見這一幕，也會感覺眼前驀地一酸。這就是那一代香港人最辛酸的歲月，而當這樣一個小女孩挑起了她不該挑起的擔子，我就像一個窺視者，看到了不該看見的一幕，她越是感到驕傲和滿足，我越是感到心酸無力……

三

誰能拯救在大旱與水荒之中備受煎熬的香港？這不是天問，而是來自人間的叩問。

從狹義的個體生命看，水資源就是最直接的生命之源。

從廣義的生存與發展看，水資源更是不可替代的戰略資源。

香港三面環海，一旦與內地隔開，就是一座海上孤島。但香港在面朝大海的同時，又一直背靠着祖國內地，這就是香港最大的地緣優勢。但自第一次鴉片戰爭以來，香港就一直處於中英的夾縫之中。在複雜的地緣政治之中，難免會產生複雜的心態，水的意義也變得特別複雜了，甚至成了一個悖論。一直以來，港英當局既想藉助來自內地的供水以解燃眉之急，又想通過香港自身的資源來解決愈演愈烈的水危機，建立起香港本地獨立的、自給自足的供水系統。一些香港學者把港英當局的這一心態稱之為「香港供水的迷思」。儘管內地慷慨表示可以向港供水，但港英當局並不想依賴內地供水，為了儲存更多的雨水，又於 1960 年開始興建船灣淡水湖，這是全球首座在海中建造的水庫，也是當時全港平面面積和儲水量最大的水庫，預計建成後儲水量可達 2.3 億立方米。由於船灣淡水湖比水平線高出很多，位於船灣沿岸的六個村莊（小滘、大滘、金竹排、橫嶺頭、湧尾及湧背）因此淹沒在水中，這也是香港同胞為儲水而提前付出的代價。然而，這一工程尚未建成，香港就遭遇了 1962 年至 1963 年的跨年度大旱，香港不得不轉過身來，重新面對自己的祖國。

這裏有一個事實必須澄清，香港同胞和港英當局是不一樣的，當國有危難，他們滿懷赤誠的愛國情懷，和舉國同胞共赴國難。當年浴血抗戰的東江縱隊，就有一支由香港同胞組成的港九獨立大隊。港九獨立大隊如同一把尖刀，深深插入日軍的心臟。而當他們遭受危難時，身為中華兒女，也會出於生命的本能向祖國求援。在香港遭遇水荒之際，香港愛國同胞首先想到的就是自己的祖國。如時任港九工會聯合會會長陳耀材先生，原本就是與香港一河之隔的寶安人，年輕時赴港謀生，參加過由共產黨人鄧中夏、蘇兆徵領導的省港大罷工。而當年一起參加省港大罷工的老戰友陳郁，此時已擔任中共廣東省委書記和省長。陳耀材一邊給陳郁致電告急，一邊以港九工會聯合會的名義請求祖國幫助。而當時請求祖國支援的還有香港中華總商會，該會時任會長為香港著名的商界領袖高卓雄先生，他一聲呼籲，群起響應，一封封告急求援電報如雪片般紛紛飛向廣州和北京……

從一開始，香港水荒就引起祖國的高度關注，而中國政府顯然沒有港英當局想得那樣複雜。粵港兩地原本就是一衣帶水，相互間血脈相連。水是生命之源，而血更濃於水。上善若水，水超越了人間劃定的一切邊界。當時，廣東尤其是珠江三角洲也正遭受曠日持久的大旱。這是中國九大商品糧基地之一，也是南方最重要的水稻主產區之一，為了保住這養命的糧食，災區人民正在開渠引水、挑水抗旱進行生產自救。然而，為了接濟香港同胞，廣東在自身用水也十分困難的情況下，也要優先供水給香港。陳郁省長接到香港同胞的求救電報後，在第一時間便做出回應：「為進一步幫助香港居民，解決燃眉之急，可以從廣州市每天免費供應自來水兩萬噸，或者其他適當的地方，供應淡水給香港居民使用。」

而在當時，離香港最近的水源就是深圳水庫。這座從當年到現在一直在發揮關鍵作用的水庫，1959 年由廣東省人民政府在當時的寶安縣開始修建，1960 年 3 月竣工。在竣工典禮上，時任中共廣東省委第一書記的陶鑄就對應邀出席典禮的高卓雄等香港知名人士表示：「深圳水庫建成後，除為了防洪發電外，如果香港同胞需要，可以引水供應香港同胞，幫助香港同胞解決部分水荒問題。」隨後，粵港雙方便簽訂了供水協議，每年由深圳水庫向香港供水2270 萬立方米。為解香港同胞的燃眉之急，經廣東省人民委員會批准，深圳水庫除按協議額度向香港供水外，又額外增加 300 多萬立方米。而深圳水庫那時候的水源和庫容都相當有限，難以滿足香港焦渴的呼喚，這額外增加的對港供水已逼近深圳水庫可用水量的極限。與此同時，廣州在飲用水頻頻告急的情況下，每天免費給香港供應兩萬噸自來水。1963 年 5 月，廣東省政府又答覆香港，允許港方派船到珠江口免費取用淡水。而在此前，港英當局曾經嘗試過派船到日本、新加坡等地去買水，不僅要繳納大筆的水費，在長途運輸中還要花掉大筆油錢，運費高昂，這也讓香港付出了「水比油貴」的代價。即便付出了如此高昂的代價，遠水也畢竟難解近渴。而廣東省政府的慷慨允諾，讓香港可以就近取水，而且是免費的，港方隨即便派出第一艘運水船「伊安德」號，駛往廣州黃埔港大濠洲錨地裝運淡水，每次載運一萬多噸，緩解了香港的燃眉之急。然而，從根本上看，這也不是長久之計。那麼，哪裏才能源源不斷地為香港同胞注入生命之源？

東江！在那個乾旱而熾熱的夏天，這條河流幾乎被粵港雙方同時盯上了。

這是離大海很近的一條河流，也是廣東省內離香港最近的一條河流。

1963 年 6 月，港英當局派代表到廣東省商談供應淡水問題，經雙方多輪磋商後，初步達成了從東江引流入港，興建一座跨境、跨流域調水工程的方案。隨後，廣東省一邊上報請示中央和國務院，一邊派人到東江、深圳一帶實地勘察引水線路。這年 6 月 15 日，中央政府發出《關於向香港供水談判問題的批覆》，還特別指出「我們已做好供水準備，並已發佈了消息，而且已在港九居民中引起了良好的反應」。這年 12 月，周恩來總理來到廣州，廣東省領導向他匯報了從東江引流入港的方案和面臨的諸多困難，周總理當即指示：「要不惜一切代價，保證香港同胞渡過難關！」

當即！一個日理萬機的大國總理，就這樣當機立斷，其速度之快如同取水救火。

隨後，一個從東江引流入港的工程計劃，就開始進入了國家層面的運作。

這一工程，最初命名為東江—深圳供水灌溉工程，簡稱「東深供水工程」。

那時候，我國剛剛走出三年困難時期，正值國民經濟調整時期，而「中央決定暫停其他部分項目，全力以赴建造東江深圳供水工程」。為此，周總理還做出了這樣的批示：「該工程關係到港九三百萬同胞，應從政治上看問題，工程作為援外專項，由國家舉辦，廣東省負責設計、施工。」——在中央檔案館裏，至今仍保存着周恩來總理的批示，他還在批示中強調，「供水工程，由我們國家舉辦，應當列入國家計劃。因為香港百分之九十五以上是自己的同胞，工程自己辦比較主動，不用他們插手」，「工程應綜合考慮，結合當地農業效益進行興建」。這一工程作為國家重點工程，由國家計劃委員會從援外經費中撥出 3800 萬元專款。這筆專款在現在看來實在不多，而在當時，我國國內生產總值僅有 1454 億元，財政收入只有 399.54 億元，這一個大型供水工程的建設費用就已接近當年國家財政收入的千分之一，這就是「不惜一切代價」啊！

在時隔半個多世紀後，無論是當年投身於東深供水工程的建設者，還是那一代經歷過水荒的香港同胞，他們每每回首往事，無不由衷感歎：「如果不是骨肉情深，血脈相連，國家怎麼會不惜一切代價，來保證香港同胞渡過難關啊！」

第一章

逆流而上

一

一路循着東江，朝着陽光照射的角度逆流而上，踏上這片像大海般起伏的土地，恍若行走在一張漂移的地圖上。這一帶皆是綿延不絕的山嶺，一路逶迤着向南海縱深而去。有一些事物正在風、水和陽光中相互撞擊，相互融合，滿眼潮濕發亮的翠綠，一輪輪地潑向河流兩岸，流水滔滔而花影搖曳。在流水與花影中，有一座城池像寓言一樣逐漸浮現，浮上來的便是橋頭。

第一次走到這裏，走進橋頭，但我感覺已來過多次。這種感覺與水有關。

如果橋頭是一個寓言，從一開始就是一個水的寓言。

橋頭，即橋的一端。這裏是東江幹流從惠州博羅縣流入東莞境內的橋頭堡，也是東江一級支流石馬河注入幹流的交匯處。水，既加深了我對這片土地的印象，又在寧靜地製造着某種幻覺，感覺河流和歲月正在嘩嘩倒淌。凝神一看，又並非幻覺，這確實是一條倒淌的河流。

在某種意義上說，這裏也是東江的另一個源頭——東深供水的源頭，這供數千萬人暢飲的生命之源，必將從這裏通向橋的另一端——香港。從東江到香江，是水連起來的，從高清衛星地圖上看，恰似一條從母腹連接着香港的臍帶和血脈。

然而，在我追溯的歲月深處，又哪裏有什麼高清衛星地圖，更沒有 GPS（全球定位系統）和北斗導航系統，連一張像樣的地圖也沒有。現在能找到的最早的東江流域地圖，還是東江縱隊在烽火歲月中的作戰圖。

這裏就從一位東縱老戰士説起，曾光，又名杞賢，我聽很多人説起過這個人，無論是見過他的，還是沒見過的，都是一種肅然起敬的神情。1923 年，曾光出生於廣東五華縣橫陂鎮，那裏位於韓江上游。韓江是廣東省除珠江流域以外的第二大流域，古稱惡溪、鱷溪，這是一條洪水興風作浪、鱷魚噬畜傷人的兇險河流。相傳，韓愈被貶為潮州刺史時，率一州百姓治水降鱷，興修水利，留下了「八月為民興四利，一片江山盡姓韓」的千古佳話。曾光從小就是在這樣的傳説中長大的，這也是他的精神源頭之一。而在他幼年歲月，五華被闢為中央蘇區縣，他在紅色搖籃裏成長，那紅色基因融入了他的骨子裏、血脈裏。

1938 年秋天，還是一位十六歲少年的曾光就加入了東江抗日游擊隊，這是中國共產黨在東江流域創建的一支抗日游擊隊。而東江，也是見證東江縱隊創造了無數驚險傳奇的一條河流。在當時處於絕對劣勢的情況下，東江縱隊能夠奇跡般地擺脱敵軍的一次次圍追堵截，又能神出鬼沒地一次次襲擊敵人，其中有一個很大的優勢，就是他們對於這一帶地形地勢的熟悉。而熟悉也是從陌生，甚至是從空白開始。那時東江縱隊走到哪裏，戰鬥到哪裏，就要在哪裏攤開地圖。地圖是他們在行軍途中勾畫出來的，很簡陋，很粗糙，還有大量空白，而他們走到哪裏，就會在那空白處標識出四周的山嶺、河涌、村莊、城鎮、道路，這紅色的地圖冊就是一幅幅行走的活地圖的集合。

一個稚氣未脱的少年，在東江流域歷經七年血與火的淬煉，鍛打出了一身幹練成熟的軍人氣質。曾光先後擔任東江縱隊政治組織科幹事、營教導員、團政委，在那紅色地圖冊上，也有他添加的標識、填補的空白。而橋頭也是他們當年浴血奮鬥的戰場，這裏還安葬着六十多名東江縱隊及粵贛湘邊縱隊的烈士，其中就有他為革命捐軀的妻子。而在烈士的長眠之地，生長着一片倔強的木棉樹，這是嶺南最特別、最熱烈的樹木，每年早春在長出樹葉之前，那碩大的花朵就已開得如血似火。

1945 年春天，根據中央指示，東江縱隊司令部遷往博羅縣境內的羅浮山，隨後又開闢五嶺根據地。曾光擔任東江縱隊第四支隊民主大隊政委，率部在象頭山一帶戰鬥，該大隊又稱象頭山大隊。1949 年 10 月 16 日，曾光任中國人民解放軍粵贛湘邊縱隊東江第三支隊第一團團長兼政委，他率部配合兩廣縱隊挺進東江，解放博羅，這一天也被稱為博羅的解放日，而曾光擔任了中華人民共和國成立後的博羅縣首任縣長。博羅，乃是江山之間的一塊風水寶地。江是東江，環繞博羅縣境近百公里，境內還有數十條大大小小的支流與河涌；山是雄峙於嶺南中南部、素有百粵群山之祖之名的羅浮山。然而，這樣一片風水寶地，在戰亂歲月由於堤防年久失修，每到汛期，洪水泛濫；而汛期一過則澇旱急轉，又陷入了長時間的乾旱。曾光在擔任縣長期間，率全縣人民掀起了秋冬水利大會戰。一位烽火歲月的指揮員，在和平年代變了身份，但軍人的性情和使命感從未改變。他穿着一身舊軍裝，蹬着一雙解放鞋，在當年的戰場上重新鋪開了地圖，又開始指揮另一種戰鬥。他們一邊因勢利導，疏浚泥沙淤積的河道，讓河水得以暢流；一邊修堤復圩、建閘設堰，大大增強了抵禦洪水的能力。一個旱澇交迫、水深火熱的博羅，歷經幾年整治，被打造成了東江流域有名的魚米之鄉——這也是曾光在水利工程建設上的第一次實踐。直到今天，還有很多老一輩的博羅人念念不忘他們的老縣長，有人說：「做官一定要做個好官，你心裏裝着老百姓，老百姓才會記得你！」

當博羅這一方水土的命運得以改變，曾光的人生命運也發生了轉折，從此轉入了水利戰線。從 1954 年至 1957 年，他擔任韓江下游防洪灌溉工程指揮部指揮，投入了一場規模更大、時間更長的大會戰，先後興建了一批大中型引水灌溉涵閘，加固了韓江南北堤防，使韓江平原大部分農田實現自流灌溉，成為粵東農業的精華區。此後，曾光歷任廣東省水利廳機械排灌總站主任，省水利廳副廳長兼廣東省水利電力勘測設計研究院院長，省水利廳黨組副書記、書記，直至 1986 年 6 月離休，他將畢生的心血都傾注在水利事業上。

曾光在他的一生中，還肩負了一項特殊的職責和使命——東深供水工程總指揮。

那時，曾光四十出頭，正當壯年，也正是扛大梁、挑重擔的年歲，但當這副擔子落在他的肩上，他還是感到肩膀猛地一沉，這是「國之重任，港之命脈」啊！儘管此前，他已多次擔任大型水利工程的指揮，但這個工程非比尋常，從一開始就不是一個單純的水利工程。對此，周恩來總理已作出明確批示，「該工程關係到港九三百萬同胞，應從政治上看問題」。

曾光還清楚地記得，1941 年 12 月，在太平洋戰爭爆發的當日凌晨，日軍突襲香港。在香港淪陷之後，周恩來發出兩次急電，「必須不惜一切代價」「想盡一切辦法」營救被困香港的文化界人士和愛國民主人士。為此，東江縱隊發動了驚心動魄的港九祕密大營救，以最快的速度，從日軍嚴密封鎖、全城搜捕的香港，將 800 多名文化界人士和愛國民主人士及其家屬營救出來，轉移到東江縱隊的根據地，並創造了無一傷亡的奇跡，這堪稱是香港淪陷之後的一次史詩般的拯救。而當香港同胞遭受自 1884 年有氣象記錄以來最嚴重的乾旱時，周恩來總理又一次指示：「要不惜一切代價，保證香港同胞渡過難關！」

在某種意義上説，這是另一種拯救。一位東縱老戰士，就像當年接受戰鬥任務一樣，一下進入了臨戰狀態，那就是「必須不惜一切代價」「想盡一切辦法」將三百多萬香港同胞從愈演愈烈、越陷越深的乾旱和水荒中拯救出來。

二

一個工程開工之初，如同混沌之初。萬事開頭難，一個頭開得好不好，就看你如何規劃和設計了。這是工程之前的工程，也是看不見的工程，那圖紙上的線條、符號和數據，一如王安石的詩句：「看似尋常最奇崛，成如容易卻艱辛。」那個過程説起來太複雜又

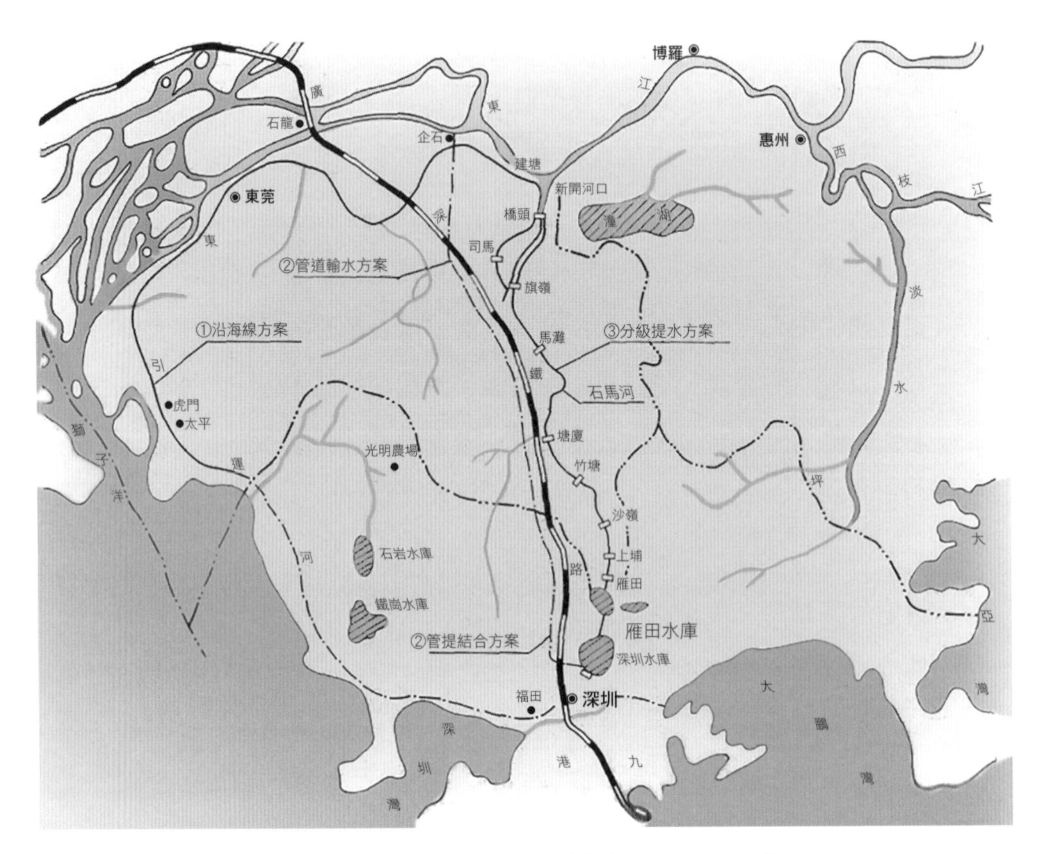

圖 2　東深供水首期工程線路圖（廣東省水利廳供圖）

太抽象，但歸結起來就是曾光的一句話：「先勘測，然後把大方案搞出來！」

對於任何工程，實地勘測都是艱苦卓絕的第一步，這一艱巨的任務就由曾光兼任院長的廣東省水利電力勘測設計研究院承擔。曾光隨即抽調了一批精兵強將，由設計院副總工程師廖遠祺主管，並由廖綱林、馬恩耀和麥爾康分任工程規劃、水工建築和機電設備負責人，進行規劃和初步設計。這一個個如今看來很陌生的名字，就是東深供水工程最初的一批拓荒者。

從 1963 年下半年開始，一位軍人出身的總指揮帶着第一批勘測人員闖進溝壑縱橫的荒山野嶺，氣氛一開始就顯得有些肅殺和神祕。那時候，東莞和寶安都是地廣人稀的邊陲農業縣，到處都是荒山野嶺，這逶迤的山嶺如同構築在兩個世界之間的天然屏障，營造了天地間的一片神奇祕境。而當時人們的警惕性都很高，沿途的一些老鄉看見了這些人的身影，不禁產生了種種猜測，這是些什麼人？他們來這裏幹什麼？看上去，這些人還真像是形跡可疑的「特務」，又像是偷偷摸摸的逃港者。當時還很少有老鄉把這一個個神祕的身影同自己的命運聯繫在一起，而東深供水工程，不僅會改變香港同胞的命運，也將改變沿途老鄉們的命運。

為了測量大範圍的地形，勘測人員必須登上沿途的一座座山頂。那些測量儀器簡陋而又笨重，在翻山越嶺時只能扛着、抬着，每測量一公里，來來回回要走十幾公里，先做線路測量，緊接着進行橫斷面測量，還要用巖鑽和土鑽的方式進行地質勘探。而他們走過的地方，很多都是從來沒有人走過的路，甚至根本就沒有路。這裏的第一行腳印，或許就是這些勘測者最先踩出來的。那時沒有防滑鞋，他們就在鞋子上綁上了草繩，但腳底還是不斷打滑，每一步都提心吊膽。隨着山勢愈來愈高，他們下意識地仰望，頭頂上，那和陰沉的天空一起倒扣下來的懸崖，仿佛頃刻間就會坍塌下來。這絕非一種誇張的説辭，這山谷中到處都是山體滑坡和泥石流的痕跡。就在他們攀登和仰望的瞬間，呼嘯的山風刮起巖石表層的塵屑，沙沙沙，飛沙走石打在臉上生疼，還有一塊塊石頭從天而降，仿佛驚雷滾過，許久，山谷和河谷還在一陣一陣震盪。俯身望去，一條河流沉在峽谷的最深處，看上去，像筷子一樣細，這是石馬河，也是山谷中最深的一條裂隙，那時候，誰也不知道裂隙有多深。越是危險和深不可測的地方，越要勘測清楚，看那懸崖峭壁上是否暗藏着山體滑坡的危險，河道裏有多少暗礁險灘，在施工過程中需要採取什麼措施，然後一一標注在勘測圖上。當他們從狹窄陡峭的山徑走過，必須用兩手抓着岩壁上的野草和小樹根，再用屁股蹭着地，一點一點地慢慢往前蹭。他們不是用測量工具在測量，他們是用自己的軀體和生命在一寸一寸地測量，每完成一次測量任務，都有死過一次又重生般的感覺。

珠江三角洲素有「地質博物館」之稱，在這裏會遇到幾乎所有類型的地質地貌。就是在這樣艱險的環境下，曾光帶着勘測人員共完成了各種比例的測量面積共計 476.5 平方公里，其中巖鑽進尺 5387.9 米，土鑽進尺 2238.2 米。這些精確到小數點的數字，凝結着他們的滴滴血汗，每個人臉上、手臂上和腿腳上都留下了一道道傷痕，你甚至不知道受傷的那一刻是怎樣發生的，而當你用生命去測量時，連疼痛的感覺也沒有了。

經過深入勘察和反覆論證後，廣東省水利電力勘測設計研究院提出了三種方案。

第一種是莞深沿海線方案，這一方案撇開了石馬河，循着東江幹流，在東江三角洲下游左岸、東莞厚街村附近設站提水，然後開鑿一條水渠，沿海邊引水至深圳後入港。這一方案的優勢是沒有崇山峻嶺的阻隔，但沿着南海灣繞了一個大彎子，線路長，施工成本高，且沿海邊開渠難免遭受颱風襲擊、海水倒灌。而珠江口和東江口又是鹹潮上溯的頻發區，這是沿海地區一種特有的季候性自然現象，又多發於枯水季節、乾旱時期，導致人們在最需要淡水來救急的時候，抽上來的卻是鹹潮上溯、鹽水入侵帶來的鹹水和苦水。就憑這一點，這一方案便不可行。

第二種是管道輸水方案，這一方案也撇開了石馬河，自東莞企石村附近設站從東江幹流提水，再架設輸水管道，沿廣深鐵路線穿越東莞、寶安沿線鄉鎮，至深圳布吉後輸入深圳水庫，全部採用壓力管道輸水。這一方案的成本比第一種方案更高，而在當時的條件下，由於管道受過水能力的限制，既不利於以後擴建，也難以解決沿線的農田灌溉用水。

那麼，是否還有更好的方案呢？有時候最好的東西，往往都是放在最後的，這也是經過幾番比較和嚴格淘汰後的一種選擇，東深供水首期工程最終選擇了第三種方案，這也是唯一沒有撇開石馬河的方案。

從東江到香江，恰好是一條支流的距離。這條支流是存在的，就是石馬河，別稱九江水，是珠江水系東江下游左岸一級支流，發源於今深圳市寶安區龍華鎮大腦殼山。石馬河由南向北，一路流經深圳龍華、觀瀾和東莞的鳳崗、塘廈、樟木頭、常平、企石、東坑等鎮街，最終在橋頭注入東江。據水文數據，石馬河幹流全長 88 公里，流域面積 1249 平方公里。當它流經樟木頭鎮時，河中凸現一塊巨石，形似一匹振鬣奮蹄的駿馬，這石馬既是一條河流的象徵，也成為一種命名的方式。

這條河流的源頭，與香港僅一山之隔，卻與香江背道而馳，這自然流向已經注定，若要讓香港同胞喝上東江水，就必須在橋頭設站提水，然後讓石馬河倒流八十多公里，實現「北水南調」，將東江水通過石馬河水道輸送至深圳水庫，最後通過輸水管道送入香港，這就是東深供水首期工程的第三種方案——石馬河分級提水方案。這是一個設計幾近完美的方案，既可以解決港九地區的供水問題，又可以兼顧工程沿線十多萬畝（1 畝約為 0.067 公頃）農田的灌溉用水，而在未來增加供水時也不受管道過水能力的限制，在避免水質污染方面則比沿海線方案較有保證。在三種方案中，這也是投資較少、效益最大的一種方案。

周恩來總理在聽取匯報後，也拍板決定採用這一方案。

對此，我有一個疑問，既然第三種方案是最優方案，為什麼一開始沒有作為首選呢？一些專家告訴我，問題在於設計施工的難度。石馬河彎道多，不利於沿途水泵的設置，因而首先要把石馬河的 S 形河道取直，然後分別在橋頭、旗嶺、塘廈、雁田等地安裝大型水泵，分八級提水到雁田水庫，最後利用自然重力讓東江水流到深圳水庫。而在當時的技術條件下，這一分級提水方案，幾乎每一級都是難以攻克的難關。

這裏就從第一道難關説起吧，若要利用石馬河這條自然河道，第一步就要解決引水的問題。原本是石馬河自然注入東江，現在必須倒過來，使東江水注入石馬河。

橋頭太園，位於東江左岸泮湖村東南側靠山坡，這個多少年來一向默默無聞的小地方，在 1964 年早春彷佛一夜之間就出了名。這裏是東深供水工程的第一個取水口，當年的建設者們在這裏建起了石馬河分級提水的第一級抽水泵站——太園泵站。經地質勘探，這一帶主要為白堊—老第三紀岩層風化土，可以滿足地基承載力。但作為取水口，這裏距東江幹流還有近三公里的距離，必須先開挖一條人工渠道——新開河，使太園泵站能在最短的距離和較高的水位抽取東江水；再建一座四孔的進水閘，將東江水引入泵站前的集水池，提水注入輸水管道。這個泵站除供水和灌溉外，還負擔着圍內排洪任務。為此，新開河和太園泵站是以石馬河五十年一遇的洪水與東江普通洪水相遇作為設計標準，又以東江五十年一遇的洪水與石馬河普通洪水作為校核標準，在泵站上游一側另設壓力水箱，若由於圍外水位高而不能自流排澇時，即可經壓力水箱和泵站邊管道迅速啟動排洪排澇，這就大大減輕了洪澇災害的壓力。

而今，太園泵站早已遷址另建，幾經更新換代，這座老泵站已廢棄數十年了，但當年的設施和設備基本上按原貌保存下來，一河碧水通過敞開的閘門正滾滾向南流，這是我們窺探似水流年的一個窗口和參照物。哪怕用今天的眼光看，依然能看出當年的設計者從 0 到 1 的開創和長久造福於世的執着追求。而對於東深供水工程總指揮曾光和他的戰友們，這是東深供水的龍頭工程，也是一個史無前例的開端。

三

流水一直指引着我的方向，但沒有誰能踏上昨日的道路。

近六十年過後，那最早一批參與東深供水工程勘測、規劃和設計的老前輩如今安在？

歲月不饒人啊！當年的總指揮曾光於 1986 年 6 月離休，2002 年在廣州病逝。廖遠祺、廖綱林、馬恩耀和麥爾康等老前輩，除了一位多年前就已移居國外，其他幾位均與世長辭。這讓我的追尋如同在逝去的時光中追光，而在時間的光影裏都是一些碎片。

幾經周折，我終於尋訪到一位當年的技術設計人員——王壽永。

眼前這位八十六歲的老人，那時候還是二十多歲的小夥子，他這一頭蒼蒼白髮，當年還閃爍着又黑又亮的光澤。人生歲月，從來沒有倒錯，一切都是順序，而一旦拉開時空的距離，卻又總是令人悵歎唏噓。但王老看上去一臉平靜，平靜得讓我暗自吃驚，一個人興許只有曾經滄海，才會如此波瀾不驚。在他漫長的人生中，履歷其實很簡單。他是雲南人，20 世紀 60 年代初畢業於成都工學院水利系，被分配到廣東省水利廳設計院水工一室，從技術員到廣東省水利水電科學研究院副總工程師，一直堅守在水利工程設計崗位上，直至退休。他這一生就像從一張張圖紙上走過來的，不知參與設計了多少大大小小的工程，連他自己也數不清了，但一說到東深供水工程，他那微微眯縫着的眼睛豁然一亮，感覺一下變得精神了。

早在 1963 年國慶節前後，王壽永便接到東深供水工程的設計任務，大夥兒忙活了幾個月，連春節也在加班加點幹。直到 1964 年春節後，設計方案基本確定，接下來便進入技施階段。所謂技施階段，是一個專業術語，指施工單位可以按照圖紙進行施工的設計階段，必須將技術設計和施工詳圖合併設計，而東深供水首期工程的一大特點就是「採取現場設計和施工密切配合」，這是切實落實設計意圖、降低工程風險、確保工程質量、推進工程順利實施的關鍵步驟。隨着指揮部一聲令下，所有的工程設計技術力量都被調往施工現場，大夥兒隨即開赴一線。

「那真是如軍令一般啊，我們這些設計人員，每個人帶着幾件換洗的衣服，一個背包捲，一個臉盆或提個水桶，就搬到工地上去了……」

一位白髮老人的講述，不知不覺就把自己帶回了年輕的歲月，也把我這個歷史追蹤者帶進了當年的現場。那是 1964 年 2 月，還是農曆正月初，連年都沒有過完呢。嶺南春早，卻也有春寒料峭的時節，出門時，陰風裹挾着冷雨，一陣一陣襲來，每個人都倒抽了一口冷氣。接下來便是一路風雨，一路顛簸，頗有一種「風蕭蕭兮易水寒」之感。到了工地，舉目一望，第一眼看見的就是山坡上大寫的標語：「要高山低頭，令河水倒流！」這是東深供水工程建設者書寫在高山流水之間的山盟海誓，那一股奔湧而出的豪情，令人精神為之一振，感覺心跳一下加快了，熱血開始沸騰……

在八十多公里的施工線路上，總指揮部設在東莞塘廈，舊名塘頭廈圩。這是一個群山環抱的千年古鎮，東與清溪鎮相鄰，北與樟木頭相連，南與鳳崗、深圳交接，在逶迤起伏的山嶺中，石馬河由南向北奔湧而下，這裏既位於石馬河流域的中心位置，也是東深供水工程的一個樞紐。到了指揮部後，技施設計人員又分成幾個小組，分駐在橋頭、塘廈、清溪馬灘、鳳崗竹塘等工地，分工負責閘壩、泵站、渠道和橋梁設計，另設一個專門小組駐在深圳水庫，負責供水系統工程設計。

從一開始，曾光這位軍人出身的總指揮就是以戰略思維來統領工程，他將整個工程當作一個大戰役來對待。整個工程就是一條漫長的戰線，由於路線長、構築物多、施工點分佈廣泛，一開始還真有點手忙腳亂的感覺。而一旦開工，全線的制梁場、土石方堆放的渣場、混凝土攪拌場、炸藥庫、供電設備該怎麼佈置？對工程管理稍有了解的人都知道，大型水利工程的施工管理，往往比其他工程項目要複雜得多。在千頭萬緒中，戰略思維還真是一種化繁為簡的方式。為此，總指揮部將全線劃分為四大工區，分轄八個工段、兩個水庫，施工現場以工區為單位鋪開，工區就是戰場，眾將聽命，職責分明，兵分數路，奔赴各自的崗位和陣地。這就像作戰部署一樣，曾光也表現出了他性格中很強勢的一面，他用一個又一個的「必須」，把每一件事都斬釘截鐵地落實到位。

指揮作戰，最重要的就是要有一幅全線作戰圖。此前，第一批勘測設計人員對工程全線已進行過勘測、規劃和設計，但他們提供的還只是五萬分之一的勘測設計圖，這大圖、大方案只是規劃設計的第一步。到了技施階段，必須在施工現場進行深化和細化設計，這也是指揮部給全線技施設計人員下達的第一個任務。在一個月內，全線技施設計人員，必須描繪出五百分之一的全線施工作戰圖，將精準度提高一百倍！同時，還要將各工區、工段的施工內容和生產要素配置畫在一張平面圖上，包括地形、地貌和所有的構築物，工程項目的數量、大小、工期節點、工期要求及配置資源，還有項目部、工區、施工隊，料場、梁場所在地的佈置，總之，有了這張圖，一切都能了然於胸了。

一個月，在紙上描繪出一幅如此詳備的圖是不容易的。但當時誰都沒有吭聲，誰都知道這位總指揮說一不二的性格，在他面前，你想叫苦，也只能在心裏叫，而最好的回答就是：「保證完成任務！」

這是一場戰役，每一步都是挑戰。無處不在的挑戰，特別磨煉人，也特別提升人。

王壽永被分派到了塘馬工區，參與馬灘、塘廈等六個泵站的

圖 3　東深供水工程技術設計人員工作場景。當時設計團隊的理念是：自力更生、又快、又好地完成東江—深圳供水工程設計，早日給香港同胞供水（何靄倫供圖）

圖 4　1964 年 2 月，廣東省政府動用大量人力物力，在八十多公里的施工線上，展開了東深供水工程建設（廣東省水利廳供圖）

圖紙繪製，這也是那幅全線施工作戰圖的一部分，進場後的第一個挑戰就是要在限定時間完成導線複測。每天一大早，天剛蒙蒙亮，他和戰友們便扛着儀器、揣着乾糧上山，翻山越嶺，攀岩走壁，餓了啃乾糧，渴了喝涼水。山風陰冷，汗流浹背，汗濕的衣服貼在背脊和胸脯上冷津津的，透心涼。他們先做導線複測，將整個線路複核一遍，接着進行橫斷面複測，用半個月時間完成了塘馬工區的路線複勘工作，在一幅施工作戰圖上描繪出了屬於自己工區的所有元素，這也讓他們對所在工區的地質、地貌結構和每個施工點的特點都了如指掌。

白天複測之後，晚上便要連夜進行設計，經常是一幹一個通宵。誰都知道，工程設計是高端專業技術，如今都是採用高端技術設備和電子化數字化作圖。而在當時的條件下，一切只能因陋就簡。他們的設計室就在臨時搭建的工棚裏，一進門，一抬頭，就是一條橫幅：「自力更生、又快、又好地完成東江—深圳供水工程設計，早日給香港同胞供水。」這橫幅下擺放着兩排設計平台，那是用木樁架起來的一塊塊粗糙的木板，設計人員坐在那種農家用的木椅上，一個個彎腰低頭，幾乎是伏在案板上，用鉛筆在圖紙上一點一點地描繪着，除了眼前的圖紙，幾乎都忘了自己的存在。最傷腦筋的是，哪怕夜裏下班了，在工棚裏睡着了，連做夢時腦子也停不下來，還在絞盡腦汁、反反覆覆地進行設計。而那年頭，又哪有什麼高端技術設備，就連計算尺、繪圖板、繪圖儀器這些最基本的工具都十分緊缺，大夥兒只能輪流用。王壽永從廣州帶來了一把計算尺，在工地上用了整整一年，這把尺子上凝聚着他的心血和汗水，留下了一個個難以磨滅的指紋，也見證了那段爭分奪秒的時光。這計算尺上的刻度和時間刻度一樣，時時刻刻在提醒着他，催促着他。催促他們的不僅是來自指揮部的命令，還有香港那邊逼人的水荒。一想到香港同胞在街頭排隊接水，甚至搶水的情景，這艱苦簡陋的條件又算得了什麼？每個人腦子裏只有一個緊繃着的念頭：「那邊在搶水，咱們這邊必須搶時間！」

技施設計，對設計與施工的銜接要求十分緊密，就像兩個齒輪一樣，齒輪和齒輪之間只有互相緊密而流暢地咬合，才能帶動彼此高速運轉。那一代設計人員也像高速運轉的齒輪一樣，幾乎都是夜以繼日地連軸轉。然而，設計又是典型的慢工出細活，正常設計程序是：設計計算—用鉛筆畫圖—描圖—曬圖，這樣才能做出正式圖紙。但施工單位催得急，你這邊出不了設計圖，他那邊就無法施工，而工期那麼緊，誰能乾瞪着眼坐在那兒等啊！每次一出圖紙，王壽永立馬就會騎上自行車，一路猛蹬送往施工現場。這自行車，就是他們當時最快的交通工具，但工地上坑坑窪窪，那是怎樣的一條路啊，一下雨就變成了一個個爛泥坑，爛泥和亂石混為一團，一腳踩下去卻軟硬分明。而一經烈日暴曬，那軟的硬的都變得像刀子一樣鋒利。民工們形容這樣的路是「天晴一把刀，落雨一團糟」。儘管王壽永練出了一身好車技，卻還是時常深陷在泥坑裏，有時候人騎車，有時候車騎人，時常要扛着自行車走山路，而且是一路奔跑。跌倒了，膝蓋磕出了血，隨手就抓一把泥土止血，這土辦法還真有效。為了加快工程進度，他們有時候就在施工現場邊畫圖、邊設計、邊施工，畫好一張就往工地送一張，設計圖紙畫到哪裏，工程就建設到哪裏，這也是設計與施工最緊密的銜接。

那時候，在東深工地上，都是一個人當幾個人用，王壽永一個人幹着這麼多事情，很累，實在太累了，感到自己的時間和精力幾乎已經用到極限了，然而，一旦投入進去，他又總是能顯出驚人的能量。這也是很多人的感覺。你幾乎沒有看見誰疲憊不堪的樣子，哪怕每天只睡三四個小時，甚至通宵不眠，你看見的依然是一個個精力充沛、勁頭十足的建設者，每個人仿佛有什麼保持精力和幹勁的祕密，這個祕密到底是什麼呢？他們沒有想過，哪有時間想啊，而我卻一直在想，越想越覺得不可思議。

這不可思議的祕密，興許隱藏在一個個奇跡般的工程中。這裏就看看王壽永參與設計的兩個工程吧。

馬灘，位於石馬河幹流中下游，現屬東莞市清溪鎮馬灘村，而在當年，這一帶還是雜樹叢生、蘆葦瘋長的荒灘河谷。哪怕到了今天，這裏依然是一個偏僻冷清的角落，一條彎彎曲曲的小路在一片茂密的荔枝林鑽來鑽去，把我們引到了當年的工程現場。我來探訪的這個季節，農曆七月，正是石馬河流域潮濕悶熱的季節，在熱騰騰的太陽底下，石馬河從山坳間緩緩流過，不見風生水起，唯有靜水深流，一雙伸展的翅翼清晰地投射在倒映着天空的河水裏，那是一隻蒼鷹默默飛過的影子。遙想當年，這河水中投下了多少建設者的倒影。

這裏是東深供水工程進入石馬河的第二級攔河閘壩，銜接下游旗嶺梯級工程的回水，主要建築物自左至右依次為土壩、泄洪閘、溢流壩、出水涵閘、泵站廠房，在左岸山邊還預留了通航的船閘。攔河閘壩建於花崗岩基礎上，在溢流壩上設有兩米寬的人行橋和啟門設備平台及構架，均為砼結構，即混凝土結構。這一工程於 1964 年 12 月建成後，經歷多次擴建和加固，才形成了現在的規模。我久久凝望着這些年深日久的建築，那風吹、雨打、日曬、流水、浪濤以及洪峰塗抹過的痕跡，年復一年，層層積澱，仿佛一點一點積蓄起來的歲月，才逐漸形成這種深重而又自然的光澤，歷久彌堅。2003 年東深供水工程完成後，另闢蹊徑建起了封閉式輸水管道，這一工程已移交東莞市運河治理中心管理。隨着石馬河從逆流而上恢復為天然流向，馬灘水閘原有的供水功能從此成為歷史，但它並未淪為徒然供人憑弔的遺跡，其作為水利工程的使命依然在時空中延續。

同馬灘水閘相比，塘廈攔河閘壩及抽水泵站則是一個更為重要的樞紐工程，位於雁田水下游出口處，銜接馬灘梯級的回水。據王壽永先生回憶，這一工程在設計上遇到了意想不到的難題：一開始選用的是上壩址，這一壩址在石馬河原來的天然河道上，但由於河床部分及灘地被厚達兩米多深的沙礫和堆積土所覆蓋，回水也不夠深，加之施工場地局促，在施工過程中放不開手腳，而在汛期施工還會受到洪水的威脅。經設計人員進一步勘測，最後選定下壩址，將抽水泵站廠房和閘壩佈置在右岸階地上，對原來的河道則以土壩填堵，並與左岸連接。這樣一來，工程量大大增加了，但主要工程都在台地上進行，在洪水期施工的安全就有了較大的保障。按工程設計，在河中佈置泄洪閘八孔，選用河床式廠房，另在閘壩頂上架設了一座公路橋。

夏日正午那驕陽四射的光芒，照亮了這一樞紐工程的每一個角落，即便隔着近六十載歲月，你也能發現，每一個細節都是精心設計。忽然想起老子的一句話：「天下大事，必作於細。」這才是真正的工匠精神啊！

透過這兩個工程，或可窺一斑而見全豹。然而，若要看清一個大型供水工程設計意圖，還需要拉開時空的距離，從頭到尾一路看過來。若按嚴謹的專業術語定義，這是一項梯級串聯提水工程，從橋頭新開河和太園泵站開始，沿石馬河逆流而上，這是一條不斷攀升的路，一山更比一山高。這山坳中，是一條迂迴曲折的河流。

就在這山河之間，一個大型供水工程自北向南，依次翻越了縱貫東莞、寶安之間的 6 座山嶺，在石馬河幹流上建造了旗嶺、馬灘、塘廈、竹塘、沙嶺、上埔等 6 座攔河閘壩和 8 級大型梯級抽水泵站，將運載東江水的石馬河逐級提升 46 米，注入雁田水庫，然後在庫尾開挖 3 公里的人工渠道，越過一道分水嶺，經寶安縣沙灣河注入深圳水庫，又在深圳水庫壩後敷設 3.5 公里長、140 釐米直徑的壓力鋼管輸水至深圳河北岸，由港方接水輸入木湖抽水泵站，整個工程全長 83 公里。這樣敍述或許還太抽象，王壽永給我打了個形象的比喻，這個工程就像搭建一座由北向南，相當於十一層樓高的大滑梯，一條盈盈流淌的河流，就乘坐着這個大滑梯朝着香港奔湧而流……

東深供水工程建成後，石馬河從一條天然河流變成了一條人類重新設計的水道，主要發生了三大變化：一是流向，由南向北變成了自北向南，而在後來經過東深供水工程後，石馬河則由單向流變成可逆流的雙向流；二是水深，石馬河原是溪流性河道，在旱季枯流水淺，在注入東江水後變成常年蓄水滿河；三是水位，原河水面是一條降水曲線，現變成分段蓄水，隨着水位普遍比原來升高，有利於向沿途和香港供水。然而，水位升高對於防洪也是嚴峻的考驗。石馬河雖說只是東江的一條支流，但石馬河自身還有眾多的支流，在東莞境內就有五條較大的支流，自上而下依次為雁田水、契爺石水、清溪水、官倉水和潼湖水，這讓石馬河水系愈加紛紜複雜。當石馬河流到江河交匯的橋頭，其尾閭寬闊，每當汛期來臨或遭遇颱風暴雨，又受東江河水頂托，導致石馬河流域水位高漲，洪水泛濫。東深供水工程雖是一個供水工程，但在設計上始終把防洪作為其主要功能之一，全線閘壩、泵站及電站，均按五十年一遇的洪水設計，按五百年一遇的洪水校核，而雁田和深圳兩大調節水庫則是按百年一遇的洪水設計，按千年一遇的洪水校核。近六十年的時間已足以證明，這一工程從頭到尾都經受了洪水一次又一次的嚴峻考驗，或是有驚無險，或是化險為夷。無論從哪個角度看，這都是一個設計周密、功能完備的宏偉工程，在每一座閘壩、每一級泵站的背後，都有着設計師們殫精竭慮又獨具匠心的設計。

「這個工程是第一流頭腦設計出來的！」這是香港一位權威工程專家發出的驚歎。這位一向以嚴謹著稱的專家，還極少發出這樣的讚歎。

這位專家就是鄔勵德（John Wright）。這位在英國也享有盛譽的工程專家，早在 1938 年就加入了港英政府，長年任職於工務局，曾任香港工務局署理總建築師、助理工務司，1959 年出任副工務司。1963 年 3 月，就在香港在大旱和水荒中備受煎熬之際，他正式接任工務司，也可謂是受命於危難之際。在供水事務方面，他主持或參與了香港兩大水庫——船灣淡水湖和萬宜水庫的規劃與設計，在任內他也親歷了粵港雙方一起推動東深供水工程建設的歷史進程。

而今，一個跨流域、跨世紀的大型供水工程在經歷了三代人之後，已經進入了高科技、智能化的時代，王壽永作為第一代建設者，還一直保存着那把磨得發黃的老式計算尺。當年，他們就是靠着這樣的計算尺，還有三角板、繪圖儀等簡單得不能再簡單的設計工具，一點點計算和描繪出了一幅宏偉的藍圖，一個設計難度在當時是超乎想像的大型供水工程，最終從圖紙上躍然盤旋於山河歲月之中。而那一代逆流而上的建設者們，一個個都顯得非常謙遜，數十年來幾乎一直處於默默無聞的狀態，這或許就是靜水深流的真正含義吧。人道是，智者無言，這些工程設計人員胸中自有丘壑，卻早已習慣沉默寡言。如眼前這位白髮蒼蒼的老人，你不發問，他不開口，即便開口，他的講述，他的神情，也始終保持着一種理智和平靜。

「我只是一個很普通的技術設計人員，但我有幸參與了一個絕不普通的工程。」

這樣一句普通又不普通的話，這樣一個平凡又不平凡的人，讓我默默地尋思了許久。

第二章

一支特殊的隊伍

一

當我追溯一條逆流而上的河流時，也在追尋那一代逆行者的背影。

東深供水工程上馬之際，什麼都缺，最缺少的就是人才。當時，廣東省從水利戰線迅速調集了一批管理、設計和施工等各方面的人才，但隨着八十多公里的戰線全線拉開，那些抽調來的人手還遠遠不夠用，各個工區都在向指揮部催要人手，那手搖式電話一天到晚響個不停，急驟的鈴聲跟警報一樣。想想，工期那麼緊，誰不着急啊。曾光這個調兵遣將的總指揮，此時手下已無兵將可調，只能向廣東省水利廳連連告急。或許是急中生智，他們忽然想到了一個水利工程人才的「蓄水池」——廣東工學院。1964 年 3 月 11 日，廣東省水利廳致函廣東省高等教育局和廣東工學院，商請從廣工土木建築系和電機系選派一批高年級的學生支援東深供水工程建設，他們都是工程急需的專業技術人才。

當一紙公函擺到麥蘊瑜院長的案頭時，他戴上高度近視眼鏡，低下頭，先默默地看了一遍，又抬起頭來下意識地搓了搓手。這位當時已六十七歲的老院長，是一位著名水利專家。1897 年，他生於廣東香山縣（今中山市），這是孫中山先生的故鄉，也是珠江流域水網密佈、洪水頻發之地。1915 年夏天，珠江流域發生有史可考以來災情最大的一次洪水，千里田疇化為澤國，數百萬蒼生遭受滅頂之災。那一年為農曆乙卯年，史稱「乙卯大水災」。那時麥蘊瑜還是一個十七八歲的高中生，這場洪水是他有生以來最恐怖的經歷、最慘痛的記憶，也影響了他未來的人生走向。翌年，麥蘊瑜考入上海同濟大學攻讀土木水利工程，這是他的第一志願。1922 年，他又遠赴德國，在漢諾威工科大學水利工程專業深造。畢業後，他一度在德國斯圖加水電站擔任實習工程師。德國當時是世界水利工程最發達的國家之一，這讓麥蘊瑜看到了中國水利建設同世界先進水平的巨大差距。1927 年，麥蘊瑜滿懷水利救世之夢回到祖國，歷任廣東省政府技術室主任、廣州市工務局局長。那一代人，對孫中山先生在《建國方略》中謀劃的一個未來中國充滿了憧憬，「此為救中國必由之道」，也是一位革命先行者心目中的「中國夢」。而在水利工程上，孫中山先生提出了「築堤，浚水路，以免洪水」「興修水利樞紐工程，發展水電能源」和「跨流域調水」等一系列設想。麥蘊瑜也曾躊躇滿志，描繪出一幅幅興修水利、重振山河的藍圖。然而，在那內憂外患、烽火連綿的亂世，無論是一代偉人孫中山，還是滿懷水利救世之夢的麥蘊瑜，這些設想或夢想一直無法付諸實施，只能望水興歎。

就在中華人民共和國成立前夕，1949 年 7 月，珠江幹流西江又一次暴發特大洪水，那千瘡百孔的堤圍在洪水的衝擊下一路土崩瓦解。這也是舊中國在崩潰之際甩給新中國的一個巨大的災難現場。廣東解放後，滿目瘡痍，百廢待興，首先就從堵口復堤、興修水利開始。麥蘊瑜臨危受命，先後擔任廣東省水利工程總局顧問、省水利廳總工程師，他同廣大幹部和群眾一起，在 1952 年基本完成堵口復堤任務，隨後又實施聯圍築閘，將許許多多低矮單薄、高低不一、不成體系的小堤圍連成一條條大堤，並採取修築水庫、加強排澇等多種措施，初步構築起珠江流域水利防禦體系。接下來的歲月，麥蘊瑜又先後擔任廣東省水利電力學院、廣東工學院院長，培養和造就了大批既能設計，又能管理和施工的新一代水利工程技術人才，他們中許多人後來都成為新中國水利建設的中堅力量。

當香港遭受大旱和水荒，麥蘊瑜先生也一直揪心啊。而東深供水工程，就是孫中山先生在《建國方略》中謀劃的「跨流域調水」工程。廣工學子有機會參與這樣的大型工程建設，既可以為工程效力，又可以在實踐中得到鍛煉，可謂一舉兩得。這卻也讓他有些犯難：若要選派學生，只能是學業基礎最紮實的大四學生。但這些學生即將畢業，如果參與工程建設，就要變更原來的教學計劃，重新調整學業課程，很多學生原來的畢業計劃和人生規劃都有可能被打亂。作為一院之長，他也得尊重學生的意願啊。為此，他在校務會上提出本着自願的原則，從土木建築系和電機系選派一批大四學生支援東深供水工程建設，時間暫定為三個月。

此前，東深供水工程上馬的消息早已在廣工校園裏傳得沸沸揚揚，很多人早就聽說了香港的水荒有多嚴重，也知道東深供水工程的首要任務就是向香港供水。要說粵港兩地血脈相連，那還真不單是一個比喻，廣工學子中大多在香港有親人，還有不少從小就在香港生長，他們對香港自有一種與生俱來的親情。當香港同胞喊渴時，他們也有一種源於親情乃至生命的焦渴之感，早就想伸出援手，只是沒有找到機緣。而現在，有了這樣一個機緣，他們一個個爭先恐後地報名。

何靄倫是土木建築系農田水利專業的一名學生，她是家裏的獨生女，年幼時就居住在香港，在家人的呵護下猶如小公主一般，但她又絕非那種嬌生慣養的嬌嬌女，從小性格就比較獨立。對於香港，她兒時最清晰的記憶，就是家門前的一口水井，那水真清啊，尤其是夏天，清涼清涼的。當一家人圍坐在井台四周，水的氣息繚繞不散，一個家更加渾然一體。可那清澈的井水逐漸乾涸，一口老井再也打不出水來了，他們全家也在水荒中從香港遷到了廣州。她是喝珠江水長大的，卻一直心心念念香港家門前那口乾涸的水井。這種源於生命的記憶，或許就是她第一次自主做出人生選擇的原因吧。在很多人看來，這樣一位花朵兒般的女孩子，那白皙修長的手指應該去彈鋼琴、拉小提琴，誰也沒想到，她在填報高考志願時，竟然會選擇攻讀土木建築系農田水利專業。艱苦，沉重，是土木建築系給人們的第一印象，尤其是農田水利專業，風裏來，雨裏去，水一身，泥一身，那簡直是最苦最累的活路。建築工地幾乎是清一色的男人的世界，哪怕到了今天，也很少有女生選擇攻讀土木建築系。然而，土木工程和水利工程又是國家建設的基礎，是人類生存最基本的依托。一直以來，也有不少勇敢的女生選擇了這樣艱苦而又沉重的專業，何靄倫就是其中的一位。幸好，父母一向尊重女兒的意願，對女兒的選擇沒有説一個不字。但可憐天下父母心，他們又怎能不為女兒擔心，擔心她吃不了這個苦，受不了這個累啊。這次，何靄倫報名參加東深供水工程建設，她生怕父母為自己擔心，從報名到奔赴工地一直瞞着他們。她心中有一個強烈的念頭，那就是讓香港的親人和同胞們早日喝上清澈的東江水。

何靄倫的同學符天儀和香港也有不解之緣，他們家族有三十多口人居住在香港，父親也曾在香港做生意。小時候，她每年暑假都會去香港，而那時香港的自來水供應已越來越緊缺了，到處都在打井。但井水不但少，而且還帶着一股難以下咽的鹹澀味，越喝口越乾，香港的親人做夢都想喝上一口好水啊。而現在，東深供水工程終於開工了，一年後香港同胞就能喝上東江水了！她把這一喜訊連同自己報名支援東深供水工程建設的消息寫信告訴了香港的親人，很快，她就收到了從香港寄來的一封封回信。她把這些信激動地念給同學們聽，那信中有一句話深深地打動了同學們：「你們就是我們的希望！」

希望，或許只有那些身處絕境的人才能深深地體會到。而當你生活在這個世界，若有能力、有機會給人們製造希望，也會給自己增添無窮的精神動力。而那一代大學生還真是很少從自身的利益去考慮，他們都毫不猶豫地放下了手上的學業和接下來的畢業計劃，最擔心的就是失去這一次機會。很快，在麥蘊瑜院長的案頭就擺上了一份份慷慨激昂的請戰書，那一個個血紅的指印，詮釋着那一代大學生的青春熱血……

到祖國最需要的地方去！這是那個時代最響亮的口號，也是那一代大學生的鏗鏘誓言。

1964 年 4 月 7 日，清明剛過，雨後初晴，在麥蘊瑜院長的帶領下，廣東工學院選派的第一批學生——土木建築系農田水利專業的八十四名大四學生，還有多名老師，一個個背上鋪蓋和衣物，以急行軍的速度奔赴東深工地。那些平時愛美的女生們，一個個都換上平跟鞋，彎腰繫緊了鞋帶，然後挺起胸膛，撩起頭髮——出發。這也是他們第一次從校園走向曠野，從照本宣科的課堂走向實實在在的水利工程建設第一線。在千軍萬馬的大會戰中，這是一支特殊的隊伍。他們不是東深供水工程建設的主力軍，卻是當時施工現場最年輕的一個群體，像陽光一樣熱烈，像水一樣單純……

二

人類早已洞悉了河流與歲月一去不返的本質，那些在歲月河流中匆匆掠過的身影，或早已逝去，或正在遠去。即便是當年那些二十來歲的大學生，如今也該是八十歲上下的老人了。而當年的廣東工學院，已與其他幾所高校合併組建為廣東工業大學，但它的簡稱依然是——廣工。2021 年 7 月下旬，一個風雨過後、陽光燦爛的日子，在廣東工業大學的校園裏，我有幸見到了幾位當年參與東深供水工程建設的大四女生：何靄倫，符天儀，陳韶鵑……

眼下，這些鶴發童顏的老人，拿出一幅幅珍藏的老照片，指認着半個多世紀前的自己。那黑白照片裏的陽光，又把那深遠的歲月，連同一個個模糊的身影漸漸照亮，河水映出一張張波光粼粼的臉。而今，哪怕年近八旬，你也能感受到她們的活潑、開朗與快樂。那眼神裏閃爍着一種歷經滄桑的天真，那燦爛的笑容，有一種穿越時空的感染力。

何靄倫大姐指着一張合影給我看，「看，這個是我，這個是符天儀，這個是陳韶鵑，這是我們七位女同學的合影，很多人把我們稱為七仙女……」

圖 5　廣東工學院土木建築系 651 班全體畢業同學合影留念。
符天儀在二排左二，何靄倫在一排左七，陳韶鵾在二排左三（何靄倫供圖）

圖 6　支援東深供水工程建設的學生。右一為陳韶鵾（陳韶鵾供圖）

這張照片是她們剛上工地時照的，一個個白白淨淨、風姿綽約的女大學生，看上去還真像下凡的仙女一般，卻又與她們背後的建設工地形成鮮明的反差。而在當年，當工友們笑稱她們為「七仙女」時，她們都脆生生地回答：「我們不是七仙女，我們是戰士！」

從風姿綽約變得風風火火，看上去，她們還真像是一個個英姿颯爽的女戰士。尤其是那眼神裏，有一種永遠不會隨歲月磨礪而消逝的光芒，那是深藏在那一代青年心中的自信和希望。大仲馬曾經説過，自信和希望是青年的特權。如果不走近他們，你也許不會發現，在歲月深處還有這樣一種力量的存在。遙想當年，這樣一群年輕人，這樣一支特殊的隊伍，被一條從東江到香江的水路組合在了一起。他們是那樣年輕、單純，既沒有複雜的人生履歷，也沒有什麼實踐經驗，但是他們擁有大仲馬所説的青年的特權。自信，讓他們在苦與累的同時，也親身體會到自身的價值存在，又進一步拓寬了他們的人生。希望，哪怕到了今天，看着他們充滿了希望又十分自信的樣子，我知道，大仲馬偉大的箴言又一次被那一代大學生證明了。這讓我有了一種更接近真相的發現，在他們身上體現着那一代青年的優秀品質和不斷提升的人格境界。

為了讓這些大學生儘快進入角色，指揮部根據他們的專業特長進行了分配，並採取師傅帶徒弟的方式，帶着他們邊學邊幹，邊幹邊學。八十多名土木建築系的學生被分派到沿線各個工段，在設計師和工程師的帶領下，參加一些輔助設計和施工管理、質量檢查等工作。而一位具有戰略眼光的總指揮，他看見的絕不只是一個在建的工程，而是這個工程的未來。工程的延續，説到底就是人才的延續。曾光一直特別注重人才的培養。無論是在指揮部，還是在項目部，他走到哪裏嘴邊都掛着一句話：「你們不但要把一個工程幹好，還要帶出一大批人才！」

李玉珪就是從這批學生中脱穎而出的人才之一。1942 年他出生於海南陵水縣，海南島那時還屬於廣東省，也是廣東最偏遠的地方。李玉珪於 1960 年考入廣東工學院土木建築系。這個小夥子講着一口難懂的海南話，時常惹人笑話，很多人更是連他的家鄉都沒有聽説過。但這小夥子對自己的家鄉話和家鄉一點也不自卑，還一臉自豪地大聲申辯：「你們這些家伙真是孤陋寡聞，海南陵水，那是紅色娘子軍戰鬥過的地方，我講的話就是洪常青講的話！」別看他長得又黑又瘦，他還真有洪常青的一股子熱血，這次為了報名參加支援東深供水工程建設，他咬破指頭寫血書，又直接找到老院長遞血書，老院長一看那滿紙浸透了的斑斑血跡，那高度近視的老眼都泛紅了。到了工地，他被分到了設計組，從輔助設計開始。而那時他又怎能想到，他不但把自己提前交給了命運，還將為這個工程奉獻自己的一生，並成為一位未來的工程總設計師。這對於他而言，當時連做夢也不敢想啊。

何靄倫和幾位姊妹一開始被分派在橋頭工段設計組。初到工地時，那振奮人心的口號、熱火朝天的幹勁，讓這些大學生們深受感染。但時間一長，那艱苦的生活就是嚴峻的考驗了。當時，這些大學生和所有的建設者一樣，住的都是靠自己的雙手搭建起來的臨時工棚，大多是就地取材，先打幾根木頭樁，再搭上一塊塊木板，牆壁是稻草糊上稀泥巴，太陽一曬，那稀泥巴就乾成了一張硬殼，一場風雨，那泥巴又稀裏嘩啦往下落。那工棚頂上蓋着一層油毛氈，散發出一股燥熱、刺鼻的氣味。這工棚既遮不住陽光也擋不住風雨，大夥兒睡的都是大通鋪，先鋪上一層稻草，再攤開鋪蓋捲兒。天涼時，一床被子半墊半蓋，天熱時鋪上草蓆倒頭便睡。工地上一天到晚灰撲撲的，到了晚上下班回來，在掀開被子之前先要掀開厚厚一層沙土。而在清明前後，嶺南就進入了回南天，從南海吹來的暖濕氣流與自北南下的冷空氣遭遇，天氣陰晴不定，不是陰雨連綿，就是大霧瀰漫，這樣的天氣特別潮濕悶熱，從地面到牆壁都在滋滋往外冒水，連空氣似乎都能擰出水來。這回南天反反覆覆，特別漫長，衣物被子都散發出黴味，有的都長出了一塊塊黴斑。若在校園裏，還可以採取一些防潮措施，而在這工地上、工棚裏，既防不勝防，又哪有精力和時間來防，很多人都患上了濕疹和體癬之類的皮膚病，又被蚊蟲叮咬出一身密密麻麻的紅疙瘩，癢得要命，夜裏一片沙沙沙的抓撓聲，但大夥兒白天幹活實在太累了，蚊子咬不醒，抓也抓不醒。

何靄倫還記得，她們剛到橋頭時，工地上還沒有飯堂，大夥兒都是露天吃飯，十來個人或站着，或蹲着，圍着幾個大盆子，盆子裏盛着冬瓜、南瓜、海帶、鹽菜湯，若是能吃上一頓魚肉那就是過大年了。喝的水則是從河道裏直接抽上來的，由於正在施工，那水被攪得很渾濁，像糨糊一樣，儘管經過簡單過濾，但有一股嗆鼻的土腥味，而到了乾渴時，大夥兒也只能憋着氣兒往喉嚨裏灌。這水喝下去，經常拉肚子、發熱，卻很少有人請過病假。在大夥兒看來，頭疼腦熱不是病，吃點藥、咬咬牙就挺過去了。苦不苦，難受不難受，想想山那邊的香港同胞吧，他們喝的就是這樣的氹氹水，甚至連這水也沒得喝呢。

最難熬的還不是苦，而是累，特別特別累，這也是參與東深供水工程所有人的感覺。累到什麼程度？就説橋頭工段設計組吧，幾乎每天都要從早上八點幹到晚上十二點。加班，熬夜，是一種常態，有時候熬到半夜轉鐘了，設計組的負責人還在一項一項地落實接下來的設計任務，誰來完成？何時完成？這每一個任務，要落實到每個人身上，包括何靄倫這些擔任輔助設計的大學生，也有明確指定的任務和限定的完成時間。面對這樣紮紮實實的任務，你想偷偷打個瞌睡也不行，不是有人盯着你，而是有事盯着你，哪怕安排別人的事情，那也可能與你有關，這每項設計都是一環扣一環。

何靄倫和姊妹們在橋頭工段設計組幹了幾個月，主要參與了太園泵站的站房設計，還有施工現場的吊車梁設計。到了這裏，她們才發現原來在課堂上、書本上學到的那些專業技術根本不夠用，很多東西都搞不懂，但不懂就問，那些設計師、工程師都是她們的導師，只要你肯虛心地彎下腰來，就會有人手把手地教你。她們都是邊學邊幹，邊幹邊學，每個人都感覺這是自己成長最快的一段時間。越是宏大的工程，越是要注重細節，這需要精密的計算和描圖，先計算複雜的數據，再一點一點地用鉛筆描圖。而處理繁瑣的計算、複雜的圖紙時，需要有高度的責任心，還要有足夠的耐心，無論有多着急，都要靜下心來，在不斷打磨的過程中，這些初出茅廬的大學生也在一點一點地磨礪自己的心性。若沒有這樣的心性，你是堅持不下來的，那手頭的活兒怎麼幹也幹不完。那時候，她們總想着早點把手頭的活兒幹完了，找個地方大哭一場，然後睡個三天三夜。但一件事剛剛幹完，馬上又有下一件事。每次回工棚時都是深更半夜，走路時，腳就像踩在棉花上，連眼睛也睜不開，感覺一邊走一邊在做夢。但猛一睜眼，你就發現，這時候工地上的燈火還亮着，那些在一線的施工人員，正日夜不停地連軸轉，指揮部的老總們還在加班，透過窗口的燈光，可以看見他們站在施工圖前指點着的身影，看上去像一個個剪影卻又那樣清晰……

現在回想起來，何靄倫和姊妹們也説不出那幾個月自己都幹了些什麼事。儘管每天都在手腳不停地幹事，到頭來，又想不起自己幹了哪些特別難忘的事。說起來，她們做的都是很小又很細緻的一些事，這些小事也許沒有多少人記住，但在她們離開橋頭工段設計組時，那些設計師們都依依不捨地說：「沒有你們這些大學生，我們的設計進度不可能有這麼快！」

何靄倫和幾位姊妹都知道，這是對自己的鼓勵，但她們聽了還是莫名地感動了好久。

按照預定計劃，廣工支援東深供水工程建設的第一批學生在協助工作三個月後，就要回到學校，回歸課堂，但三個月後，東深供水工程全線進入了攻堅戰。此時，正是河水高漲的汛期，施工人員在翻滾的濁浪中擺開了戰場，那此起彼伏的號子聲和洶湧澎湃的浪濤聲混雜在一起，你都分不清是人類的聲音還是河流的聲音。當你置身於這樣一個波瀾壯闊的戰場，你會深深地為那壯懷激烈的場景所感染，自告奮勇地做出自己的選擇。這也是何靄倫和同學們的選擇，他們向廣東工學院和東深供水工程總指揮部請求，將支援工程建設的時間延長到六個月。這是他們第一次推遲返校復課。這也意味着，他們無法按時畢業了。

隨後，何靄倫和幾位同學便接到指令，從橋頭轉到上埔工段，從輔助設計轉到施工管理和質量檢查崗位上。上埔工段位於雁田水上游，是沙嶺梯級和雁田梯級之間的一個關鍵工程，銜接下游沙嶺梯級回水，攔河壩為無閘門控制的溢流堰，壩右端以土壩與山坡連接，泵站廠房為河床式，設在左岸，緊靠壩端。由於主體工程都是在汛期施工，因而在施工管理上愈加複雜和艱險。到了這裏，你才深深理解陸游那句耳熟能詳的詩句：「紙上得來終覺淺，絕知此事要躬行。」對於這批大學生而言，這也是他們以「躬行」的方式在水利工程建設中第一次得到了全方位的實踐和鍛煉。施工管理首先要熟悉施工圖紙、技術規範和操作規程，了解設計要求及細部、節點做法，明確有關技術資料對工程質量的要求。在這幾個月裏，何靄倫和同學們在工程技術人員的言傳身教下，每天都帶着施工圖紙在工地上來回奔波。此時嶺南已進入炎熱的季節，往河谷裏一走，頭頂上是白得耀眼的太陽，水波上也折射出白晃晃的陽光，無論你看到哪裏都是迸射的光芒，連眼睛也睜不開。但你又必須睜大眼睛，仔細核對每一個難點、節點，確保工程的每一個細節都能夠按照圖紙保質保量並且安全地施工，那真是連眼睛都不敢眨一下。而工地上的路，都是臨時開闢出來的施工便道，這泥土路經風吹雨打和烈日炙烤，又加之人踏車碾，到處都是溝溝坎坎，「天晴一把刀，落雨一團糟」，走在這路上，一不小心就會摔個大跟頭，甚至會一骨碌滾下河谷。就算你沒有滾下河谷，這一趟走下來，渾身都被汗水濕透了，整個人就像從水裏撈起來的一樣。

施工管理難，質量檢查更是難上加難。陳韶鵑當時被分派到了塘廈工段，負責質量檢查工作，每天都要在正加緊施工的閘壩上、橋墩上爬上爬下，對施工質量進行仔細檢查，仔細到每一根鋼筋、每一顆螺絲。剛開始，一看那聳立在河谷裏的橋墩和閘壩，下面就是激流和漩渦，她嚇得把雙臂緊抱在胸前，背脊發涼，腿肚子打顫，緊張得都透不過氣來。對於她，這就像人生中的一道坎，你既然選擇了，那就必須邁過去。她廝着膽子小心翼翼地邁開了這一步，又試探着，從那閘壩上、橋墩上一步一步走過來了。慢慢地，這個膽小的女生愣是把膽子練出來了，幾個月下來，還練出了一身功夫，在一個個橋墩和閘壩上上下自如，身手敏捷。對於一位未來的水利工程師，這也是她練就的一身紮實的基本功。

在施工一線奮戰的那些日子，要說不苦不累那是假的，但這些女大學生又真的很快樂。在很多過來人的印象中，這是一群非常敬業的女孩子，也是一群隨時都會把快樂帶給別人的女孩子，不管多苦多累，沒有一個人皺着眉頭苦着臉，無論走到哪裏，她們馬上就會和那裏的施工人員打成一片，隨時都能聽見她們銀鈴般歡快的笑聲。

三

那一年顯得特別漫長又格外短促，眼看着三個月又過去了，這一批廣工學子在工地上已幹了整整半年，從清明過後一直幹到了國慶節，按原計劃早該返校復課了。然而，隨着他們在實踐中的鍛煉和成長，每個人似乎都找到了屬於自己的角色，工地上越來越離不開他們了，他們也越來越離不開工地了。而此時，工程全線已進入了「倒排工期、背水一戰」的衝刺階段。為了搶抓工期，讓香港同胞早日喝上東江水，廣工學子又一次請求延遲了返校復課的時間。

在工地的日日夜夜，同學們不僅經歷了人生的各種挑戰，也經受了大自然的嚴峻考驗。東江流域在經歷了 1963 年至 1964 年春

圖 7　施工期間，戰勝了 5 次 10 級以上的颱風，也抗擊了五十年一遇的暴雨山洪。圖為施工人員築圍堰與洪水搏鬥的場面（廣東省水利廳供圖）

天的跨年度大旱後，自 1964 年入夏，先後遭受了五次強颱風暴雨襲擊，最高風力達十二級。這些自然災害，既難以預測又在預料之中。難以預測是那時還沒有準確的天氣預報，只能大致預測可能會有颱風來襲，卻不知道它將在哪個具體時刻、確切地點發生，又有多大的強度。而預料之中的是，廣東沿海地區歷來是颱風災害多發地，每一次颱風都會帶來一場暴風雨，並引發山體滑坡、泥石流等次生災害，而石馬河流域地勢兇險，河谷沿途都是複雜而又特別脆弱的山谷，這一帶原本就是東莞、寶安山區泥石流多發地帶。

在採訪當年的施工人員時，他們最不願提到又難以迴避的就是災難的記憶。他們不怕高溫酷暑，不怕毒辣的太陽，就怕風雨來臨。一下雨，哪怕是尋常風雨，從施工便道到工地就變成了沼澤一樣的爛泥坑，你根本沒法施工，更影響工程質量，而工期如此緊迫，對質量的要求又非常嚴格，搞不好就要返工。這耽誤的工期怎麼辦？每個人都快急瘋了。若是遭遇颱風暴雨泥石流，那就更要命了。

1964 年 10 月 13 日深夜，一個超強颱風登陸廣東沿海地區，一場致命的災難驟然降臨。據陳韶鵑追憶，她在睡夢中被一個炸雷猝然驚醒，也不知當時是什麼時刻，在黑魆魆的夜裏，狂風大作，「當時猛烈的颱風來臨時，就像在面前有十挺機關槍在掃射」，頃刻間，一座座工棚被狂風吹翻，連那油毛氈屋頂也不知被刮到哪兒去了。當她在短暫的愣怔中反應過來，在狂風中掙扎着支撐起身子，一道道閃電像鋸齒一樣劃破夜空，那暴雨傾瀉而下，這哪是下雨啊，簡直是天塌地陷一般。後來才知道，這場暴風雨，導致石馬河出現了五十年一遇的大洪水，暴漲的洪水衝撞着工地圍堰和那些設施設備，發出一連串驚心動魄的拍擊聲……

黑暗中，很多人彷彿還深陷在噩夢之中，感覺世界末日降臨了。突然，不知是誰在電閃雷鳴中大呼一聲：「同學們，共產黨員，共青團員，衝啊，趕緊去保護圍堰和設備啊！」這一聲召喚，把大夥兒迅速凝聚在一起。天地一片漆黑，誰也看不清誰，不管是男生還是女生，一個個胳膊挽着胳膊，肩膀靠着肩膀，在狂風暴雨中用血肉之軀組成一道道人牆，抵擋着一浪高過一浪的洪水……

而在同一時刻，陳汝基同學和一位年過花甲的老工程師正在風雨中跋涉。

陳汝基西裝革履、文質彬彬、頭髮梳得一絲不苟的形象，給同學們留下了一生難忘的印象。可到了這工地上，他這模樣沒過多久就變了，臉變黑了，皮膚變得粗糙了，衣服上沾滿了汗漬和泥斑。此前，他被分派在鳳崗工區工務股，在廖綱林工程師的指導下協助施工管理。廖工在開工之前就參與了工程規劃和勘測設計，隨着工程全線開工，廖工又拖着瘦弱的身體一直奮戰在施工一線。廖工走到哪裏，陳汝基就跟到哪裏，或在烈日下暴曬，或在風雨裏跋涉，他被這位老工程師的敬業精神深深地感染了。而在那個颱風之夜，他們還經受了一場生死考驗。隨着工程下游的水位不斷上漲，如果不及時關閉上游雁田水庫的泄洪閘，洪水將沖毀下游上埔、沙嶺、竹塘工段的圍堰工程，形勢十分危急，數千名建設者的生命更是危在旦夕。雁田水庫屬鳳崗工區管理，而當時從鳳崗工區到雁田水庫的通信線路已被狂風吹斷。廖工奮不顧身，要緊急趕赴雁田水庫去處理，陳汝基則自告奮勇護送廖工。這一老一少穿上雨衣，在暴風雨中驅車趕往雁田水庫。當他們行至上埔工段附近時，洪水已淹沒了唯一一條通向雁田水庫的道路，汽車沒法開過去，只能徒步行進。這一老一少頂風冒雨，藉着手電筒微弱的光亮，還有路兩旁的樹作為導向，翻過了一座山嶺，跨過了一座小橋，地勢越來越低了，水也越來越大了。在洶湧的洪水中，陳汝基為了保護廖工，一直在齊胸深的水中深一腳淺一腳地探路，每走一步，他都是先往前試探着挪一步，紮穩腳跟後，再回頭拉廖工一把。就這樣，他們一步一步地掙扎着，摸索着，走完了三公里多被洪水淹沒的路，仿佛比三十公里還遙遠。陳汝基後來說，這是他這一輩子走過的最艱難的路。

終於，一老一少在凌晨兩點多趕到雁田水庫，在廖工的指揮和處置下，關閉了泄洪閘，減少了泄洪流量，從而拯救了竹塘等下游工段的圍堰，阻止了一場悲劇的發生，確保了在一次重大自然災害中無一例安全事故發生。很多人都說，這是奇跡，這是一位老工程師和一位大學生冒着生命危險創造的奇跡。

還有一位叫羅家強的同學，被分派在沙嶺工段協助施工管理。沙嶺攔河閘壩位於當時的雁田鄉（今屬東莞鳳崗鎮）金溝橋處，是石馬河支流水貝水和雁田水的交匯處。一旦遭遇颱風暴雨，這種河流交匯處便風高浪急，險象環生。在同學們的印象中，平日裏羅家強是一位沉靜內向、文質彬彬的小夥子，連跟女生說話也會緊張臉紅。但他到了工地後就像換了一個人，除了協助施工管理，他粗活重活都搶着幹，那一張白面書生的面孔也曬得又黑又糙，身體也變得粗壯了。而就在那個颱風之夜，他一直堅守在近七米高的閘墩上，在暴風雨中弓着身子，緊繃着脊梁，使勁幫工人拉動混凝土振搗器風管，這是一種通過振動來搗實混凝土的設備。在那個機械設備極為缺乏的年代，每一台設備都是命根子，一旦損毀就沒法施工了。就在他拚命拉着風管時，一股狂風猛地吹來，他像一隻蒼鷹般飛了起來，旋即又被狂風席捲而下，一頭撞在堅硬的混凝土閘底。一聲悶響，剎那間，一個鮮活的生命就永遠定格在二十三歲。當工友們掰開他緊攥着的雙手，那掌心裏還留下了一道道正在淌血的裂口，那是拉風管拉出來的。

「出師未捷身先死，長使英雄淚滿襟。」一位同學的猝然離去，讓這一批涉世未深的大學生對這句古詩有了深刻體驗。多少年後，羅家強同學的音容笑貌，還有他在危急關頭爆發出來的驚人的勇氣和力量，一直深深銘刻在同學們的憶念裏，而當他們重返母校，追憶似水流年，又情不自禁地為一個早逝的生命而熱淚長流。

符天儀拿出一張工地上的男女生的合影說：「看，這個是陳汝基，這個是羅家強……」

陳韶鵑指着羅家強的影像，抹着眼淚哽咽着說：「家強要是還活着，現在也該兒孫滿堂，正享受天倫之樂呢。」

對於我，一個歲月長河的追蹤者，這又是一次深深的凝視。這張照片依然以工地為背景，但和他們剛上工地時顯然不一樣了，哪怕透過褪色的黑白影像，你也能看清鮮明的變化，那些正值桃李年華、花信年華的姑娘們，那些書生意氣的小夥子們，一個個都像變了一個人，那安全帽下的一張張面孔，在強烈的陽光暴曬下像火焰一樣通紅，一隻只胳膊黑乎乎的，像黑陶一樣黝黑發亮，但每個人都顯得更成熟了，更加陽光和茁壯了。而在他們的背後，是一道巍峨的攔河閘壩和一座崛起的泵站廠房，這就是他們在成長的過程中，揮灑着青春熱血乃至生命而建造出來的。當這些老人指着一幅幅照片和一個個年輕身影時，我突然覺得，這是對青春的指認，也是對生命的指認。

興許，就是在這樣的指認之下，他們對自己的職責和使命才有了更清醒的確認，讓他們的靈魂從剛來的激情昇華到了更持久的理性，無論是風暴，還是死神，他們都能冷峻地正視和面對，用他們的話說，「再黑的夜都會迎來黎明！」當風暴過後，又一個黎明降臨，他們記憶中那個至暗時刻終於挺過去了，而他們和無數建設者一起，用血肉築成一道道人牆，抵擋住了洪水的衝擊，保護了圍堰和設備設施。何靄倫還清楚地記得，當洪水逐漸退去，她才發現自己臉上、手上、胳膊和腿上多處受傷，有的傷口還在流血，有的血跡已經凝固。她擦了一把血跡，也抹了一把眼淚，那一刻也感到很無助，很想家，特別想念爸爸媽媽。可隨着太陽冉冉升起，當漫天霞光染紅了這一片河山，她又像滿血復活的女戰士一樣，風風火火地奔波在工地上……

1964 年 11 月 16 日，隨着東深供水工程的土建工程和主體工程基本完成，工程重點已轉入機電設備安裝階段，廣東工學院第一批支援工程建設的學生和老師，才奉命返校復課。而在此前，廣東工學院又派來了第二批支援工程建設的大學生，這是從電工系選派的九十一名大四學生，另有七位教師。他們有的被分配到總指揮部的各個技術部門，有的參與工房配電櫃的安裝，有的則協助全線輸變電工作，將高壓電送到每一個站。他們笑稱，這是「跟着線路走」，走遍了全線的每一座閘壩、每一個泵站。他們還半開玩笑又豪情滿懷地說:「土木系的同學是讓『高山低頭』，電工系的同學就是讓『河水倒流』！」

這話還真是說出了他們各自的專業特點。土木系的學生主要參與土建工程建設，一路沿着石馬河谷的山嶺施工，只有讓「高山低

圖 8　「要高山低頭，令河水倒流」是東深供水工程建設者的口號（廣東省水利廳供圖）

頭」，才能把東江水翻山越嶺輸送到山那邊的香港。而電工系學生主要參與機電設備和輸電線路的安裝和架設，這樣才能把東江水一級一級地抽上來，通過梯級泵站讓石馬河倒流，最終輸送到香港。

陳文富和馮正就是當年支援東深供水工程建設的電工系學生，據他們回憶，最艱險的還是架設電線，先要在崇山峻嶺中勘測出一條既能節省人力物力，又能保證安全供電的線路。在這樣一個地勢複雜、經常發生山體滑坡和泥石流的地方，連一根電杆栽在哪裏，也要反覆察看。還要對電力負荷精打細算，才能確立一根根電杆和一個個變壓器盒的位置。當輸電線路和安裝位置都確定好了，按照圖紙安裝施工時，幾乎所有人都傻眼了，那時既沒有修通上山的便道，也沒有用來吊裝的大型機械設備，每個人都呆呆地望着頭頂上層層疊疊的山坡，眼神裏幾乎充滿了絕望。老天，連羊腸小道也沒有一條，這些電杆、變壓器怎麼搬上山呢？ 怎麼辦，還能怎麼辦，只能靠人力來搬運了。一根電杆重達幾百公斤，要七八個壯實漢子才能抬起來，全線一共要用三百多根電杆，還有十幾台變壓器，這些家伙又大又重，連個援手的地方都沒有，又絲毫不能有閃失。而那上山的路，就別說了，根本就沒有路，他們只能在巖石的縫隙裏紮穩了腳跟，一步一步地往上登，不時有踩鬆了的石頭從他們腳下滾下來。這又是一次次對生命極限的挑戰，如果沒有一種信念，這事絕對沒人肯幹。還有很多連抬也沒辦法抬的地方，他們就只能先用繩子把自己吊到山上去，把電杆、設備捆紮好了吊上去。當時，施工人員真是什麼辦法都想到了，他們還組織了一個馬幫，把電線電纜馱上山，但路太陡了也不行，太陡了連馬也害怕得四腿連連打顫。

一條輸電線路終於架設好了，還僅僅只是一個開始，這些大學生還要跟着電工師傅們，背着沉甸甸的工具袋，每天在山嶺間來回巡查線路，有時候墜落的山石把電線砸壞了，有時候由於施工人員日夜鏖戰把電機燒壞了，有時候電機被風雨雷電損壞了。這麼長的戰線，在這樣的大山裏，供電事故隨時都可能發生。電路一斷，一切陷入了癱瘓，搶險如救火，每接到一個電話，都像 119 火警電話，他們一下就條件反射般地跳起身，然後向事故發生的路段飛奔。陳文富還記得，一天晚上，一場突如其來的暴風雨造成山體滑坡，高壓電纜被滾落而下的墜石砸斷了，那燈火通明的施工現場驀地一片漆黑，從河谷到山野又重新陷入了原初的荒涼死寂中。幾位負責巡查的同學跟着電工師傅，打着手電，背着工具袋，在滑下來的亂石中跌跌撞撞地奔跑，在茫茫黑夜，什麼也看不見，只聽見墜石還在颼颼飛舞，有的從身旁穿過，有的從頭頂上飛過。這家伙能不能砸着你，就看你的命了。他們在黑暗中搜尋了一會兒，終於發現了砸斷的電纜，摸索着把電線接上了。然而，剛接通，由於施工放炮，電線又被炸石砸斷了，又得重新接。當電線終於接好時已是凌晨了，他們又累又餓，一個個靠在電杆上站都站不起來了，然而，當他們看到工地上又已燈火通明，一個個又打起了精神。這時，他們也看見了自己的形象，每個人都是一身山泥，就像在爛泥巴裏滾過的一隻隻泥猴，只有眼睛還在閃閃發光。有人半開玩笑說，他們是走到哪裏，哪裏就會發光的人。還有人說，他們一來，就來電了！

這一批學生，一直幹到 1965 年 1 月 27 日才返校復課，此時整個工程已進入尾聲，離全線貫通只有一個多月的時間。

這兩批支援東深供水工程的廣工學子，原本是要在 1964 年 8 月應屆畢業的。事已至此，只能延期畢業，這讓他們從四年制本科變成五年制本科，從 1964 屆畢業生變成了 1965 屆。這不只是畢業時間的延期，時間可以改變一切，也足以改變他們的人生命運。此前，廣東工學院土木建築系的畢業生還從未分配出廣東省，且大多分配在大中城市。但這一屆畢業生大多都被分配到了雲南、湖南和廣西等省區，很多人一輩子紮根在基層。儘管他們經歷了命運的陰差陽錯和人生的坎坎坷坷，但支援東深供水工程建設卻是他們青春無悔、終生不悔的選擇。這對於他們而言是一段非常鍛煉人的經歷，每個人最大的感受就是成長。在這裏，他們什麼重活都幹過，什麼苦都吃過，他們錘煉着巖石也錘煉了自己的筋骨，每天都如一層石頭壓着一層石頭地實幹，愣是把自己紮紮實實地打造出來了，最終用青春的汗水、堅定的信念和紮紮實實的基本功完成了特殊的「畢業設計」。這個工程成為他們生命的一部分，也是他們一輩子刻骨銘心的記憶。他們把人生中最美好的青春年華留在了這裏，這讓他們的一生都有了意義。後來，他們一直延續着這一種精神、信念和毅力，在各自的崗位上發揮才智，創造業績。大多數人都成為單位的技術骨幹、中堅力量，有的同學還擔任了院長、總工程師，被評為全國優秀水利技術工作者。可以説，沒有東深供水工程的歷練，這一切都是難以想像的，而這也是一個供水工程超越了水利工程的意義。

當他們追憶似水年華，也一直銘記着老院長麥蘊瑜。他老人家不顧年高體弱，在那一年裏多次來到工地，每次來都要從頭到尾走一遍工程全線。説來，他老人家走一趟真不容易，他兩眼高度近視，連往返於家中和學校都要牽着小女兒的手緩緩前行，但他卻一次次深入工地，慰問和指導分散在各工區、工段的廣工學子們。而作為廣東省水利工程總局顧問，他也要給東深供水工程出謀劃策，這一工程也傾注了他的心血。他在慰問學生時，語重心長地説過這樣一席話：「各位同學能參加東深供水工程的建設，是十分光榮的……幾十年後，當你們的兒子、孫子問你們參加過什麼工程時，你們就可以説，我在學生時代就參與過中央級的工程！……這是你們歷史上的一個里程碑！」

在同學們心中，老院長是「學為人師、行為世範」的標杆，他的言傳身教和殷殷囑托，一直銘記在同學們心裏。1995 年 1 月 14 日，麥蘊瑜先生在廣州病逝。這位老人經歷了戰爭的洗禮和顛沛流離的年代，卻懷揣一顆赤子之心，他的一生都和水利聯結在一起，即便在生命的最後時刻，他還在不斷收集整理珠江流域的資料，為珠江治理而殫精竭慮。在他去世後，家人為其整理出的著作和資料多達一車廂，並捐獻給國家，這是他留給國家最後的財富。他在個人的回憶錄中寫道：「三十五年來的事實證明：只有中國共產黨才能救中國，亦只有在中國共產黨領導下，才能真正用到我辛辛苦苦學來的水利技術。我雖然老了，微軀還健，尚能閉門讀書，閉門思過……」

而今，近一個甲子的歲月過去了，當年那些風華正茂的同學們，有的還在老驥伏櫪發揮餘熱，有的早已退休正在頤養天年，還有十多位老師和同學已仙逝作古。逝者如斯，在歲月長河中，那一年只是一朵轉瞬即逝的浪花，在時光流轉中回眸一瞥。而他們在夢中也時常回到五十多年前那難忘的日日夜夜，那傾注的心血、揮灑的汗水，一下子都清晰地、真真切切地在眼前閃現。回憶不只是追懷過往，有一些東西會在時空中傳承和延續，並不斷被賦予新的意義。季羨林先生說過一句話：「回憶之動人之處就在於可以重新選擇今天的看法。每當我翻出一些早已靜默在記憶底層的回憶時，又會有強烈的思緒調整今天的看法。」

後來，何靄倫、符天儀、陳詔鵑等老同學應邀重返母校，給新時代的大學生講述東深供水工程背後的那些故事和那段熱血沸騰的青春歲月，哪怕在時隔半個多世紀後，陽光的烙印依然凝固在他們的臉上。這些一生追逐陽光的前輩，殷殷勉勵年輕學子在新時代承擔起新的歷史使命：「我們能一步一步走過來，現在的年輕人一定也可以，你們會比我們更棒！」

第三章

第一條生命線

一

隨着人類對一條河流的重新設計，她將逆流而上，成為從東江引流入港的第一條生命線。

我來這裏時，那清澈的東江水正從橋頭向着遙不可及的遠山延伸。遙遠的不只是空間距離，還有時間。在我視線的盡頭，是一個日子，1964 年 2 月 20 日，這是東深供水工程正式開工的日子，一支支隊伍從四面八方奔湧而來，其中有從廣州動員來的五千餘名知識青年，有從東莞、惠州、寶安等地抽調來的五千多名民工，他們以軍事化的速度，在接到指令的三天內全部到達指令工段，而在建設高峰期一度高達兩萬多人。這是一場波瀾壯闊的大會戰，從橋頭、司馬、旗嶺、馬灘、塘廈、竹塘、沙嶺、上埔、雁田到深圳水庫，建設者們像石馬河的浪頭一樣你追我趕，他們要在這荒涼河谷裏拓開一條生命線。哪怕到了深夜，也有馬燈和火把照亮荒涼河谷，照亮那千軍萬馬鏖戰的場景。每個生命都有一種趨光的天性，這大山裏許多沉睡的生靈也仿佛提前甦醒了。

同樣地，對於香港同胞，對於石馬河流域的鄉親們而言，東深供水工程的開工無疑也是一個命運的開端。而就在開工兩個月後（1964 年 4 月 22 日），廣東省水利廳廳長劉兆倫代表廣東省人民政府與香港水務局局長毛瑾簽訂了《關於從東江取水供給香港九龍的協議》。這一協議現保存在深圳市寶安區檔案館。該協議對正式向香港供水的日期和水量做了明確規定：「廣東省人民委員會舉辦東江—深圳供水工程，於一九六五年三月一日開始由深圳文錦渡附近供水站供給香港、九龍淡水。每年供水量定為六千八百二十萬立方米。」而當時，工程指揮部也定下了兩條硬指標，一是必須按時通水，二是投資不能超過預定成本。想想也知道，一個翻山越嶺的大型供水工程，要在一年的時間內建成通水，而且不能超過預定投資成本，這時間有多緊，任務有多重，壓力有多大？但這是必須兌現的諾言，一位軍人出身的總指揮，代表東深供水工程指揮部，立下了一年內就要讓香港同胞喝上優質東江水的軍令狀。曾光知道，這既是一場硬仗，更是一場與時間賽跑的突擊戰，從一開工就進入了倒計時。

一個如此巨大的工程能夠在一年內完成嗎？一年時間真的能向香港供水嗎？這也是港方最擔心的。開工兩個月後，香港工務司鄔勵德便帶着幾位港方的水利工程專家走進了工地。這些風度翩翩的紳士，走在風塵僕僕的施工現場，深一腳，淺一腳，一邊走，一邊看，一邊不停地搖頭。這工地上除了幾台用來壓土的東方紅履帶式拖拉機，看不見任何大型施工設備，連中小型機械也寥寥無幾，看得見的只有密密麻麻的人群，把整個石馬河兩岸都覆蓋了。一路上，開山劈嶺，挖河修渠，攔河築壩，全靠一雙雙手臂，一把把鐵鍬，一副副肩膀，一條條扁擔，一隻隻簸箕，一個個人，你挖我挑。各個公社、大隊、生產隊還掀起了勞動競賽的熱潮，插紅旗，

圖 9　1964 年 4 月 22 日，香港副工務司兼水務局局長毛瑾（莫瑾）及廣東省水利廳廳長劉兆倫在廣州舉行「東深供水」協議簽字儀式（劉兆倫供圖）

樹標兵，號子聲喊得震天響。這樣一幅千軍萬馬開河移山的雄壯畫面，讓人感受到人民的力量、群體的力量是多麼偉大。但若換了另一種眼光看，這樣全憑人力和手工一點一點地去啃，簡直就是螞蟻啃骨頭啊！

鄔勵德是見過大世面的，也是幹過大工程的。對於東深供水工程設計他是非常稱道的，但看了這施工場景，他的心情很複雜，既有難以名狀的感動，又有不可思議的感歎。早在 1960 年，香港就開始興建船灣淡水湖，這一大型人工湖位於香港大埔大尾篤船灣郊野公園內，毗鄰赤門海峽，為香港面積最大、容量第二大的水塘。這個淡水湖，原為船灣海，為吐露港北面一個三面環山的海灣，只要在一面加建堤壩，並將壩內海水抽乾後，便可建成一個大型儲水庫，工程量還遠遠趕不上東深供水工程，但投資預算高達四億多港元，超過了東深供水工程預定投資的十倍，全部採用挖掘機、推土機等大型機械設備施工，可這一工程開工建設四年了，才完成一半的工程量，預計建成至少還要四年。相比之下，東深供水工程又怎麼可能在一年內建成通水？若果真如此，那簡直是上帝創造的奇跡！鄔勵德雖説信仰上帝，但對於水利工程建設他更相信科學技術。臨走時，他很謹慎地撂下了一句話：「這工程完工，至少要三年！」

三年？香港當時的水荒，別説等三年，連一年都等不了！

此時，所有的目光又聚焦在總指揮曾光一人身上。為了給香港拓開一條水路，他和他的戰友們已經沒有退路，而在沒有退路時往往會生出一種背水一戰的勇猛。在眾目睽睽之下，曾光對港方人員説：「我們保證按協議規定的時間向香港供水！」他的聲音並不高昂，聽起來，不是誓言，而是諾言。那些港方人員看着他沉毅的臉色，一個個依然充滿了難以置信的神情。那就拭目以待吧。

一位總指揮到底能不能兑現自己的諾言，這是一個長達一年的懸念，不到最後，這個懸念誰也無法解答，包括他自己。時間已經限定，誰也無法壓縮，從一開始這注定就是一場悲壯的戰役，又注定是一場沒有敵人的戰鬥。儘管那山坡上大寫着「要高山低頭，令河水倒流」，但高山不是他們的敵人，河水也不是他們的敵人，他們只能向時間亮劍，而他們的對手就是他們自己，必須戰勝自己，超越自己，甚至以挑戰生命極限的方式去創造奇跡。

時間證明了，一個宏偉的工程，在一年的時間裏確實創造了令世人驚歎的奇跡，而那些創造奇跡的人們，每一個都是那樣平凡而又質樸。

王書銓，這位現年八十四歲的老人，看上去就像一個鄰家老大爺，一開口我就聽見了濃郁而熟悉的鄉音。他是湖南常德人，我們是湘北老鄉。1956 年，他從北京水電學校畢業後便投身於水電建設。而對於他，一生最難忘的經歷就是在東深供水首期工程奮戰的那段歲月。1964 年 8 月的一天，他接到了被抽調到東深供水工程施工的指令。那時候他孩子剛出生不久，他看着頭裹毛巾的妻子和繈褓中的娃兒，久久不忍離去。妻子也依依不捨地看着即將遠行的丈夫，卻一聲聲地催他早點動身，還平靜地笑着説：「等你回來了，孩子説不定都會叫爸爸了呢。」但一出門，他就聽見了孩子的啼哭聲。他下意識地站住了，想去抱抱繈褓中的娃兒，撫慰一下身體虛弱的妻子。然而，他心一橫，就猛地鑽出了門，頭也不回地上路了。一個父親，一個丈夫，最難邁開的就是這一步啊！然而作為一個施工技術人員，一聲令下，他就必須奔赴施工現場。這一路上，他在疾奔的風聲中隱隱約約聽見孩子的哭聲……

到了工地，王書銓被分派在旗嶺樞紐工程閘壩工地結構組。旗嶺攔河閘壩建在石馬河幹流上，原東莞縣於 1960 年 7 月建成旗嶺陂灌溉工程，在東深供水工程興建時決定全部拆除，新建一座攔河閘壩。新閘壩共有閘門十三孔，無閘門段的溢流堰七孔，左右岸供水灌溉涵各一座，還有兩岸土壩等建築物。這一工程是整個工程的重中之重，由總指揮部集中人力、物力進行攻堅戰。至 1964 年 8 月下旬，整個工期已差不多過半，那紙上的藍圖正日漸變成實體，一座座攔河閘壩已初具規模，根據總體施工部署，水工部分應在 9 月底完成。而在旗嶺攔河閘壩，水工部分最重要的預制構件則是閘墩上的魚嘴工程。

魚嘴工程，指在分汊河道江心洲頭部修建的整治建築物，通常也將洲頭分流壩作為魚嘴工程處理，因形同魚嘴而得名，如著名的岷江魚嘴工程。魚嘴工程的佈置對於汊道的分流分沙影響很大，其主要作用為保護江心洲頭，維持分汊河型以及河勢的穩定；又可調節汊道的流量，改善汊道的通航或灌溉條件；還可以調整分沙，儘量使泥沙分向非通航汊道，加速通航汊道的沖刷和非通航汊道的淤積，達到改善通航水深的目的。魚嘴工程的壩體一般採用石料修築，也可採用石籠砌築，或用混凝土和鋼板樁。

王書銓在東深供水工程的首要職責就是負責魚嘴工程施工，像他這樣的施工員，也是工地上最基層的技術組織管理人員。但他原來也沒有搞過這方面的施工，只能邊學邊幹。而魚嘴工程又難以通過水力計算方法計算，因此，在研究魚嘴工程方案和工程效果時，通常是藉助河工模型試驗。當時正值東江和石馬河流域的主汛期，許多基礎工程都是在水下五米至十米進行。從模型試驗到正式施工，先要築起圍堰，在河床上鑽孔，打下四米深的樁基，築起一個個閘墩，尋常難以承受之重，就全靠它們以最堅固的方式來承受了。我是一個遲到者，只能以現在的眼光來打量過去進行時中的場景，看着那一個個頑強地聳立着的閘墩，想像當年施工的難度和人類的頑強。據王書銓回憶，那半年多時間裏，他和結構組的同事們每天都泡在齊腰深的污泥濁水裏，一天泡到晚，一泡幾十天，時間一長，下半身就開始腫脹、破皮、流血、化膿。這些，當你全神貫注、埋頭幹活時，仗着一股兒幹勁，還不覺得，到晚上收工後，尤其是晚上睡覺時，那可真是又痛又癢，奇癢難忍，越抓越癢，越癢越抓，那種奇癢的感覺，甚至會伴隨許多人的一生。

那一年，工地先後遭受了五次颱風的襲擊，洪水連續三次沖垮了施工圍堰。災難一開始並沒有地動山搖的感覺，反而進行得十分隱蔽，仿佛不想被人類過早地察覺其詭祕的意圖。在暴風雨和洪水沖刷下，一道圍堰緩慢地滑動，而人們還在緊張地施工。慢慢地，有人感到雙腿發軟，腳底下仿佛有什麼被抽空了。這奇異的感覺一旦出現，就大難臨頭了，那圍堰已處於瀕臨崩潰的狀態。那些經驗豐富的施工人員迅疾察覺到了，他們開始大聲驚呼，「快，圍堰要倒了，趕緊搶險啊！」大夥兒旋即組成搶險隊，拚命搶救圍堰。然而，在大自然面前人類顯得多麼渺小。當風暴過去，人們千辛萬苦建起的施工圍堰，有的被洪水沖垮了，有的被泥石流掩埋了，化作一堆堆廢墟、亂石和黃土。災難已經發生，誰也無法追究大自然是否公正，唯一的方式，就是補救。而一場災難甚至可以讓他們回到原點，一切都要重新開始。這裏不說別的，只說那被洪水連續三次沖垮了的施工圍堰，王書銓和他的戰友們至少重修了三次。這讓我腦子裏閃過一個念頭，他們都是西敍福斯神話裏的主角，要將大石推上陡峭的高山，每次他用盡全力，大石快要到頂時，石頭就會從其手中滑脫，又得重新推回去……

儘管嚴峻的考驗一個接一個，但工程仍在一寸一寸向前推進，時間顯得既格外緊迫，又格外漫長，每一天都是漫長無比的煎熬。為了趕工期，在施工過程中都是多工種齊頭並進，只要一個環節被卡住了，所有的工程都要停工。對於魚嘴工程，最重要的施工就是砼澆築，這是將拌制好的混凝土料澆築入倉、平倉、搗固密實的施工過程。入倉，在混凝土澆築工序中，應控制均勻性和密實性，澆築要求連續、均勻並防止混凝土產生離析；平倉，用人工或機械的方法，將整個澆築的倉面均勻攤平和充滿混凝土料；搗固密實，亦稱振搗，有人工搗固和機械振搗兩種，水利工程中普遍採用機械振搗方法。那時的混凝土攪拌機也比現在要簡陋多了，隨着機器齒輪沉緩地轉動，水泥、石頭和沙子相互摩擦，發出吱吱嘎嘎的聲響。這本是尖鋭刺耳的噪聲，對王書銓來説卻是最動聽的聲音，只要能聽見這樣的聲音，就説明一切運轉正常，有時候忽聽嘎的一聲，那就壞了！不是卡殼了，就是死機了，必須以最快的速度進行搶修。

為了搶時間，在混凝土攪拌之前，你就必須做好預制構件模板，紮好鋼筋，提前準備好一切工序，保證混凝土一出爐就立馬澆築。儘管時間緊迫，但閘壩工程尤其是魚嘴工程對防滲和施工質量要求非常嚴格。在很多人看來，混凝土澆築是傻大三粗的工作。只有幹過這一行的人才知道，這是特別細心的活兒：預制構件模板必須光滑乾淨，鋼筋也不能沾上灰塵。施工員在檢查時戴上白手套，在模板和鋼筋上輕輕一摸，若有黑色污垢就必須重新進行清洗，還要用砂紙或鋼絲球清理模板上殘留的水泥。清理乾淨後，再均勻塗上一層模板油，連看不見的角落裏也要一點一點地揩乾淨，否則就不能澆築混凝土。一旦強行澆築就會出現凹凸不平的痕跡，形成砂眼或肉眼看不見的縫隙，後患無窮。這也是王書銓作為施工員把關最嚴格的一道關卡，從鋼筋、模板、波紋管到鋼絞線，必須嚴格遵循每一道工序，每一個環節都要嚴格把關和檢驗。每半小時還要對剛澆築的預制構件進行一次養護，以延長水的滲透時間、保持預制構件的濕潤度。而混凝土澆築又講求時效性，澆築時間無論有多長，一口氣也不能歇，絕對不能停，一旦停下那水泥就硬化了，報廢了。尤其在閘壩合龍階段，對於施工人員更是漫長而艱難的考驗，若沒有合龍就不能歇息和吃飯。水流一旦沖開堤壩，一切又要從頭再來。

旗嶺攔河閘壩合龍時已是12月，風寒水冷，指揮部限令三天之內必須合龍，否則就會耽誤後續工期。王書銓連續五十六小時沒合眼，他其實早已忘了時間，也忘了自己，只剩下一個誓言：三天，必須合龍！最終，他們兌現了自己的誓言，旗嶺攔河閘壩終於在限令時間合龍了，進入了試驗性蓄水階段。而接下來又是連日鏖戰，他們在工地上度過了一個最熱鬧的、熱火朝天的春節，直至1965年2月26日，離對香港正式供水只剩兩三天了，旗嶺樞紐工程終於完成了閘壩上游防滲牆施工、主體工程攔河閘壩施工和機電閘門安裝工程，可以交付使用了。

終於，是那一代建設者用得最多的一個詞眼，一個終於接着一個終於，這是他們在頑強拚搏中最期待的一種狀態或一個結果，但每一個終於都只是暫時告一段落。

隨着工程全線通水，王書銓終於可以回家了。後來回想起來，那大半年日子他都不知自己是怎麼熬過來的。回到家裏，他走路時連腳都拖不動了，整個人幾乎完全變了形，那被烈日曬得焦黑的臉上露出了硬生生的骨骼，整個人瘦了十幾斤。對於他，一位年輕的技術員，那也確實是脱胎換骨的一年。乍一看，妻子簡直不認得他了，但那咿呀學語的孩子，還真是用稚嫩的聲音叫了一聲爸爸，叫得他兩眼一熱，眼淚像水一樣流了下來⋯⋯

二

一條水路，一條血脈，一條生命線，在人類付出的血汗中艱辛慘淡地向前延伸，每一個工程都是血肉之軀築起來的。而東深供水工程建設者中最大的一個群體，就是成千上萬的民工。很想找到一個當年的民工，我早已習慣於這樣的尋找，尋找一個當年的在場者來代替我這個時過境遷的追蹤者，讓發生在半個多世紀之前的事實重新得到確認。

當年，按廣東省的部署，土建工程主要由當地人民公社社員承建，東莞地段由東莞建，寶安地段由寶安建。而東深供水工程的六座攔河閘壩和八級大型梯級抽水泵站都在東莞境內。自古以來，東莞便是地處東江下游、珠江口東岸的嶺南水鄉，東江幹流橫亙東西，石馬河水縱貫南北，構成了一個十字架，河湖交織，水系發達，然而這一方水土卻也是洪、澇、旱、鹹、潮五患肆虐之地。1953 年的東江大水，東莞全縣淹浸田地二十多萬畝，倒塌房屋四千多間，受災人口達二十多萬。而大雨過後，旱澇急轉，又難以引水灌溉，導致糧食大面積減產乃至絕收。這樣一個以糧食生產為主的農業縣，卻是「十年九失收」，那些種糧人連自己也養不活。隨着東深供水工程上馬，除了把供水香港作為首要任務，按周恩來總理的批示，還要「結合當地農業效益進行興建」，這給東莞人民帶來了福音，也讓他們幹勁倍增。當人民政府發出支援東深供水工程建設的號召，老鄉們就像在抗戰時期支援東江縱隊一樣踴躍。東莞縣從每個公社調集了三百多名青壯年社員，由一個公社副書記帶隊，縣裏則由一位縣委副書記帶隊指揮，採用軍事化的團、營、連、排編制，在全線各工區、工段安營紮寨，日夜奮戰。這成千上萬民工就是東深供水工程建設者中最大的一個群體，白天是燃燒的太陽，夜裏是燃燒的燈火，夜以繼日地燃燒熱血和生命。

而今，那些曾在石馬河流域揮灑血汗的民工早已難覓蹤跡，但歷史不會就這樣無聲無息地消失。從東莞到深圳的這一方水土，你隨便遇上的一個七八十歲的本地老人，很可能就是當年的土夫子。土夫子，他們都管自己叫土夫子。很想找到一個當年的民工。然而，這些普普通通的老百姓，哪一個又不是處在默默無聞的狀態呢？這世間最難尋找的就是無名英雄，他們也從來沒把自己當成什麼英雄，説來還真是可遇不可求。幾經尋覓，一個被太陽曬得黝黑的老人，終於出現在我面前，這是一個年近八旬、身子骨還挺硬朗的老人，那滿頭的白髮在陽光的照耀下根根閃亮，連腦子也仿佛被陽光照亮了。

這位老人名叫黃惠棠，東莞東坑人。1964 年，大年初五，一大早，黃惠棠便同那些青壯年勞力一起出發了。幾天來一直陰雨連綿，但陰雨擋不住早行人。那時他還是一位剛剛二十出頭的後生仔，還沒結婚成家。但他還依稀記得，有一個和他同行的哥們，剛結婚不久，大門口還貼着大紅的喜聯，在雨水的沖刷下，血一樣地流淌着。多年以後，他一直在回想，這哥們怎麼捨得拋下新婚妻子，就這樣頭也不回地走掉了。這不是心腸太硬，實在是心腸太軟，只要一回頭，就怕邁不出這一步了。

這一路走來，風雨泥濘，但大夥兒都勁頭十足，有的扛着鋤頭，有的挑着簸箕，在一面迎風招展的紅旗引領下，開赴司馬泵站建設工地。這工地位於常平鎮司馬村西南面的一個凹嶺內，站址設在凹嶺西北山坡。當時，這工地上有各類施工人員一千多人。民工們進場的第一件事就是開山修路，先要開出一條條施工便道。東深供水工程全線八十多公里，每一條便道都是民工們開鑿出來的。

嶺南燦爛的陽光，養成了嶺南漢子熱烈的天性。這些土夫子就像大多數嶺南人一樣，他們又黑又瘦，看起來不起眼，但一旦幹起活來，一下子，突然就變得讓你不認得了。人都是有毅力的，而這些東莞民工又特別有毅力。每天，上工的號子一響，他們就一天幹到晚，不歇氣。回想起那段歲月，黃惠棠老人來勁了，彷彿又回到了當年的場景，「施工現場那叫一個震撼啊，你追我趕，喊聲震天，幹起活來不只手裏有勁，心裏更有勁！」

那時候施工用的鋼筋、水泥、沙子也是民工們從兩三公里外的地方運過來，而重要的運載工具就是手推車，那笨重的木輪子，一推就嘎吱嘎吱叫，像公雞啼叫一般，俗稱雞公車。手推車裝滿土後，上坡要使勁推，下坡要拚命拉，由於車鬥重，必須用整個人的力量壓在兩個手把上才能保持平衡，那些經驗豐富的車手可以雙腳離開地面，連人帶車飛速往下衝，在滾滾風沙中像飛一般，故名飛車，這可大大提高速度和效率。在深圳水庫工地上，有一位遠近聞名的「飛車姑娘」，曾經創造過一天完成五十四立方米土的最高紀錄。但這樣飛車一旦把握不住就會失控。1964 年秋天，一場風雨過後，那爛泥路又溜又滑，一位民工在推着一車沙子飛速下坡時，突然失控了，那小推車從山坡上直衝下來，咕咚一下掉進了雨後暴漲的河水裏。別看這麼一輛雞公車，它可頂得上幾個壯勞力啊，誰都不捨得就這樣讓它沉沒在河底。很快，旁邊有一位水性好的青皮後生，用嘴咬着一根麻繩，一頭紮進了河水裏，他想用麻繩綁住小推車，再讓岸上的民工一起用力把推車拉上來。但那河水暗流洶湧，他在漩渦中掙扎着，想把小推車捆住，一次不成，那青皮腦袋就會浮出水面換口氣，隨即又一頭紮進水裏，直到他換了六次氣後，終於把小推車捆住了，被大夥兒一起拉上來了。然而，大夥兒還來不及興奮，就發出了一陣驚呼，那後生仔已被一股激流席捲而去，一個青皮腦袋再也沒有浮出水面……

那是黃惠棠永遠也忘不了的一幕，然而，在那時，你幾乎連悲痛的時間都沒有，一個任務接着一個任務，中間幾乎沒有停歇。黃惠棠和東坑民工們完成鋼筋、水泥、沙子的搬運任務後，隨即又投入司馬泵站的土石方開挖工程，先要將一座小山包推平搬走。這在如今，用大型推土機、挖土機施工，一座小山包實在算不得什麼，而在當年，那就是愚公移山。民工們硬是用鐵鍬鋤頭挖、用扁擔篼箕挑，在一個月裏將這座山包推平搬走了。為了打牢泵站基礎，必須將鬆土夯實。由於沒有打夯機，只能靠人力打夯，南方人又稱打硪。那石硪是一個圓柱形石墩，周圍繫着幾根又粗又結實的繩子，七八個壯勞力拉着繩子，一邊喊着聲調高亢、節奏性強的號子，一邊用力把石硪拉高，然後又猛地放下。如此一唱眾和，邊打邊唱，一下一下把土地夯實。在那風塵滾滾的施工現場，如同一個灰土的世界，置身其間的每一個人，滿身撲滿了灰土，連頭髮、鬍子也沾滿了灰塵，感覺自己也如同塵埃。

接下來，他們還要在司馬泵站下游河道裏修一條供水渠。那河床底全是淤泥，施工時，這稀泥巴一下就淹到了大腿根，無論你是用鐵鍬挖，還是用撮箕舀，這稀泥巴都很難搞出來。這可怎麼辦呢？大夥兒都急壞了。黃惠棠一邊嘗試一邊琢磨，他忽然想到了什麼，從爛泥坑裏一下爬了出來，撒開兩腿奔向了工棚。大夥兒還沒有反應過來，他又一陣風地回來了，手裏拿着一隻鐵皮桶。這就是他剛才琢磨出來的法子，用鐵桶來挖！還別說，這一試，還真行，這鐵皮桶既能當鐵鍬又能當撮箕，一下解決了一個大難題。在全線河床淤泥開挖時，這一法子還被指揮部推廣了。不過，這鐵桶挖稀泥也把他們累壞了，一個個，渾身上下泥糊糊的，只看見兩隻眼睛還在眨巴着。而那時工期又特別緊，天天都是二十四小時三班倒。在半年時間裏，他們就這樣一桶一桶地挖出了一條人工渠道。當最後一天的活兒幹完，每個人的疲勞也到了極限狀態，儘管手裏拄着鐵桶子也撐不住搖搖晃晃的身體，一個一個咕咚咕咚往爛泥裏栽，有的甚至倒在爛泥坑裏呼呼睡着了。

當一段往事講到這裏，黃惠棠老人終於長吁了一口氣，又下意識地咬了咬牙說：「只要在東深工地上幹過的，幹任何工作都不算辛苦了！」

透過這樣一位老人的身影，我彷佛又看到了多少年前的那條河流。而今很少有人知道，他與這條河流之間發生過怎樣的生命聯繫，更不知道，這位平凡的老人還有那樣一段不平凡的歲月。他們都是平常得不能再平常的老百姓，但為了這條生命線，他們卻付出了數倍於常人的艱辛和氣力，幾乎把自己的生命能量都全身心地迸發和釋放出來了。而男人們上了工地，女人們就要承擔起家裏和田地裏的活路，那也是一個為東深供水而默默奉獻的廣大群體。

不過，黃惠棠和東深供水工程的結緣還僅僅是一個開端，隨着司馬泵站和人工渠道同時完工，黃惠棠因吃苦能幹被選拔參加了水工培訓班。那時工期多麼緊張啊，指揮部卻讓他們脫產學習了兩個月。這些學員中，很多都是初中畢業，還有部分高中畢業生。而黃惠棠只上過六年小學，培訓的卻是中專的知識，這對於他簡直比在工地上幹活還累。每次一進教室，他的耳朵支得老高，眼睛睜得大大的，生怕漏掉一個字。為了彌補知識上的差距，他每天早上四點起床，晚上十一點就寢，一天只睡五個小時，其餘時間全部用來學習。這兩個月的培訓，讓他的人生命運從此發生了改變。1965 年 3 月，他被招入剛剛成立的東江—深圳供水工程管理局（下文簡稱「東深管理局」），從一位民工變成了一名專業水工，從此成為一名「東深人」，一輩子守望着這一江碧水……

像黃惠棠這樣改變命運的民工還有不少，那是我接下來要追蹤的。

從司馬到雁田一路風雨，雨一直追着風跑。石馬河在雁田一帶發生了一個大轉折，河流在海相碳酸鹽岩和灰黑色、紅色、白色的石灰岩中穿行，只有流水可以洞穿它們。嶺南赤紅色的土壤像血一樣瀰漫在水中，在激流中顫動。一個上午，我就差不多經歷了八九條河流。但一個鳳崗人告訴我，這其實是我的錯覺，流經鳳崗的其實只有一條河——石馬河。忽然發現，我可能繞得太遠了。我在其間反覆穿梭，只因一條河有太多的回環往復。在這樣的錯覺中，甚至是迷失中，我一直找不到那個歷史的入口。

雁田，這一帶為東莞和寶安兩縣的交界處，那時屬於東莞縣塘廈人民公社，如今屬於東莞市鳳崗鎮。雁田抗英，是被很多歷史教科書遺忘了的一段歷史。1898 年，也就是戊戌變法的那年頭，英國政府威逼清廷簽訂了《展拓香港界址專條》，強租九龍半島及附近兩百多個島嶼為「新界」。此時，衰老而疲憊的慈禧就像一個怨婦，每天在晨昏顛倒的深宮中摸索着自己凋零、枯萎的白髮，暗自嗟歎。而對於南海邊那一片遙遠的即將淪陷的土地，在她乾枯的老眼裏，也不過幾根脫髮而已。一紙屈辱的條約很快就簽訂了，甚至早已沒有了多少屈辱的感覺。英國人沒想到，大清王朝好欺負，中國老百姓卻不好欺負，一支由民眾自發組成的抗英隊伍突然對他們開火了。在激戰中，雁田五百壯士披掛上陣，從鳳崗趕來增援，在中國老百姓的嘶吼聲中，英女王陛下的皇家部隊再也無法保持軍人的風度，他們拖着中了七槍的首領狼狽而逃。但沒過幾天，英軍又捲土重來，大清的國門有太多的漏洞，鳳崗雁田一下成了抗英的橋頭堡，一千多名雁田人在祖先栽下的龍眼樹下歃血為盟，在他們衝入敵陣之前，已叮囑他們的家人給自己挖好了墳坑。隨後又有東莞各地組成三千多人的義勇隊趕來增援，他們與淪陷區的抗英農民武裝沿着石馬河的丘陵修築起二十多裏的防線，架起一百多門從虎門調來的大炮，夜襲英軍，將英軍像攆鴨子一樣驅趕到羅湖河以南。從那以後，英軍再也沒有越過「新界」。這是歷史上罕見的奇跡之一，一群中國的老百姓打敗了強大無比的英國正規軍，鳳崗雁田也因此被譽為「義鄉」。

當歷史翻開新的一頁，雁田又堪稱是另一意義的「義鄉」，又有一支支民工隊伍，為建設東深供水工程開進了雁田，王淦輝就是其中的一位。這位當年十九歲的民工，是東莞水鄉厚街人，如今已是一位七十六歲的老人，卻掩飾不住一身矍鑠的風骨。一見他，我就把手伸過去，無言地一握，立刻就感覺到他骨子裏暗藏的一股力量。這是來自歲月深處的力量。儘管老人家一開口，就是一口我很難聽懂的莞鄉話，但他那掩飾不住的激動表情，卻不知不覺把我帶入了五十多年前的現場。

在東深供水首期工程中，雁田樞紐位於東莞和寶安之間的分水嶺，這是一個控制性工程，也是複雜的系統工程，主要有三大工程：雁田水庫加固工程、新建雁田泵站和溢洪道改建工程。

雁田水庫位於今東莞市鳳崗鎮雁田村南端，地處東莞與深圳交界處，這裏是東江水逆流而上到達的最高點。這個水庫原由當時的東莞縣塘廈人民公社興建，於 1959 年 10 月開工，1960 年 5 月竣工，建有主壩一座、副壩六座、溢洪道一座、灌溉涵一座，總庫容 1409.7 萬立方米，正常蓄水位 48.6 米。在東深供水首期工程的規劃設計中，雁田水庫被列為首座高水位運行調節水庫，經八級提水，將水位提高 46 米後注入雁田水庫，再由庫尾 5 號副壩放水注入白坭坑，越過分水嶺，開挖 3 公里人工渠道，沿沙灣河將供水導入深圳水庫，再由深圳水庫輸送到對港交水點。由於原有水庫設施難以承擔高水位運行的重任，必須對主壩和六座副壩進行加高培厚，這一工程於 1964 年 2 月 20 日開工，採用人工填土、拖拉機碾壓的方式，按施工計劃，在 5 月上旬汛期來臨之前，填土必須達到度汛高程，至 7 月底水庫加固工程必須全部完成。這大量的土石方工程，全靠手裏的鐵鍬、鋤頭和肩上的扁擔篼箕。那是一個充滿力量感的時代，工地上幾乎是清一色的壯勞力。一個個民工，就像當年短兵相接、貼身肉搏的東縱戰士，那精瘦的身體迸發出驚人的能量。

中國農民是最能吃苦受累的，活兒再累、條件再艱苦也沒什麼。但人是鐵，飯是鋼，他們幹的是重體力活，吃的是力氣飯，最重要的是能吃飽肚子，哪怕肚子是用粗糙的食物撐飽的，也能給他們補充強大的能量。那時候，從上到下都全力支持東深供水工程建設，當地供銷社還專門組織貨源，保證每一個民工能吃飽飯，偶爾還能打打牙祭，吃上一頓魚或肉。而參戰社員在生產隊裏記工分，在工地上還能按完成的土石方拿到獎勵，這把大夥兒的積極性一下調動起來了，人人都鉚足幹勁，一手一肩，一挑一擔，一個個如猛虎下山，蛟龍出海，那粗獷豪邁的勞動號子喊得驚天動地……

偌大的工地，只見人山人海，唯一的大型機械，就是一台東方紅履帶式拖拉機，它來來回回、沉重而緩慢地碾軋着，將民工們剛剛挑上來的泥土一層一層壓實。每壓實一層，經檢驗合格了才能重新填土。一開始，為了多幹土石方，王淦輝和很多民工都等不及泥土壓實，就直接填土了，可一檢測，不合格，返工，必須返工！這讓他們很有牴觸情緒，不就是挑土築壩嘛，哪來那麼多講究？王淦輝血氣方剛，火氣大，脾氣急，眼看自己的汗水白流了，活兒白幹了，還要返工，差點跟施工員打起來。但沒過多久他就明白了，這水壩工程還真是馬虎不得，千里長堤，潰於蟻穴啊！在施工員的反覆解釋下，他懂得了第一個土建工程專業術語——乾容重。土壤容重稱為乾容重，又稱土壤假比重，指一定容積的土壤（包括土粒及粒間的孔隙）烘乾後質量與烘乾前體積的比值。簡單説，乾容重就是指不含水分狀態下的容重，一般用於表示土的壓實效果，乾容重越大表示壓實效果越好。這個指標非常嚴格，每填 20 釐米的土壤就要馬上取樣，檢測，每一道工序都要驗收簽字，只有達到乾容重的標準，才能繼續施工填土。

到了 5 月上旬，填土已至 47 米高，達到了度汛要求。而隨着汛期來臨，工地也進入了「水深火熱」的季節。在王淦輝的記憶中，最難受的不是活兒累，而是夜裏熱得睡不着覺，幾十個人擠在一個工棚裏，熱烘烘的實在受不了。而這些民工大多來自厚街水鄉，水性好。夜裏實在熱得睡不了，他們就泡在石馬河的水裏，只把一個個青皮腦袋露出水面。但水邊蚊子多，他們還要不停地打蚊子，一條河裏到處都是啪啪啪的聲音，每個人都在扇自己的耳光。

「筲箕水冷，鼇頭暑酷」，王淦輝這樣跟我説。這話的意思是條件艱苦、環境惡劣，其實也可用來形容嶺南的氣候。這裏初春乍暖還寒，而夏天又漫長而炎熱。從 5 月上旬到 7 月底，石馬河谷的天氣一天比一天熱了，連風吹在身上都是滾燙的。在這赤日炎炎似火燒的日子，雁田水庫加固工程也進入了艱苦卓絕的攻堅階段。對於施工人員，這每一個日子都是挺着身子扛過來的。扛到 7 月底，已是限期完工的最後關頭，大夥兒只能豁出命來幹了，每天的勞動時間之長，勞動強度之大，已經超過了人的體能極限。尤其是夜晚施工，有的人幹着幹着就因極度的勞累與疲倦而歪倒在地上，在泥水漿裏睡着了。有時候在凌晨三四點鐘，曾光和指揮部人員會突然出現在工地上，他們一來是突擊檢查，二來是看看有什麼急需解決的問題。當他們看到有些民工東倒西歪地躺在地上呼呼大睡時，一個個心情非常複雜，既矛盾，又難過。若有人想要喚醒他們，曾光立馬用指頭壓住嘴脣輕聲說：「噓——！莫驚醒他們，這些民工兄弟實在太累了……」

到了主壩合龍的節骨眼上，更是一場突擊戰。為此，指揮部還特意吩咐：加餐！不但要讓大夥兒吃飽，還宰了幾頭大肥豬。說來，王淦輝那時的飯量可真大，他一口氣吃了半斤大米飯，半斤肥豬肉，摸摸肚子還只吃了個半飽，又加了半斤飯，半斤肉，把肚子撐得像皮球一般。這是他有生以來吃得最飽的一頓飯，他拍拍肚子就衝上了第一線。而接下來，也是他在工地上扛過的最累的一天一夜。當一道主壩和六座副壩的加固工程按期完工，王淦輝一身從裏到外都被汗水濕透了，一個壯實的小夥子累得連腰都伸不直了。那時他還不知道，這將是他一輩子的勞傷。而當時，他只想趕緊鑽進工棚裏去睡一大覺，誰知一個踉蹌，那渾身沾滿了泥水的身子就咕咚一下朝後仰倒了。這一摔有多重，他也不知道，但他感到特別舒服。啊，現在，終於可以躺下來了，他輕輕閉上眼，舒服啊！

那天清晨，在那加高培厚的大壩上，躺滿了一個個泥人，他們睡得真香啊。

然而，在雁田樞紐的三大工程中，還只完成了一項，接下來他們還要投身雁田泵站建設。泵站建設先要開挖基礎，還要在下游修建一條百米引水渠，而抽水入庫方式採用虹吸管佈置。按工期計劃，8 月下旬就要進行泵站廠房、變電站、過壩虹吸管的混凝土澆築，10 月中旬這一工程必須完成。這就意味着，在 8 月下旬之前，必須如質如量完成泵站基礎開挖工程和引水渠的土石方工程，這又是由民工來承擔的重任。而按原設計方案，新建泵站位於左邊靠河床的位置，但在開挖後，一個意想不到的情況出現了，由於左邊靠河床部分為沖積沙壤土，承載力差，根本不能用來建設泵站廠房，只能修改設計，決定向山邊平移九米，將泵站廠房設在河床右岸主壩腳灘地上。這一修改，此前開挖的大量土石方等於白幹了，而向山邊平移九米又增加了大量的工程量，但工期計劃卻不能推遲。一切，又只能靠民工加班加點來幹了。

雁田樞紐的最後一項工程是溢洪道改建工程，由於雁田水庫原有的單孔溢洪道泄洪能力太小，無法滿足東深供水工程的要求，必須將其拆除後改擴建為二孔、每孔淨寬 6 米的新溢洪道，以鋼制平板閘門控制，下接陡坡。這一工程於 11 月下旬開工，先爆破拆除舊溢洪道，然後開挖基礎，在 12 月下旬完成混凝土澆築工程，1965 年 1 月 25 日完成防護砌石，2 月底完成閘門和啟閉機安裝。至此，雁田樞紐工程終於趕在向香港供水的日子前全部完工。

這一個改變了香港、深圳和東莞命運的工程，也改變了王淦輝這位普通民工的命運。當時，工地上有文化、懂技術的人太少了，指揮部決定從民工中挑選一部分有文化的人，經過考試和培訓，擔任施工員。王淦輝是民工中少有的高中畢業生，在施工中邊幹邊學，也懂得了不少道道，這讓他有了一個改變命運的機遇，經過兩個月的培訓，他成了一名臨時施工員。而在東深管理局成立後，王淦輝也和黃惠棠一樣，被招進了東深管理局，從此成為一名「東深人」，一輩子都守望着這條對港供水的生命線。如今，儘管他早已退休了，但他依然守望在這裏。他駝着背，這是當年落下的毛病，但那臉上依然是堅毅而充滿信心的表情。透過一個民工的身影，我彷彿看見了成千上萬的民工，每個人臉上都是那樣堅毅而充滿信心，這，興許就是那一代人的集體表情。

三

1965 年 2 月 27 日，又一個春天來臨。石馬河谷，木棉、紫荊和簕杜鵑一路掩映，這嶺南的繁花又如期綻放。歲月中沒有永生，只有風流水轉的輪迴。這一天，東深供水工程宣告全線貫通，廣東省政府在塘廈舉行了隆重的慶典大會，除了數以萬計的建設隊伍，指揮部還邀請了香港工務司、水務局的代表和港澳各界知名人士出席。隨着工程啟動電鈕按動，幾乎所有人都屏住了呼吸，只見一台台水泵啟動運行，一江清水自北向南奔湧而來，河水倒流，春潮湧動，東江水與石馬河深深地融合在一起，一條奔向香港的河流，陡然變得開闊而舒暢了，那嘩嘩的流水聲、人們的歡呼聲和喜慶的鞭炮聲、鑼鼓聲交織在一起，久久迴蕩在石馬河兩岸的青山翠谷之中，哪怕隔着近六十年歲月，仿佛還能聽見那經久不息的回聲……

這是由我國自行設計、自行建造和安裝的跨流域大型供水工程，也是我國最大的跨境調水工程，但它並未就此畫上句號，在接下來的歲月中還將不斷擴建和升級改造，而此次落成的工程後來被稱為東深供水首期工程或初期工程，堪稱是對港供水的第一條生命線。儘管只是首期工程，但無論從設計上，還是從施工上看，這一工程的難度在當時幾乎是超乎想像的，而建設者們僅僅用一年時間完成了祖國和人民交給他們的艱巨任務。在竣工慶典之前，香港工務司鄔勵德和幾位香港專家就參觀了工程。他們還是那樣，一邊走，一邊看，一邊不停地搖頭，這是不可思議的搖頭。一個如此巨大的工程，如此艱苦簡陋的施工條件，竟然能在一年內完成，在鄔勵德看來，這是他從未見過的奇跡。而這不是上帝創造的奇跡，這是中國人民創造的奇跡！

這一工程能在一年內完成，不僅歸功於工地上數以萬計的建設隊伍，還得到了全國人民大力支持。為了以最快的速度向香港供水，一方面，中央和廣東省從各地選調優秀的技術人員參與設計和施工；另一方面，在中央的統籌調配之下，全國共有十四座城市、六十多家工廠調整了生產計劃，加班加點為東深供水工程生產專用水泵、電動機、變壓器等各種機電設備，總數多達兩千多台。儘管當時我們國家還很窮，鋼材、水泥等建設物資緊缺，但東深供水工程需要什麼，幾乎都能得到百分之百的滿足。按照周恩來總理的批示，鐵道部在運力非常緊張的情況下，優先將東深供水工程所需的設備和物資材料運到施工現場，這都是工程能按期完工、按時向香港供水的重要保障，也是國家保障。如果說這一工程有什麼背景，它最大的背景就是祖國！

圖 10　為了接收東江水，香港於 20 世紀 60 年代興建船灣淡水湖。圖為船灣淡水湖建成後，1969 年 8 月第一次滿溢，市民於溢洪口戲水、捕魚，欣然享受急流飛瀑的樂趣（廣東省水利廳供圖）

圖 11　天真爛漫的小孩在船灣淡水湖溢洪口手捧鮮魚，喜上眉梢（廣東省水利廳供圖）

深圳水庫正式向香港供水

香港居民用水从此将获得很大程度的改善

本报深圳 1 日电　深圳水庫从今天起正式向香港方面供水，从此香港同胞和居民的用水情况，将获得很大程度的改善。

今天，湖水經过了水庫管养員打开的閥門，沿着由广州市工人制造的巨大的輸水鋼管，急湍地向东南流去。輸水設备是从去年11月下旬正式开始安装的，經过一个多月来的試驗性放水，証明工程質量良好。

在建庫过程中，工程領导部門十分注意水的清洁卫生，进行了巨大的清庫工程，因而水庫的水异常清徹。經过广州市自来水公司反复多次的检驗，証明水質优良，完全适宜飲用。

根据广东省宝安县人民委員会同香港英国当局达成的协議，深圳水庫每年供应香港方面的用水将达五十亿加仑左右。自从深圳水庫去年12月6日开始向香港試行供水后，香港的水荒情况得到了很大程度的改变，从往年这个时期每天向居民供水四小时增加到每天供水十小时。

1961.2.2. 南方日报

圖 12　深圳水庫正式向香港供水新聞（廣東省水利廳供圖）

對此，那一代在乾旱和水荒中掙扎過的香港同胞，有着源於生命與血脈的感激之情和感恩之心。在竣工慶典時，陳耀材先生眼裏閃爍着興奮而又感激的淚光，用雙手捧着一面錦旗，代表港九工會聯合會向東深供水工程指揮部獻禮，那錦旗上書寫着八個筆墨酣暢的大字：「飲水思源，心懷祖國。」高卓雄先生緊隨其後，代表香港中華總商會向指揮部贈送了一面錦旗：「江水倒流，高山低首；恩波遠澤，萬眾傾心。」這是香港和祖國骨肉相連、血濃於水的生動寫照，誠如香港華僑華人研究中心主任許丕新先生所說：「東江水是滋養香港的血脈，是香港繁榮穩定、永續發展的基礎工程和發展前提，其意義無論從什麼角度看都是不可估量的，香港人應當永遠感恩祖國和內地同胞。」

1965 年 3 月 1 日，從這一天起，那源遠流長的東江水便帶着血濃於水的深情，流到了數百萬香港同胞的身旁，每個人都有一種絕處逢生之感，香港有救了，香港同胞有救了！當年，香港鴻圖影業公司還攝制了一部大型紀錄片《東江之水越山來》。該片導演羅君雄是廣東香山人，1919 年生於與澳門相鄰的前山古鎮（今屬珠海市），十三歲時隨父母移居香港，一家人在大澳開雜貨鋪。羅君雄少年時對電影特別着迷，他堂兄羅志雄就是一名電影人。經堂兄引薦，羅君雄進入香港電影行業，他從小工做起，輾轉當上場記，逐漸學會了菲林沖洗、剪片、攝影等技術。但他還沒來得及一試身手，1941 年 12 月，太平洋戰爭爆發，日軍空襲香港。到聖誕節時，港督宣佈投降，香港全面淪陷。羅君雄和父母在兵荒馬亂中逃往廣西、貴州，途中又被日軍抓為壯丁，強迫他背傷兵、運炮彈，他又趁機逃走了，而他父親卻病死在逃亡途中，而失散多時的母親在父親死後才與他得以重逢。這劫後餘生的命運，讓他一直深懷亡國之恨和家國之痛，直到中華人民共和國成立後，他才覺得自己有了一個堅定的靠山。

此後，羅君雄一直深耕於香港影壇，並開創了香港影業的多個第一。他是香港影聯會創辦人，是香港最早試用升降拍法的導演，也是香港最早研究彩色攝影的著名攝影師。而從少年時移居香港後，他就深受乾旱與水荒之苦，一直渴盼着香港能夠引來源頭活水。當他聽説東深供水工程即將上馬的消息，立刻就開始籌劃拍攝一部紀錄片。儘管紀錄片在香港並不叫座，也不被投資人看好，但羅君雄説幹就幹。他帶領着一支只有五個人的攝制隊：一個司機，一個當地聯繫人，一個劇務，一個助理，而羅君雄一人身兼編劇、導演、攝影數職。他們首先拍攝了香港街頭市民排隊候水、挑水、利用運水船輸水的場景，然後奔走在東深工地，在現場拍攝記錄了這一工程如何通過 83 公里的河道、八個抽水泵站、六個攔河大壩將東江水逐級提高到 46 米，最終翻山越嶺來到香港。工程建設了一年，他們也跟蹤拍攝了一年，從導演到攝制組，都被這個工程深深震撼着，而最後的鏡頭就是東深供水工程竣工慶典的剪彩。

就在東深供水工程正式向香港供水的當天，這部長達八十多分鐘的大型紀錄片也在香港同步上映。那些經歷過水荒的香港同胞，在電影裏看見了施工人員揮汗如雨的建設過程，還從特寫鏡頭中看見了一滴滴清澈、晶瑩的東江水在陽光的照射下跳躍、旋轉、俯衝，匯入一股奔湧的清泉越山而來。而當他們擰開家裏乾涸已久的水喉，看着白花花的東江水嘩嘩流出時，一個個都熱淚盈眶。連羅君雄也沒有想到，這部一開始在業界不被看好的紀錄片，在香港竟然創下當時中西影片的最高賣座紀錄，這是香港電影史上第一部票房收入過百萬港元的紀錄片，直到今天，依然是一部享譽國內外的經典紀錄片。

按照粵港雙方簽訂的協議，東深供水工程每年對港供水 6820 萬立方米，這在當年是香港所有山塘水庫蓄水量的一倍。如香港需額外增加供水量，廣東省將視供水設備能力適當增加，額外增加的供水量由雙方代表另行協議決定。特別值得一提的是，這也是新中國歷史上最早的跨境水權交易，而這一模式一直持續到現在，每一次合同簽訂都是由廣東省政府和香港特區政府談判商定供水量、供水方式和價格。而當時一噸水的水價是一毛錢，多便宜啊，連最底層的香港老百姓都用得起。然而，水又是無價的，如一位曾經歷水荒的曾先生所說：「很難想像沒有東江水，生活會是什麼樣子。一滴水，甚至能夠挽救人的生命，它是難以用金錢來衡量的！」

一條河，只是換了一種流向，數百萬香港同胞卻換了一種活法。儘管香港此後又多次遭遇五十年一遇乃至百年一遇的大旱，但水荒卻從此成為漸行漸遠的歷史，那首「月光光，照香港，山塘無水地無糧，阿姐擔水，阿媽上佛堂，唔知（不知）幾時沒水荒……」的歌謠，在潺潺流水聲中漸漸變成了一段傳說。無論何時，只要擰開家裏的水喉，流出來的就是清甜的東江水。這是香港同胞渴盼已久的夢想，也是從中央到廣東省對香港的莊嚴承諾，如今這夢想和諾言都一一實現了。同樣還是那些少年，他們再也不用上街去候水、挑水和搶水了，當東江水流進那些乾涸的山塘水庫，一些活蹦亂跳的魚兒也從東江隨水而來，這些孩子們也像魚兒一樣活蹦亂跳，水，讓他們又綻放出了天真爛漫的天性……

第四章

更上層樓憑遠處

一

追蹤東深供水工程數十年來的變遷，總讓我下意識地想起宋人的詞句：「江水悠悠去，更上層樓憑遠處…… 」

誰都知道，水，從來不是定數而是變數，這也注定了水利工程的特殊性和複雜性，世上任何一項水利工程都不是一代人就能完成的，更不能畢其功於一役。東深供水工程的全線貫通，還只是從 0 到 1 的開創，接下來還有「一生二，二生三，三生萬物」的未來。不過，東深供水工程一開始並沒有什麼初期工程或首期工程之說，這都是後話。

回首當年，那千軍萬馬大會戰，用一年時間就建起一個跨流域的大型供水工程，可謂是「進之以猛」，而在接下來的運營管理上則要持之以恆。早在工程竣工之前的 1965 年 1 月，廣東省就組建了東深管理局，這是歸廣東省水利廳管理的副廳級機構，王泳被任命為東深管理局第一任黨委書記兼局長。

王泳，這位老前輩在四十多年前就已離開了這個世界，他像無數的無名英雄一樣，漸漸被歷史遺忘了。但當你追溯一條歲月長河時，一個日漸模糊的形象又漸漸變得清晰起來。那時候有不少像曾光一樣從東江縱隊轉業到水利戰線的軍人，王泳就是其中之一。1918 年，王泳出生於東莞厚街。1938 年秋天，日軍以海陸空立體作戰的迅猛攻勢，掀開了大規模入侵華南的序幕，東莞危在旦夕。當時正在東莞中學就讀的王泳，在日寇的炮火聲中以「觸白刃，冒流矢，義不反顧，計不旋踵」的義勇精神，挺身而出，投筆從戎，加入了由厚街同鄉、中共黨員王作堯組建的「東莞抗日模範壯丁隊」，這是東江縱隊的前身之一。一位報國書生，歷經七年血火征戰，終於迎來了抗戰勝利。隨後，東江縱隊主力奉命北撤，王泳由於患有嚴重胃病，未能隨主力部隊北上。在解放戰爭時期，東縱留下的一部分武裝小分隊和復員人員又組建了粵贛湘邊縱隊，王泳擔任了中國人民解放軍粵贛湘邊縱隊東江第一支隊第七團政治部主任。隨着全國解放戰爭形勢的迅猛發展，第一支隊在東江流域開闢了大片根據地，並於 1949 年 1 月成立了惠（陽）紫（金）邊人民政府，由王泳出任縣長。除了政治和行政工作，王泳還逐漸顯露出在後勤和財務方面的管理才能。中華人民共和國成立前夕，東江第一支隊在當時的根據地陸豐縣河田鎮成立了南方銀行第一支行，任命王泳兼行長。中華人民共和國成立後，王泳也和他在東縱的老戰友曾光一樣，由軍隊轉入行政隊列，又由行政崗位轉入水利戰線，擔任廣東省水利廳設計院院長。1965 年 2 月 27 日，就在東深供水工程舉行落成慶典的當天，東深供水工程總指揮部向東深管理局正式移交工程，這是一個「交鑰匙工程」，當總指揮曾光把一隻大手伸向王泳，兩隻大手緊緊握在一起，一個接力棒就這樣傳遞到了王泳手中。可以說，東深供水工程從建設到管理都打下了東江縱隊的烙印，第一任建設總指揮是東縱老戰士，第一任管理局局長也是東縱老戰士。而隨着東深供水工程的誕生，也誕生了一個特殊的群體——「東深人」，他們都是東深供水工程的管理者和守望者。

東深管理局在組建之初，就像一支剛剛成立的游擊隊，這個跨流域供水工程如何運營，怎樣管理？一開始，擺在王泳和大夥兒面前的還是一張白紙。一張藍圖怎麼畫？像黃惠棠、王淦輝等剛剛招進來的民工，除了兩個月的短期培訓，幾乎都沒有接受過正規化、專業化訓練，更加不知道該如何着手了，大夥兒都眼巴巴地看着老局長。其實王泳那時還不到五十呢，但對於這樣一位老革命、老資格，大夥兒都習慣於這麼叫。很多人對他都有些敬畏，他個子不高，但棱角分明，乍一看，給人一種刻板的甚至有些苛刻的印象。而他一旦進入正題，那還真是一本正經，尤其是他那言簡意賅的講話稿，從來不用別人代筆，都是自己深入調查又深思熟慮後撰寫的，丁是丁，卯是卯，一個蘿蔔一個坑。只要你跟老局長相處時間長了，打交道多了，你就會發現，他是一個樂觀的人，也是一個豁達的人，很爽朗也很隨和。黃惠棠還記得，老局長時常來看望他們這些在一線擔任巡護任務的水工，他自己也像個水工一樣，扛着一把鐵鍬，穿着一雙齊膝深的高筒套鞋，只要往大夥兒中間一站，你就分不清誰是誰了，一個一把手和這些水工的距離一下拉近了。老局長和大夥兒七嘴八舌地談着眼下的事情，也談着東深供水工程的未來。別看大夥兒都嘻嘻哈哈的，這樣的閑談其實不是閑談，後來他們才發現，這是一把手在深入一線搞調研呢。在做了大量調研之後，王泳又和專業技術人員一起開始了另一種規劃與設計，先後制定了水文水利總則、水庫運行調度、梯級抽水泵站聯合調度、抽水泵站操作運行、水電站運行操作、變電站運行操作等一系列運行規程以及機電設備修理規程等，這一系列規章制度把東深供水逐漸引向了有章可循的規範化管理，一支「游擊隊」在短時間內就打造成一支有模有樣的「正規軍」。

制度的力量是強大的，一旦制定就要嚴格執行。就説黃惠棠這個普通水工吧，其主要職責就是巡查、維護堤壩和渠道等設施。每天，他都穿着一雙悶熱的高筒套鞋，拖着一把鐵鍬在工程沿線巡查，這樣的巡查每天來回兩趟，每天要步行二十多公里，無論風吹日曬，雷打不動。他這一輩子就是這樣一步一步走過來的。一邊走，還要一邊清理沿途的垃圾，尋找和發現各種各樣的隱患。千里之堤，潰於蟻穴，白蟻洞一直是堤壩最隱祕又最危險的禍患，一旦發現白蟻洞，就要用水泥漿將洞穴灌死。此外，還有很多狡猾的老鼠在渠道和堤壩邊的草叢中挖洞，黃惠棠還要一邊巡查一邊割草，讓草的高度不超過五釐米，確保能夠找到老鼠洞和白蟻洞。而一旦到了汛期或風雨天，水工們更是不分白天黑夜加緊巡查，嚴防洪水和風雨沖垮堤壩，還要及時開挖排水溝。每到汛期，最危險的就是翻沙鼓水，用專業術語説，就是管湧。這是在滲流的作用下，土體細顆粒沿骨架顆粒形成的孔隙，水在土孔隙中的流速增大引起土的細顆粒被沖刷帶走的現象，湧水口徑小者幾釐米，大者幾米，在孔隙周圍形成隆起的沙環。管湧發生時，水面出現翻花，但先要沉住氣，冷靜地進行觀察和辨別，若是只見清水冒出，那問題不大。若是忽而冒出清水忽而冒出渾水，就要高度警惕了。若是只有渾水冒出，那就非常危險了，一旦發生大量湧水翻沙，就會使堤防、水閘地基土壤骨架遭受破壞，甚至造成決堤、垮壩與倒閘等惡性事故。

而一個水工的職責在此時便會凸顯出來，他必須在第一時間火速向上級報警，而在搶護人員趕來之前，他還必須採取緊急搶護措施。這是一個人的戰鬥，先要在冒水孔周圍壘土袋，築成圍井，再在圍井口安設排水管或挖排水溝，以防溢流沖塌井壁，還要鋪填粗沙、石屑、碎石和塊石阻遏水勢。這樣的險情黃惠棠一輩子不知遭遇過多少次，由於他判斷準確、處置果斷，每次都是有驚無險。

對這些堅守在一線的水工，王泳不知說過多少次：「苦活，累活，重活，都是這些民工在幹！」而在他的管理之下，嚴厲的制度也充滿了人性的溫度。當時，這些民工招進來後，原本在試用一年合格後就可以轉正，誰知一年之後風雲突變，在那十年內亂歲月，這一批民工一直都是臨時工，每個月只有三十多塊錢的工資，吃的還是農村糧，每月還要向生產隊上交一筆錢，而剩下的那點錢連養活自己都不夠。黃惠棠帶過一個徒弟，那小夥子一見他，就差點被嚇走了。你看他，由於長年累月在野外作業，那腦袋曬得黑乎乎的，在烈日下一邊走一邊看，就像頂着一口大黑鍋。而這活路又苦又累還特別枯燥，那小夥子只跟着他幹了一星期就再也不肯幹了，而他說出的理由更讓人哭笑不得：「師傅啊，我要像你這樣幹下去，一輩子也找不到老婆！」

不說這個小夥子，就連同黃惠棠一起招進來的那些民工也有不少捲鋪蓋回家了，回到家裏種地也比幹這又苦又累的臨時工強。眼看着民工們一個一個走掉了，而留下來的待遇問題又遲遲得不到解決，這讓王泳心急火燎。為了給這些民工轉正，他一直在奔走疾呼。而在那種如洪水縱橫決蕩般的衝擊下，很多機關都癱瘓了，他也自身難保。但不管受到怎樣的衝擊，王泳和那一代「東深人」，一直苦苦地堅守在東深供水工程沿線，一切如大浪淘沙一般，每一個留下來的都是意志最堅定的。王泳在戰爭年代就患上了胃病，在各種折騰和奔波勞累中病情越來越嚴重，人也越來越瘦了，瘦得只剩下一身硬生生的骨頭。在工程沿線巡查和搶險時，有時候他的胃病發作，疼得渾身抽搐、滿頭大汗，但他都說「沒事，沒事」，依然苦撐着瘦骨嶙峋的身子堅守在一線。對於他，最大的事就是確保對港正常供水，一旦供水中斷那就是天大的事！當我在時隔多年後追蹤着這樣一個身影，腦子裏時不時就會迸出陸機《述先賦》中的一句話：「抱朗節以遐慕，振奇跡而峻立。」那一個原本依稀模糊的身影，一下化作了一個如中流砥柱般峻立的形象。當年，東江縱隊的前身東江抗日游擊隊與八路軍、新四軍並稱為「中國抗戰的中流砥柱」，而王泳和那一批堅守在東深供水工程沿線的「東深人」，又何嘗不是經受住了大風大浪衝擊的中流砥柱？在那長達十年的非常歲月，東深供水工程一直保障對港的正常供水，而供水量還年年遞增，這又是一個令人難以置信的奇跡。

隨着東江水源源不斷湧來，像母親的乳汁一樣哺育着香港，香港同胞不但告別了「旱魃為虐，如惔如焚」的百年水荒，一向低迷的香港經濟也因水而興，風生水起。對於一個追求利潤的商業社會，水「利」就是滾滾而來的紅利。在香港水旺則財旺，水順則業順。當香港遭受大旱和水荒之際，不僅是香港市民一水難求，香港經濟也會受到重創，商店因停水而關門，工廠因無水而癱瘓，連病人去醫院住院時的水費也要自理。當年在香港旺角有一家人氣很旺的瓊華酒樓，每天都要從幾十公里外一車一車地拉水來維持經營。在那鬧水荒的日子裏，不知有多少老闆因停工停產而破產，甚至因巨額虧損而自尋短見。即便沒有出現極端的乾旱狀態，缺水也是香港的一種常態，那限時限量的「制水」措施大大限制了當地各項產業的發展。在東深供水工程向香港供水以前的 1964 年，香港有三百餘萬人口，地區生產總值僅有 113.8 億港元，而在東深供水工程引流至香港的第一個十年，香港就增加了一百多萬人口，全港地區生產總值增長了五倍。香港也由此邁進了一個快速發展的黃金時代，一躍而為亞洲「四小龍」之一。

香港經濟的騰飛、人口的激增，意味着需要更多的水資源來支撐，每一個人都是要喝水的，這該增加多大的供水量啊！只要有充足的供水，一切就會進入良性循環，而一旦缺水，勢必陷入惡性循環。這一點，港英當局是看得很清楚的，也是相當清醒的。從 1966 年開始，港英當局就向廣東省頻頻提出增加供水的要求。與此同時，為了儲存更多的淡水，香港也一直在加緊建設船灣淡水湖，這一工程歷經 8 年，直到 1968 年才初步建成，實際耗資 4 億港元，儲水量達到 1.7 億立方米。這一淡水湖原本是為了儲存更多的天然降水而建，但靠天吃水沒有穩定的水源，儲水量再大也是枉然。不過，這一工程並非失敗的工程，而可謂是「歪打正着」，正好用來接收東江水。就在船灣淡水湖建成後第二年，1969 年 8 月，第一次出現滿溢。為此，港英當局又於 1970 年開始進行船灣淡水湖堤壩加高工程。到 1973 年完工時，儲水量增至 2.3 億立方米。但這樣的蓄水水庫，無論你建造得有多大，都必須有源源不斷的活水補充。就在這一年，港英當局正式向廣東省提出了在近、中、遠期增加對港的供水量的請求，希望從 1974 年到 1979 年的年供水量逐步增加到 1.68 億立方米，這比原來的協議供水量翻了一倍多。顯然，這是東深供水首期工程難以滿足的，若要實現供水量的增長，就必須對工程進行一次大規模擴建。這次擴建，後稱東深供水一期擴建工程。

1973 年 11 月，廣東省組建了東江—深圳供水工程擴建處，並成立領導小組，由東深管理局革委會主任王泳擔任組長，後任指揮長。廣東省水利電力勘測設計研究院承擔了規劃和設計任務，由副總工程師姚啟志主管。而在總體設計上，首先就要面對一個難題：

圖 13　香港於 1968 年建成的船灣淡水湖（廣東省水利廳供圖）

圖 14　東深供水一期擴建工程——旗嶺閘壩（廣東省水利廳供圖）

擴建工程必須在不停止供水、不影響沿線農田灌溉、不斷擴大供水的前提下進行。馬恩耀是東深供水首期工程水工建築的設計負責人，每一座水工建築，從草圖到藍圖都傾注了他的心血，他熟悉得如同自己手心裏的掌紋。這次擴建的初步設計，一開始提出的是「從興建中小型水庫及增加供水設備兩方面研究擴建工程方案」，但經過進一步勘查，在石馬河流域附近雖然找到了一些可興建中小型水庫的地方，但集水面積都不大，有些還需跨流域引水，工程量大，淹沒地區多。這一帶又處於邊防地區，牽涉到的問題比較複雜。在反覆論證之後，這一「興建中小型水庫」的設想最終被否決了，那麼就只剩下了一個選擇：「採用在原工程各級抽水站的基礎上增加抽水設備的方案，從東江抽水解決擴大供水要求。」

這一初步設計方案經上級批准，隨後便進入技施階段。1974 年 3 月，東深供水一期擴建工程開始施工，此時距首期工程開工已整整十年。一期擴建，主體工程包括兩部分，並分為兩個階段施工。第一部分和第一階段為深圳水庫輸水系統擴建工程，技施階段由馬恩耀負責設計。深圳水庫是對港直接供水的最後一站，若要擴大對港供水的流量，就必須對原來的過壩管道及輸水管道進行擴建。具體而言，就是在深圳水庫新建一道直徑 1.8 米的鋼筋混凝土內襯鋼板的穿壩涵管，另增建直徑 1.4 米的供水鋼管各一條——這是一個關鍵工程，也是一個瓶頸工程，由廣東省水電第一工程局（廣東水電一局）負責施工。這一工程的土石方工程量不大，沒有那種千軍萬馬奮戰的場景，但啃下去的都是硬骨頭。

如今，要找到當年的歷史見證人也很難了，經多方尋覓，我見到一位在東深供水一期擴建工程中奮戰過的普通女工王小萍。看着她那瘦瘦小小的個子，你很難把她與一個電焊工聯繫在一起。那時候的電焊設備非常笨重，在焊接的過程中，那連接焊機的電纜還要大力拉，力氣小了還拉不動。現在的焊機比原來先進多了，操作起來也輕鬆多了，但還是很少有女性擔任電焊工。那容易灼傷眼睛的焊花強光、紅外線和紫外線，還有焊接中的電子束產生的X射線和焊條散發的刺鼻氣味，連男子漢都受不了，何況還是這樣一個小女子。不說現在，回首當年，當一個小女子走上工地、拿起焊槍時，很多人都睜大了眼睛，驚奇地看着這個小巧玲瓏、一臉秀氣的女孩子，這是哪家的丫頭啊，怎麼幹起了這麼笨重的電焊工？那個反差實在太大了。而更讓人想不到的是，這位小女子，竟然是局長兼總指揮王泳的女兒，但她卻沒有享受到父親的一點照顧。這讓多少人感慨，就憑這一點，你也知道她的父親是一個怎樣的人了。時隔多年後，當我和她談及這事，她先是輕輕抿嘴一笑，隨即又下意識地咬了咬牙關。事實上，她也從未想過要得到父親的照顧。她知道，這是不可能的。不說別的，就說她母親方萍吧，那也是1938年投身革命的東縱老戰士，但直到離休之前，她都是東深管理局的一位普通幹部，每每有了提拔晉級的機會，她總是主動把機會讓給別人，尤其是那些有專業特長的年輕人。王小萍是父母最疼愛的小女兒，而在父母看來，最疼愛的方式就是讓她歷經磨煉，煉成一塊響當當的好鋼。

王小萍在這樣一種家庭環境下長大，她打小就沒有什麼幹部子弟的優越感，反而是做了更多吃苦的準備。她十六七歲就下鄉插隊，什麼苦都吃過，什麼累活重活都幹過。而應聘後，她一心只想學門技術，為東深供水貢獻一己之力。剛上工地時，她還是一個電焊學徒工，分派給她的第一個任務，就是跟着師傅搶修輸水管道。進入管道前，鋼管內的水已被抽乾了，但那地下埋管長達3.8公里，由於長時間處於密閉的狀態，管道內空氣不流通，每一次作業都要用巨大的鼓風機呼呼往裏送風。施工時，先要用鏟子、刷子把那些綴滿了螺螄、貝殼和雜物的鋼管內壁一點一點刮乾淨，再彎着腰把電纜線背在肩頭，一邊走一邊拖着電纜舉着焊槍作業。鼓風機在呼呼喘息，人也在呼呼喘息，但只要有風吹進來，人就不會覺得憋悶，最難受的還是電焊時飛濺出的火花，任你如何小心，還是時不時會被燙傷。多少年過去了，她胳膊上還留有一塊塊顏色變得暗沉的傷痕。她指點着這些傷痕，講述着那段肩扛電纜、舉着焊槍的經歷，還有父母的故事，那嘴角上一直掛着淡淡的笑紋，可眼角上卻滲出了淚花。

一個普通女工在焊花中閃現的花季年華，也是她此生最難以忘懷的青春記憶。而讓她一直倍感欣慰的是，這個工程按期交工了，她的汗水沒有白流。1975年12月，深圳水庫供水鋼管擴建工程竣工驗收，這一工程攻克了對港供水的最後一道瓶頸，被指揮部評為優質工程。然而，在整個東深供水一期擴建工程中，這還只是第一步。如果把東深供水工程比作一條長龍，這裏又得從龍頭説起。眾所周知，供水流量取決於引水流量，為了增大引水流量，還必須增加橋頭新開河的引水流量，對沿線的供水渠道和河道進行大規模擴建，這就是東深供水一期擴建工程的第二部分和第二階段，主要在東莞境內建設，大量的土石方工程亦由當時的東莞縣負責組織施工。像東深供水首期工程一樣，在那個年代，這繁重而緊張的施工任務依然只能靠人海戰術去完成。1976年12月5日，東莞縣從東深供水工程沿線八個公社共抽調了五萬多名民工，由各公社書記帶隊，從橋頭到雁田，沿石馬河流域擺開了陣勢，掀起了東深供水工程建設史上的第二場大會戰。這次大會戰的指揮長，也是一位東縱老戰士——莫淦欽。他是東莞橋頭石水口人，1937 年入黨，同年加入東江縱隊。中華人民共和國成立後，他一直在東莞工作，歷任東莞縣委副書記、縣武裝部第一政委、縣長、縣人大常委會主任、縣委書記。對於東江，對於橋頭，對於石馬河，他是再熟悉不過了。而這一次大會戰，參戰民工是首期工程的好幾倍，但工期也更緊張。為了不影響對港正常供水，不耽誤來年的春耕生產，必須趕在 1977 年春節前完成水渠河道擴建的土石方工程。入冬之後，嶺南的冬天也挺冷的，當寒潮襲來，也要穿上棉襖才能抵擋風寒。然而，當寒潮遭遇千軍萬馬大會戰的滾滾熱潮，哪裏有什麼寒冷的感覺，許多民工都是光着膀子、打着赤膊挖土挑擔，一個個熱汗滾滾，渾身冒着熱氣，嘴裏熱乎乎地喊着：「鄉親們，早點幹完，回家過年！」

這是一次集中力量的突擊戰，也是大決戰，1977 年 1 月 15 日，供水渠道和河道擴建工程提前五天完成，從開工到完工僅用了四十天時間。數萬民工一個個歡天喜地，大夥兒終於可以回家過大年了。

但對於整個一期擴建工程，接下來還有一場場硬仗要打，廣東省水利水電第三工程局（下文簡稱「廣東水電三局」）就是一支勇猛善戰、敢打硬仗的鐵軍，也是東深供水一期擴建工程的主力軍。當年，廣東水電三局就是為東深供水工程而成立的，其總部一直設在塘廈。這裏也曾是東深管理局的總部，而從東深供水首期工程、三期擴建工程到改造工程，每一次工程指揮部都設在塘廈。在改革開放之初，廣東水電三局也參與了深圳蛇口工業區的建設，中國改革開放的先行者、蛇口工業區創始人袁庚一度想讓三局把總部遷到蛇口，卻被三局婉言謝絕了。他們一直把東深供水工程建設視為自己的第一職責，一直到現在，其總部機關從來沒有搬離過塘廈。

在一期擴建中，廣東水電三局承擔了全線八級梯級泵站、水工渠道及相應的公路橋涵、沿線 3kV 輸變電的改擴建工程和同軸通信電纜及四遙集控的安裝調試，主要採取了挖潛擴能和技術改進兩種方式。欲實現挖潛擴能，先要搞清楚原有電動機組和水力機械還有多大的潛力。經過兩次現場測試，原 180 千瓦電動機組尚有富餘潛力，可暫時不改變，但需在司馬、馬灘、塘廈、竹塘、沙嶺和上埔六站增加同型號泵組各一台，另在雁田泵站增裝 48SH-22A 型泵組一台，採用射流抽氣方式抽真空充水。這增加的七台泵組，使東深供水工程全線泵組的安裝總台數達到四十台，在原有基礎上進一步提升了供水能力，但經測算，尚無法滿足港方的供水量。這就必須採取第二種方式，對原有水泵機組進行技術改造。如雁田水庫以北七座泵站，原來採用的是 36ZIB-70 型軸流泵，在運行八九年後，即便還能保持原有的功率，也難以滿足擴大供水的需求。科技人員經過反覆試驗，在不改變水泵外殼尺寸及土建結構的情況下，通過更換葉輪，提高比轉速，將原來的水泵一律改造為 36ZIB-100 型水泵，擴大供水的流量和揚程。從現場測試到其後的實踐證明，這兩種方式所產生的不只是加法效應，而是乘法效應，不但可以解決擴大供水的需求，甚至還超過了初步設計的預期。

當歷史進入 1978 年，翻檢這一年的大事記，最偉大的事件就是 12 月 18 日至 22 日——黨的十一屆三中全會在北京召開，全會作出把黨和國家工作中心轉移到經濟建設上來、實行改革開放的歷史性決策，開啟了中國改革開放歷史新時期。這是中華人民共和國成立以來具有深遠意義的偉大轉折，被稱為中國改革開放的元年。

就在這一偉大的歷史轉折點上，1978 年 11 月 26 日，東深供水一期擴建工程全線竣工，整個工程建設歷時四年半。這是一個低投入、高效益的工程，總投資 1483 萬元，還不到首期工程的一半，但年供水量卻達到 2.88 億立方米，其中對港年供水量增至 1.68 億立方米，比首期工程翻了一倍。令人痛惜的是，就在一期擴建工程竣工運行後不久，剛剛年過花甲的老局長兼指揮長王泳就因積勞成疾而病逝了。一個生命從此畫上了句號，但他卻留下了難以磨滅的功績。作為東深供水工程管理局的第一任局長，他是東深供水工程運行管理走向正規化的奠基人，在十年內亂歲月中更是一位堅如磐石的守護者。他把一個大型供水工程從一個時代帶進了另一個時代，讓對港供水量提升了一倍，而這個剛剛邁入新時期的工程還將「風生水起逐浪高」，一浪高過一浪……

二

就在東深供水一期擴建工程竣工的那一年，還發生了一個與之形成鮮明對比的事件，當時全世界規模最大的海水淡化廠——香港樂安排海水淡化廠宣告停產。

出於種種考慮，港英當局長期試圖引入海水淡化技術，為香港開闢新水源。對此，香港工務司鄔勵德早就明智地指出，興建海水淡化廠動輒需花費上億港元的成本，而產出的淡水不多，這等於把金錢直接「投入溝渠」。但港英當局不聽他和眾多港方專家的勸阻，依然執意推進海水淡化工程。1972 年 7 月 31 日，港英當局正式宣佈在香港「新界」屯門區小欖樂安排興建海水淡化廠，由分別來自英國、法國、美國、意大利及日本五個國家的七個財團投標，最後由日本大阪的世倉工程有限公司以 3.37 億港元投得，這是各個財團中出價最低的。由於港英當局缺乏修建資金，便向當時的亞洲發展銀行貸款 1.2 億港元，還款期為十五年。1975 年 10 月 15 日，樂安排海水淡化廠初步建成，由當時港督麥理浩揭幕，第一部機組開始運行。到 1977 年 9 月，歷經五年建造，這一全世界規模最大的海水淡化廠終於全面投產，可謂舉世矚目。然而，一如鄔勵德所料，海水淡化成本比東深供水高六倍，又加之全球石油危機導致原油價格上漲，令海水淡化成本飆升多倍，而該廠設備需由日本工程師負責營運及維修，成本更為昂貴。結果是，該廠全面投產僅僅一年後，就在 1978 年不得不黯然宣告停產，最終於 1982 年正式關閉，一個耗資數億港元的海水淡化工程就這樣打了水漂，廠房後以爆破方式拆卸。我也曾到此探訪，原址現已變成一個擺滿了地攤的跳蚤市場。而就在 1982 年 6 月 1 日，港英當局宣佈解除了長達六十年的限制用水法例，實現二十四小時供水。這背後，只因有了源源不斷的東江水。

從香港供水的歷史看，鄔勵德不愧為一位稱職的水利工程專家。他在任內親歷了內地和香港共同推動東深供水工程的歷史進程，也見證了香港為開闢水源而做出的諸多努力。在比較之後，東深供水對於香港確實是最佳選擇，也是他做出的正確選擇。為表彰鄔勵德多年來在工務局作出的貢獻，英女王授予他聖米迦勒及聖喬治勛銜。而位於香港大坑的勵德邨，就是以他的中文名命名。

歷史已經證明，香港的幸與不幸，都與水直接相關，而香港最大的幸運，就是有來自祖國內地的供水。在東深供水一期擴建工程運行兩年後，到 20 世紀 80 年代初，香港地區生產總值首次突破千億大關（1070 億港元），人口突破五百萬。在人口劇增、地區生產總值飆升的同時，用水量勢必激增。而此時，毗鄰香港的寶安縣已成為中國改革開放的橋頭堡，在 1979 年 3 月獲國務院批准撤縣設市——深圳市，1980 年又設立深圳經濟特區，1981 年升級為副省級城市。東莞作為一個傳統的農業縣，於 1985 年 9 月獲批撤縣設市，隨後又升格為地級市，並成為經國務院批覆確定的珠江三角洲東岸中心城市。隨着深圳、東莞的現代化崛起，其人口和用水量也呈幾何級翻番。眾所周知，供水必須未雨綢繆，否則就會陷入臨渴掘井的被動局面。而無論何時，向香港供水都是東深供水工程的首要任務。

為了進一步擴大對港供水量，1980 年 5 月 14 日，粵港雙方又簽訂了《關於東江取水供給香港、九龍的補充協議》：自 1983 — 1984 年度供水 2.2 億立方米開始，逐年遞增 3000 萬至 3500 萬立方米，到 1994 — 1995 年度達到年供水量 6.2 億立方米。這裏且不說深圳、東莞所需水量，只說對香港的供水量就必須達到東深供水首期工程的九倍。看看這一筆「流水賬」吧，從東深供水首期工程對港供水 6820 萬立方米，到一期擴建工程後的 1.68 億立方米，再到 1994 — 1995 年度達到年供水量 6.2 億立方米，這是怎樣的增速？又該要多大的工程才能承載？

對於香港同胞的要求，祖國從來不會拒絕，而是竭盡全力滿足。1981 年 1 月 15 日，廣東省組建了東江—深圳供水二期擴建工程指揮部，決定對東深供水工程進行一次更大規模的擴建，由時任廣東省水利電力廳廳長李德成擔任指揮，規劃和設計依然由廣東省水利電力勘測設計研究院承擔，而副總工程師姚啟志又一次擔綱設計主管。

如何才能滿足供水量劇增的要求呢？廣東省水利電力勘測設計研究院在規劃中曾提出了五種方案，經過對各方案進行技術和經濟層面的論證，最後選用在原有工程佈局的條件下進行擴建的方案：一是新建八座抽水泵站，擴增裝機容量，在橋頭新建東江抽水泵站一座，沿線七座泵站各增建廠房一座，八站共增加抽水泵組 26 套，使裝機總容量達到 21600 萬千瓦;二是再次增建對港供水管道，對深圳水庫輸水系統進行擴建，穿過深圳水庫壩下新建直徑 3 米的輸水鋼管，另在壩後至三叉河間新建長度 3.5 公里的鋼筋混凝土輸水管道，其過水能力為 16.8 立方米 / 秒。而隨着水位提高，還必須將深圳水庫大壩加高 1 米並建造混凝土防滲牆；三是利用落差在丹竹頭和深圳水庫壩後新建兩座水電站；四是新建渠道及擴挖河道，這期擴建工程除了擴大工程規模外，在梯級佈置上基本沒有大的改變，但原來河渠的過水斷面嚴重不足，必須新建和擴建河道共 19 公里。

初步設計完成後，隨即進入技施階段，何毓淦和陸宏策任總負責人，由水工、機電和地質等人員組成設計組集中在深圳進行現場設計。與此同時，東深管理局也選派了一批精兵強將負責施工管理。易興恢先生就是當時的施工管理者之一。這位如今已年屆八旬的老人，看上去還是那樣硬朗挺拔，一雙眼睛彷佛能穿透歲月，炯炯發光。1988 年，他從汕頭市水利部門調到東深管理局，曾任副局長、總工程師。在二期擴建時，他負責供水河道、渠道及附屬建築物改造工程的施工管理。接到任務後，他先把施工線路來來回回走了幾遍，越走心裏越是堵得慌。此時距東深供水首期工程建成已二十多年，距一期擴建工程竣工也有整整十年了，由於那時候的施工條件所限，在運行這麼多年後，難免出現泥沙淤積。而岸邊灌木橫斜、雜草叢生，雖説這能對水體起到一些過濾作用，卻也導致水流壅塞不暢。在經年流水的侵蝕下，河壩渠堤到處都是滲水的痕跡，眼看着那清澈的東江水就這樣白白流走，實在是太可惜了。而那些裂縫，還留下了洪水淹浸的隱患。這一個個問題，都必須在二期擴建中解決。而二期擴建和一期擴建一樣，在施工期間必須保障對港正常供水，還要逐年增加供水量，而且不能影響沿線農田灌溉，只能利用停水期和枯水期的有利時機完成水下工程。東深供水工程每年僅有一個月的停水檢修期，整個渠道改造任務，必須在停水檢修期內全部完成。面對如此繁重的施工任務和如此緊張的工期，一個老水利人也感到壓力巨大啊！

易興恢根據全線勘查的實情，和技施設計人員一起反覆論證，制訂了一份詳細而具體的實施方案：一是對河道或渠道進行三面開挖，以加大過水能力；二是對彎曲河道進行裁彎取直，既縮短了輸水河渠的長度，又加大了過水斷面；三是將原堤壩加高加固，對土壩以混凝土或石塊砌襯護坡，這樣可以防洪、防滲，這也是二期擴建的主要土建工程。別看這簡簡單單的幾句話，「那各種圖紙，堆起來有這麼高……」老人隨手比畫了一下，讓我一下明白了那個高

圖 15　東深供水二期擴建工程——馬灘泵站全景（圖源:《東江—深圳供水工程志》）

度，差不多有半人高。

一個時代有一個時代的工程，而東深供水工程是一個跨時代的工程，從二期擴建工程開始，中國已邁進了新時期，這與前期工程已不可同日而語了。以前的工程，沒有明確的業主單位和施工企業之分。工程是國家的，國家把一個工程交給某個工程局。而當時所有的工程局也都是國家直屬的，從施工、質量監控、投資控制都由這個工程局一攬子負責、一條龍完成，直到最後把鑰匙交給你，即交鑰匙工程。工程還須徵調大量民工，而人民就是國家的主人，任何付出都是不計報酬的。隨着中國進入改革開放的年代，逐漸引入市場機制，東深供水工程依然是國家工程，但這個業主不能籠統地由國家來擔當，必須有一個具體負責的業主。這個業主就是東深供水工程管理局，在施工期間由東江—深圳供水二期擴建工程指揮部代行業主的職權。而二期擴建主體工程的施工，則由廣東水電三局按照省計委批准的概算，以包乾的方式簽訂承包合同。這也是改革開放給水利工程建設帶來的一大變化，以前，施工單位是完成上級交代的任務，而現在則是按合同辦事。

陳立明，現任廣東水電三局黨委書記、董事長。第一次看見他，我就感覺這是一個骨子裏有股倔勁的硬漢子，一副敦實的身板，一個硬紮紮的板寸頭，短短的髮茬裏白髮參差。他是東莞大朗人，1983 年 7 月從華南理工大學建工系水利專業畢業，被分配到廣東水電三局。三局當時有兩千多名幹部職工，而大學生還是鳳毛麟角。陳立明算是幸運的，高中畢業就迎來了高考的機會，又以優異的成績考上了重點大學，一畢業，就趕上了東深供水二期擴建工程。

剛上工地時，這位剛剛從校園裏走出來的大學生，第一個強烈的感受就是心理落差，那是理想與現實的落差。那時他們住的工棚仍是用稻草跟泥巴糊的牆，夜裏常有蛇蟲鑽進來，尤其是上廁所，那茅房在工棚一百多米之外，一旦刮風下雨，那一段路就變成了爛泥坑。儘管他是一個苦讀出來的鄉下娃，但這住房比他家裏的農舍都差多了，父老鄉親都指望着他上了大學有大出息呢，結果卻從米籮裏落到了糠籮裏，甚至覺得幾年大學都白上了。看着他那滿臉難色，一位幹過一期擴建工程的長輩笑道：「小夥子，以前咱們可比這更艱苦啊，現在的條件可是好多了！」

這也是大實話，而當時施工條件最大的改善，就是從國外進口了一批先進施工設備。這些設備很多人以前見都沒見過，剛一開來就引起了人們的圍觀，尤其是在施工時大顯神威。以前要搬走一個小山包，上千民工你挖我挑，要辛辛苦苦幹上幾個月。而眼下，幾台大型推土機開上去，幾個人，幾天時間，呼啦啦地就風捲殘雲般推平了，乾淨利落地搬走了。大夥兒對這些設備都特別珍惜，有一次，那液壓設備的一根油杆一不小心給碰花了，老局長心疼得不得了，又是歎氣，又是搓手，要知道，這洋玩意兒當時在國內沒法修，還要運到國外去修，這一個來回，漂洋過海，該要耽誤多少時間啊。

陳立明先被派往司馬泵站施工，這也是一個大學生走出校門後邁出的第一步，從最基層的施工員做起。在二期擴建中，司馬泵站要在舊廠房西側新建一座廠房，廠房前後的輸水管道均與原上下游渠道相接。但按原設計圖進行基礎開挖時，發現了局部軟土層，為黃紅色和花斑色的黏土。陳立明一看就感覺有問題，但也不敢肯定。何況，這是權威部門、權威專家在反覆勘測後做出的設計，你一個初出茅廬的大學生能夠指手畫腳嗎？但這小子還真是初生牛犢不怕虎，旋即便向技施設計人員反映了這一問題。他也由此而結識了一個對自己一生都有影響的人——李玉珪。

還記得那位咬破指頭寫血書大學生嗎？他就是李玉珪。當年，為了支援東深供水首期工程建設，李玉珪在推遲一年畢業後，被分配到了海南文昌縣水利局。直到 1979 年，他因專業成績突出，從海南調入廣東省水利電力勘測設計研究院工作，隨後便參加了東深供水二期擴建工程的技施設計，挑大梁負責整個河道水閘的系統設計。在技施設計告一段落後，設計單位根據合同的要求，還要在施工現場派駐設計代表，李玉珪又在施工階段當了三年設計代表，也可謂是維持工地與設計單位聯繫的聯絡官，主要職責是代表設計單位處理設計圖紙上需完善的事宜，解答工程各方提出的問題，簽署工程設計變更單，同時也可以處理施工方提出的一些修改，簽署技術核定單。他每天都在施工現場跑，哪座泵站、哪段河渠的施工遇到了問題，他都必須跑到現場去仔細察看，而一旦發生了暴風雨、泥石流或山體滑坡等自然災害，他更要以最快的速度趕到現場。陳立明將司馬泵站新廠房基礎開挖的情況告訴他後，珪叔和設計人員趕到現場勘測，隨即在技施設計上做了調整，將廠房位置向北平移了約 27 米。這是一次及時的發現，也是一次及時的處理，從根本上化解了一場隱患。李玉珪在長吁一口氣後又拍着陳立明的肩膀説：「小兄弟，你可真是立了大功啊，若不是你及時發現馬上報告，後果真是不堪設想，基礎不牢，地動山搖啊！」

李玉珪叫陳立明小兄弟，陳立明卻叫李玉珪為珪叔。那時候，李玉珪才四十出頭，身材消瘦，皮膚黝黑，最有特點的還是那帶着一口濃重的海南口音的普通話。由於他和藹可親，見了誰都笑呵呵的，大夥兒都親昵地稱他為珪叔。在廣東，能稱為叔的人都是德高望重的長輩。

那天下班後，珪叔還非要拉着陳立明這位小兄弟去工棚裏喝幾口。水利工地風濕重，珪叔喜歡喝兩口，但酒量不大，一喝就滿臉通紅。在陳立明的印象中，這是一個飽經滄桑卻如赤子一般的漢子。而這還只是他們交往的開始，在接下來的歲月裏他們還有更深的交往。

司馬泵站的工作告一段落後，陳立明就被調往東江口工地，擔任第五工程隊技術員，在這裏他又遇到了另一個影響自己一生的人——牛叔。牛叔不姓牛，他本名張國華，名字中也沒有一個牛字，卻是一個牛人。他是從湖南和廣東交界的南嶺煤礦轉來的一個礦工，此前幹過風鑽工，也當過安全工。無論在哪裏，他幹活時都像一頭埋頭苦幹的老黃牛，又加之在工作中特別較真，性格倔強，是典型的牛脾氣，大夥兒都叫他牛叔。在二期擴建時，牛叔先是擔任第五工程隊副隊長，後又擔任隊長，負責東江口引水工程施工。這裏一直是東深供水的龍頭工程，這次擴建按規劃設計要新建一座泵站，在建設進水口閘時，必須對東江防洪大堤進行開挖。但凡穿堤破壩工程都必須確保百分之百的安全，只能選擇在枯水季節施工。這一工程在施工安排上分兩個枯水季節施工，主要是集中力量突擊修建兩座與洪水密切相關的建築，這是同汛期賽跑的工程，一旦汛期來臨而工程未按計劃完成，洪水穿堤破壩而出，那就是慘重的災難了。

對於那兩個時間節點，陳立明在時隔多年後仍然記得一清二楚。第一個枯水季節是 1984 年 9 月至 1985 年 3 月，這段時間的施工目標是主攻廠房及進水池混凝土澆築，為了保證安全度汛，建築物澆築高度必須高出防洪高程。據當時的工作日誌，1984 年 9 月 28 日，主副廠房及進水池基礎動工開挖，先要在透水性很強的沙土層上挖十二米多深的廠房基礎。但計劃總是趕不上變化，就在他們按部就班開挖時，一股地下湧流噴薄而出，那開挖的基坑轉瞬間就變成了一個大水坑。當大夥兒發出一片驚呼時，牛叔倒是鎮定，他抖了抖滿頭滿身的泥水，把手猛地一揮：「趕緊調水泵，抽水！」在牛叔的指揮下，大夥兒在基坑周圍佈置了十二台大功率的深井排水泵，但抽水的速度遠遠趕不上地下湧流的速度。牛叔又向指揮部請求，增加了六台抽水泵，通過晝夜排水，終於把水抽乾了。可在接下來的施工中，當基坑挖到更深處，又出現了預想不到的淤泥層，必須另加打樁處理。這些計劃之外的變化所耽誤的施工時間，都只能加班加點去追趕了。12 月 3 日，他們終於完成了基礎開挖工程，隨後開始澆築混凝土底板。到 1985 年 3 月底，眼看汛期就要來臨，他們已經把廠房及進水池混凝土澆築達到三米高程以上，初步達到度汛要求，接下來在確保汛期安全的狀態下進行廠房及進水閘土建工程施工。第二個枯水季節從 1985 年 9 月至 1986 年 3 月，主攻東江新防洪堤建設、進水閘及閘門等配套工程。這次枯水季節施工倒是沒有遇到什麼重大變故，一直按計劃有條不紊地推進，到 1986 年 3 月底，在又一個汛期來臨之前，這一龍頭工程終於按時完成交工。

那時工程隊的技術人員很少，尤其是陳立明這種科班出身的技術員更少。他一來，就開始挑大梁，說是技術員，牛叔交給他的卻是技術主管的事。這對於他，還真是個尷尬的角色。每次他在施工現場發現了什麼問題，或有什麼技術上的想法，說了，也沒有多少人聽進去。那些施工人員雖說不是科班出身，但都是有着多年施工經驗的老師傅。有的人比他父親年歲還大，你個乳臭未乾的毛頭小子，在這裏指手畫腳，你懂什麼呀！一個老施工員還挺委屈地說：「咱們幹了大半輩子工程了，現在讓一個娃娃來管，我就不信他比老子還懂得怎麼搞工程！」這些長輩說的倒也是實情，搞工程，實踐經驗非常重要，但在綜合管理方面，在吸收最新的科技成果方面，他們就不如這些科班出身的娃娃了。而那時，一個初出茅廬、年輕氣盛的大學生，難免有種「天之驕子」的優越感，陳立明有時候也難免帶着這種優越感同一些老師傅發生爭執。他是個牛脾氣，但他不認死理，只認真理，他那神氣，就是一股子掌握了科學真理的神氣，換句話說就是得理不饒人。每次他和老師傅們爭執得不可開交時，就只能由牛叔來調解了。牛叔愛罵人，那兩隻「牛眼」一鼓一瞪，就開始罵人了，但他很少罵陳立明這樣的年輕技術員，他罵得最多的就是那些老師傅：「你們這幫老夥計啊，可別小看這個毛頭小夥，眼下，他確實沒咱們這麼多經驗，可他那些新知識、新技術，咱們一輩子也學不來。你們就等着瞧吧，他一旦有了經驗，就要當技術主管、項目經理，往後甚至要當咱們的局長呢！」

牛叔這樣一罵，反倒把陳立明罵清醒了，整個人一下就變得冷靜了。是啊，他最缺少的就是實踐經驗啊，為什麼不能虛心向這些老師傅請教呢？為什麼不能換一種方式跟他們交流呢？此後，他就不斷調整自己的心態和姿態，在長輩面前變得越來越謙遜了，虛心了。走到哪裏，他先不忙着説出自己的想法和看法，而是低下頭彎下腰向老師傅們請教，有不同意見也以商量的語氣跟他們溝通。這樣一來，老師傅們對他提出的意見都很服氣，也很開心，他們誇獎這娃娃時，就像誇獎自己有出息的兒子。而在內心，陳立明也是把他們當作自己的父輩。

小夥子越來越成熟了，這是牛叔的感覺，也是很多人的感覺，牛叔也把更多的事情交給他去辦。此後，陳立明要對每一個項目的施工進度、質量和安全進行技術管理，從處理好各工作面的工序銜接到各單項工程的流水，材料的周轉，機械的調配，各工種勞務的協調，他都漸漸有了比較清晰的思路。每天從工地回來，他晚上還要寫匯報材料，哪些設計需要優化，哪些設計需要變更，這都是原來的設計難以一一考慮到的，只有在施工過程中才會發現，一旦發現就要寫出匯報材料，以最快的速度提交給決策層，為工程隊、工程局的領導提供決策參考的第一手資料和數據。這很多事情，一開始他都是接到任務後去幹，而後是他主動去幹，沒有誰去指揮他幹，他自己就是自己的指揮。即便到了今天，他作為廣東水電三局的一把手，很多事依然是親力親為，他指揮得最多的就是自己。有時候，他一幹就是一個通宵，當他把寫好的材料交給牛叔時，牛叔鼓起兩眼瞪着他。小夥子一下忐忑起來，以為牛叔又要開罵了。牛叔卻問：「昨晚又熬了一個通宵吧？」

他老老實實地説：「兩個通宵了。」

牛叔拍了一下他的肩膀説：「趕緊去睡一覺吧，這樣下去，還不累死你？」

那一年，確實是陳立明有生以來最累的一年，也是他收穫最大的一年，而經歷就是最大的收穫。一個大學生，走出校門，走進社會，堪稱是踏上人生的又一條起跑線。陳立明在第五工程隊沒幹多長時間，就正式擔任了技術主管。而當時工程局下設的工程隊，相當於現在的分公司，一個工程隊的技術主管已躋身為中層管理人員。現在回想起來，一個大學生，邁進三局的門檻還不到一年，就從最基層的施工員到技術員，再到技術主管，他有何德何能，能夠一下得到這樣莫大的信任？那時候陳立明還沒有太深的閱歷，卻也有了很多獨到的感受：「大學畢業的前幾年，不要太計較個人得失，最切實最重要的是，如何才能承擔起社會交付於自己的一份責任。而無論你是哪所大學畢業，建工單位更看重的還是你在實踐中的表現。一個人能夠得到信任，第一就是你值得信任，信任是靠自己贏得的，當然也要有伯樂的發現和賞識，但你能不能幹，肯不肯幹，才是最終決定你的命運和前途的！」

我琢磨着這話，年輕人大學畢業、走進社會的幾年，事實上也正是他們人生經歷中的又一個斷乳期，他們就像年輕的、活躍而又不穩定的岩層一樣。同時這又是決定着他們未來走向的一個關鍵時期，一般都要經過三五年的歷練，才能完成身份和角色的轉換，確立起一生的基本方向，甚至找到他們一生的出路。陳立明找到自己最終的出路了嗎？這個問題對於當時的他，還沒有答案。但他很慶幸，在這條人生起跑線上，他沒有輸掉。興許，到了下一個工程，下一個項目，他就像牛叔預言的一樣能獨當一面，幹上項目經理了。

隨着東深供水二期擴建的主體工程告一段落，便進入了機電設備安裝階段。若要大幅度提升供水量，就必須大幅度提升機電設備尤其是水力機械的功率，這是歷次擴建的另一條戰線，比施工的技術難度更高。林聖華，這位如今已經年近九十歲的老人，於 1986 年調入東深管理局，曾任橋頭管理處副處長、處長，在二期擴建時負責機組安裝調試。此前，在大型軸流泵站中，由於水泵選型不合理，造成水泵長期偏離高效點運行，能源浪費十分驚人。而在這次擴建中，從太園至上埔的七座泵站，均選用 64ZLQ-50 型水泵，該型水泵採用直管式出水流道、直徑 2000 毫米二節拍自由式拍門和通氣孔作為斷流裝置。這些型號和數據，對於我這個門外漢簡直如天書一般，而林聖華卻了如指掌。

這一次擴建共增加了二十多台大型水泵，一台水泵有幾層樓高，安裝的過程十分複雜，機組安裝後要先進行調試。一切都要嚴格按運行規程操作，在開機之前先要仔細檢查設備連接部件，每一個螺絲有無鬆動，各個運轉件是否靈活，葉輪安裝是否牢固，主軸轉動是否輕盈。而在運轉時還要觀察機組運行是否平穩，有無異常音響，溫度上升是否正常。一旦出現異常噪聲或震動時，就要立即停機進行檢查，對損傷零件應立即更換修理。1984 年 9 月，林聖華參與解決了上埔泵站第一台試用機組的啟動問題。隨着主機組啟動運轉，大夥兒的眼睛一下睜大了，連心都懸了起來，一個個凝神屏息，每個人把一口長氣憋在喉嚨裏。然而，機組僅僅運轉了幾秒鐘，大夥兒的眼神一下就亂了，那轉動部分開始上下劇烈跳動，大夥兒的心都快跳出來了。林聖華凌厲地把手一揮：「立即停機，進行事故檢測！」這是一個果斷的決定，而接下來則是漫長的煎熬。如此龐大的機組，要檢測出事故原因又談何容易，從主軸變速、零部件的鬆緊到電機定轉子磁場都要一一進行檢查。技術人員有的蹲着，有的跪着，有的趴在地上，有的鑽到了機組背後，這一幹就是好幾天，他們終於查找到了事故的主要原因，是電機定轉子磁場中心的高差和葉輪與外殼中心的高差影響了機組的正常運行。原因找到了，但如何才能排除故障，接下來大夥兒又要進行一輪一輪的調試，他們為此又不知熬過了多少個白天黑夜。這長久的煎熬讓人實在難以忍受，有個同事為了測試這台機組的性能，竟然踢了一下正在運轉的機器，一串鮮血飛濺而出，那腳趾頭當場就被機器削掉了，大夥兒的眼睛一下變得血紅了。這是一個不該發生的事故，多少年來，林聖華一直難以忘懷這血的教訓，為此而痛心不已。而讓他倍感欣慰的是，這第一台泵組終於調試成功，那轉動部分不再跳動，整個機組勻速平穩地運行。這次調試成功，對後面七個泵站在技術上有着非常重要的指導意義。至此，林聖華和大夥兒才把那一直憋在喉嚨裏的長氣隨着流暢的東江水一起吐出來，那一刻的感覺，痛快，太痛快了！

就在二期擴建工程施工之際，徐葉琴，這位高大帥氣的安徽小夥子，從武漢水利電力學院碩士研究生畢業，分配到了東深管理局。當年，他才二十四歲，是東深管理局有史以來的第一位碩士生，這也是機電設備安裝調試最急需的人才，他一來，就擔任了雁田真空破壞閥改造項目的技術負責人。雁田泵站選用的是 50ZLQ-50 型水泵，採用虹吸式出水流道。這是一種高效率的水泵，但在運行中也有一個難題，當水輪機需要緊急停機時，導葉迅速關閉截斷進入轉輪的水流，此時，後面的水流因慣性作用繼續由尾水管排出而使頂蓋下部空腔有部分真空，這部分真空又迅即被尾水管倒流回來的水流填滿，當水流倒流回來時流速很快，這股強大的高速水流產生很大的衝擊力，有時會將轉輪抬起並造成機件損壞。為了解決這一難題，需在虹吸管駝峰頂部加裝真空破壞閥，當導葉緊急關閉時，頂蓋上腔形成的真空，由於頂蓋內外空氣壓差的存在，真空破壞閥閥體被推動向開側移動，真空破壞閥打開將空氣引入頂蓋下部，使真空遭受破壞而迅速斷流。徐葉琴通過對真空破壞閥的改造，攻克了這一難題，這在當時也是一項關鍵技術。

最讓徐葉琴忘不了的是 1986 年 11 月，二期擴建的最後一台泵組在太園泵站安裝完畢，這本意味着工程全線的機電設備安裝運行就要大功告成了，可在試機時卻出現了抬機現象——機組上抬後又迅速落下，若不及時處理，將造成發電機推力軸承損壞、水輪機導軸承密封裝置失效，甚至造成發電機轉子風扇與擋風板碰撞和摩擦，發出十分尖銳的金屬撞擊聲和摩擦起火，危及整個機組的正常安全運行。徐葉琴和技術人員經反覆分析，終於找到了故障原因，這種直接從江河取水或向江河直接排水的泵站，由於水位變幅較大，其最高工作揚程與最低工作揚程的揚程比過大，往往使得水泵工作點超出水泵運行範圍，使水泵運行效率降低，難於滿足高揚程和低揚程工況的運行要求，有的還使水泵機組運行不穩定，產生汽蝕振動和在低揚程運行區的抬機現象。大夥兒經反覆試驗後，對太園站泵組採用 0 度作為泵站最小啟動的運行角度，終於有效地解決了抬機故障。

後來，在太園泵站的技術改造中，徐葉琴等人又提出了雙速全調節軸流泵及其優化選型數學模型和求解方法，經太園泵站現場試驗和運行考驗，這種方式不僅技術上先進可靠，運行調節方便，而且具有高效節能、經濟效益顯著的特點，這在大型泵站的運用屬全國首創。

徐葉琴和陳立明一樣，他們都是東深供水工程的第二代建設者，儘管他們已在二期擴建工程中初露鋒芒，而在接下來的歲月，他們還將扮演一個個挑大梁的角色。

1987 年，距香港回歸祖國還有十年。這年 10 月，由水利部派員參加組成的東江—深圳供水二期擴建工程驗收委員會，對工程全線進行了嚴格的檢查驗收，並作出了這樣的評價：「二期擴建工程已按設計要求完成，工程設計合理，施工安裝質量符合要求，工程質量合格，同意竣工驗收，移交東深管理局使用。」至此，東深供水二期擴建工程歷時七年，終於全部竣工，年供水量達 8.63 億立方米，其中對港年供水量增至 6.2 億立方米。一看這數字，你就明白了對港供水在東深供水中佔多大的比重，而把向香港供水作為首要任務，一直是祖國不變的承諾，這是永遠的諾言。

三

當東深供水二期擴建工程竣工運行後，香港、深圳和東莞又迎來一輪經濟騰飛，到 20 世紀 90 年代，香港已成為一座高度繁榮的自由港與國際大都市，被評為世界一線城市的第三位。而當香港經濟達到了一個前所未有的高峰，香港當局又提出到 2004 年將供水量從 6.2 億立方米增加到 11 億立方米的要求，深圳市也要求將年供水量增加到 4.93 億立方米。這意味着，東深供水工程的總供水量必須增至 17.43 億立方米，才能滿足港深雙城的要求。為此，廣東省水利廳又於 1988 年 9 月完成了東深供水第三期擴建工程規劃報告書。1989 年 12 月 29 日，廣東省成立了東江—深圳供水第三期擴建工程指揮部，由副省長凌伯棠擔任總指揮。

在某種意義上說，這次擴建也是逼出來的工程。其實，東深供水工程從初建到三期擴建，都是逼出來的，而正是在這種倒逼機制

圖 16　東深供水三期擴建工程——人工渠道（廣東粵港供水有限公司供圖）

下，一個跨流域的供水工程才會「風生水起逐浪高」，一浪高過一浪，而每一次擴建都是一次全方位的提升。

1990 年 9 月，東深供水三期擴建工程進入技施階段。每當工程進入技施階段，就像上緊了發條的時鐘一樣，每個人腦子也像上緊了發條的生物鐘，沒人催促你，你自己也會催促自己。為了在最短時間內拿出最優的設計方案，廣東省水利電力勘測設計研究院一方面從各部門抽調精幹力量，組成專門的設計團隊——「東深室」；另一方面還先後從上海、天津、武漢、成都等地借調了一批設計工程師，他們都是當時水利工程設計的「大牛」。

嚴振瑞就是雁田隧洞的設計者之一。1990 年 8 月，他剛從清華大學水利系畢業，入職廣東省水利電力勘測設計研究院。他還沒有來得及熟悉一下這座南國大都市，就被分派參與三期擴建的現場設計工作，隨技施設計人員一道開赴設在深圳工區的「東深室」，進行現場設計。一位初出茅廬的大學生，剛剛畢業就有機會參與這麼重大的工程，擔任這麼關鍵的設計任務，這讓他的心跳一下加快了。

「興奮，自豪！」在時隔三十年後，嚴振瑞回首當年，依然激動不已。

然而，一旦開始設計後，他才發現設計的難度之大。這次擴建將東江取水口較之前向上游移了一段距離，通過擴建的東江（太園）、司馬、馬灘、竹塘及沙嶺五座抽水泵站及新建塘廈泵站，將東江水沿新擴建的人工渠道逐級提升至沙嶺梯級上游，而沿線河道、渠道及各泵站、輸變電線路都必須進一步改進和增擴。為了減少抽水能源消耗，在規劃設計上，最大的特點是在第六級沙嶺泵站提水後，從沙嶺、雁田至深圳水庫要開鑿一座 6.42 公里長的輸水隧洞——雁田隧洞，如此一來，原八級泵站在三期擴建後減為六級，但運行效率大大增加，只需要六級提水即可經雁田隧洞和沙灣河把東江水直接送入深圳水庫，再經不同交水點分別向香港、深圳供水。

大自然給人類設置了太多的障礙，最好的應對方式就是因勢利導。而在此前，橫亙在東莞和深圳之間的一道分水嶺，一直是一道難以逾越的坎兒。此時，隨着我國現代化進程的迅猛發展，三期擴建施工以機械化為主、人工為輔，有了這些大型機械設備和更先進的施工技術，才有可能以洞穿的方式突破這道坎。

雁田隧洞，人稱東深第一隧。在全線二十多個單項工程中，最關鍵的就是雁田隧洞，這是全線的咽喉，也是卡脖子工程。嚴振瑞接到的第一項重任，便是參加雁田隧洞工程施工圖設計。這是三期擴建中最大的一條隧洞，也是廣東第一座淺埋長輸水隧洞，為圓拱直牆式無壓隧洞，北起東莞境內的上埔泵站前，南接深圳境內的丹竹頭村，大致沿北穿越低山丘陵谷地，其中有一段要從雁田水庫水底下穿越，工程地質和水文地質條件都非常複雜，當時這樣的工程在全國都是少見的，而施工難度之大，也是全國少見的，從設計到施工都面臨嚴峻的挑戰。

隨着初步設計告一段落，雁田隧洞工程開工後，嚴振瑞又擔任了現場設計代表，為了準確掌握施工現場的第一手資料，進一步完善技施設計，他和幾位設計代表住進了用竹子和石棉瓦搭起來的臨時工棚，這一住就是三四年。這工棚雖說比以前的條件好多了，但夏天依然悶熱難熬，冬天四面透風，一下雨就劈裏啪啦響，遇到颱風暴雨時更是「外面下大雨，裏面下小雨」。最讓人受不了的是水邊的蚊蟲特別多，老鼠和蛇也經常「光顧」。他記得有一次，一位同事回家一個星期後再回工地，晚上掀開床鋪準備睡覺時，突然發現被窩裏藏了一窩還沒長毛的小老鼠，那一團團蠕動的小血肉，都驚恐地睜開了眼睛，望着人們吱吱叫，叫得人一陣陣發毛。就是在這樣簡陋的工棚裏，嚴振瑞完成了他入職後的第一個設計作品——雁田隧洞進水閘，這是調節進洞水量的主要控制樞紐，也是他入職後接受的第一個重任。

我一直想要描述那個設計的過程，但水利工程的設計難度乃至設計過程又是難以用文字來描述的，我只能根據設計人員的講述做一個基本交代：先要對進水閘流量進行現場實測，再通過分析給出進水閘自由孔流流量係數計算公式，然後根據水位、流量、流量係數關係曲線等數據進行具體設計，而一切的設計在施工過程中還要不斷調整和修改。

一個設計方案確定後，對於施工單位而言，一切又將從零開始——施工。雁田隧洞由廣東水電二局承建。誰都知道，這條隧洞是全線最難啃的「硬骨頭」，但再難啃，你也得把它啃下來！作為全線建設重點控制性工程，若不能按期貫通，工程全線就無法貫通。為此，雁田隧洞項目部與指揮部立下了軍令狀，確保在 1993 年 6 月 30 日前完成貫通任務。面對如此艱巨而又緊張的工期，他們幾乎沒有片刻時間等待。從 1990 年 8 月初開始，一支支參與雁田隧洞建設的勞務工程隊和機械設備就開始進場施工。他們採取了進口與出口兩邊同時掘進的施工方案，在確保工程質量和施工安全的前提下，每道工序實行三班倒二十四小時不間斷作業。

周清，現任廣東水電二局股份有限公司工程分公司黨總支書記、總經理。1991 年 7 月，他大學畢業，被分配到廣東水電二局，在雁田隧洞工程中擔任技術員，在這裏一幹就是三年，他説他用三年時間，才真正看清楚了一條隧洞。

雁田隧洞處於岩層淺埋地段，沿線又是局部夾泥質粉砂岩，強風化，岩體較破碎，呈破裂、鑲嵌結構，沿線沖溝、裂隙與溶洞極為發育，在這種地質狀態下施工極容易發生坍塌。這也是設計代表嚴振瑞最不放心的，在施工過程中，他幾乎天天都要來這裏，蹚着齊膝深的泥水，打着手電深入現場察看險情，並採取預防措施。然而，無論你怎麼小心防範，有些事故幾乎是防不勝防。據嚴振瑞回憶，在雁田隧洞施工的過程中，前後發生過大大小小上百次塌方，其中冒頂通天的塌方就有十次。最嚴重一次塌方，從洞頂一直塌到地表，半座山砸了進去，那幽深的隧洞頃刻間露出了一方被撕裂的天空，形成一個豎井形的空洞，塌方又造成巨大的湧水，掌子面前方的夾泥質粉砂岩變成了迅速下滑的泥石流，直接壓壞超前管棚和支護鋼架。危急時刻，嚴振瑞、周清和施工人員採取緊急處置措施，通過迅速回填粗石碴及沙袋才壓住了塌方體坡腳，同時採取噴錨支護和工字鋼架進一步加固支護，並在四周挖排水溝排水，才化險為夷。

由於施工危險性極高，指揮部對這裏的施工安全也高度關注，還專門進口了一批新裝備，並從天津請來工程師傳授「引灤入津」工程經驗。凌伯棠也是一位軍人出身、雷厲風行的總指揮，但他深知，有的地方可以逼，有的地方逼不得。此時，施工全線已採取了「貫通倒計時」的倒逼機制，在這種咄咄逼人的情勢下，指揮部卻從未催這裏加快進度，凌伯棠還一再叮囑要把安全放在首位，寧可放慢施工速度，也要保證安全，只有在所有安全防護措施到位之後，才能施工。他不是那種叮囑一下就放心的人，那些日子，他幾乎天天都要跑工地，天天都要過問這裏的施工安全。他大睜着眼睛，也叮囑施工人員一定要睜大眼睛，保持高度警覺，連蛛絲馬跡也不能放過。

1993 年五一節那天，這是全世界工人兄弟共同的節日，但雁田隧洞作業面依然有條不紊又小心翼翼地進行。晚上 10 點 40 分，在隧洞裏施工的人們，其實也早已分不清白天黑夜，隨着隧洞裏傳來最後一聲炮響，施工人員眼前豁然一亮，通了，啊，一條隧洞終於全線貫通了！頃刻間一片歡騰。但連歡聲他們也是小心翼翼的，他們已經習慣了。而在同日貫通的，還有連接隧洞的輸水渠，這一隧一渠在 5 月 1 日貫通，給東深供水三期擴建工程放了一個雙響炮。

而今，無論是當年參與設計的嚴振瑞，還是參與施工的周清，對雁田隧洞都特別有感情。每年 12 月停水期，他們都會特意回去看看，他們的職業生涯就是從一座隧洞開啟的。然而，也有人的生命是在一條隧洞結束的。

在東深三期擴建工程中，除了雁田隧洞，還有一條重要隧洞——深圳電站樞紐引水隧洞，簡稱「深圳隧洞」，這條全長 3.7 公里的隧洞，由漸變段、出口段、截水環及洞身組成，為廣東水電三局承建，由牛叔張國華率第五工程隊負責施工。這條隧洞的進口和出口均處在峭壁之上，這裏是岩溶地質，洞內漏水，處處危岩落石。有一次，連勞務隊的廚房也給砸掉了。這裏又是嚴重滑坡地帶，已經多次發生滑坡泥石流。有一次泥石流，讓全線交通中斷了三四天。在這裏施工，先要把人用繩子吊上去，挖機作業的柴油都是人工從山下背上來，連空壓機也是拆卸之後靠人力背上山，然後在施工現場重新組裝。在隧洞掘進過程中，有一段為強風化岩土地帶、破碎帶，斷層多，地下水豐富，巖石節理發育，基岩承載力較差。每次進洞施工，牛叔總是最先一個上，最後一個撤。而一旦發現了險情，他一邊命令施工人員後撤，自己卻一個勁地往前衝。有人攔着他，他吼道：「我不去，誰去？」這倒不是蠻幹，在發現險情、處置險情方面，他確實是經驗最豐富的一位老師傅。當所有人都撤到安全地帶後，他還蹲在洞子裏，靜靜地觀察着地質的變化。他的腿雖被墜落的石塊打斷過，但他的觀察和處置，也避免了一次次重大事故。

時間越緊，牛叔越是強調要嚴格按照安全規章和設計圖紙施工。在施工過程中，他們因地制宜，靈活運用新奥法進行隧洞施工，採用徑向錨杆、超前錨杆以及掛網噴射混凝土等支護方式，並在局部結合鋼拱架，採用邊開挖、邊襯砌的方法。尤其是爆破，這是他盯得最緊的工序，每一步都必須按嚴格的程序操作，先在岩壁上打出一個個炮眼，再把炸藥分開送進一個一個炮眼，炸藥一個連着一個，裝完了還要連接線路，形成爆炸網絡。為了防止意外爆炸，連手電筒也不能帶。當一切準備就緒，所有施工人員撤離爆破的危險區，隨後，爆破工合上電閘後也迅速撤離了危險區。此時，洞穴裏一片死寂，所有人都在安全區等着那轟然炸響的爆破聲。然而，有一次，那爆破聲卻沒有響起。難道是啞炮？而排查啞炮是最危險的，必須重新檢查線路，隨時都有爆炸的危險。每到這危險關頭，又是由牛叔上陣。

他先把所有的炮眼和線路巡查了一遍，沒有發現任何問題。這就怪了，問題到底出在哪呢？到最後他才發現，或是由於洞內光線太暗，或是爆破工當時有些緊張，電閘沒有完全推上去。牛叔把電閘從容推上去後，迅速撤離到安全區，頃刻間傳來了一連串的轟鳴聲……

牛叔當時已是奔六十的人了，不但要跑來跑去指揮施工，有時候風鑽工缺人，他還要自己頂上去。他原本就是一位經驗豐富的老風鑽工，但畢竟是年歲不饒人啊，一個班頂下來，別看他強打着精神，一看就非常疲憊了，那工裝從胸口到背脊都被汗水浸透了，連走路都手腳發軟了，但有時候還要再頂一個班。他的老搭檔、副隊長何師傅看着他抱着風鑽，一點一點地向岩壁上鑽着，又擔心又緊張，多次攔着不讓他幹。為此，兩人經常發生爭吵，都爭搶着那風鑽機。何師傅幾乎是帶着哭腔衝他吼：「你以為你這一身老骨頭是鐵打的？你就真是一條牛也受不了啊！」但每次，他都拗不過牛叔，這老家伙，真是一頭強牛啊！好在，這頭強牛每次都是安全回來的。看着他搖搖晃晃地回來了，何師傅才長吁一口氣。他知道，沒有牛叔這股子玩命的勁兒，這隧洞的進度興許不會這麼快，但他又有一種不祥的預感，當施工進入緊張的衝刺階段，他的神經也越繃越緊了。

1993 年 12 月末的一天，從深圳隧洞通往香港的最後一道壁壘怎麼也打不通，這讓牛叔傷透了腦筋，他發下了毒誓：「咱們決不能被這根刺給卡住了，如果不能按時打通，我就死在裏邊！」這句話讓施工人員倍感震撼，也感到特別悲壯。為了拔掉這根刺，牛叔再次優化了施工方案，調集了一批精兵強將，二十四小時輪班作業。別人還可以兩班倒，牛叔卻沒日沒夜，持續工作了二十多個小時。就在天快亮時，牛叔忽然一頭栽倒了，他手裏抱着的風鑽還在岩壁上突突衝刺……

牛叔是因突發腦溢血而猝然離世的，時年五十七歲。何師傅痛心地說，牛叔是活活給累死的。三天後，深圳隧洞內最後一道封閉層終於打通了，一條隧洞全線貫通。這原本是一個狂歡的時刻，但那一刻卻沒有歡呼聲，沒有慶祝的鞭炮聲，只有一片哭聲，那一個個粗壯而倔強的漢子，都哭得如淚人一般。而今，當我往這隧洞口一走，一股湧流撲面而來，一下噎得我喘不過氣……

1994 年 1 月，東深供水三期擴建工程提前一年完工，工程實際總投資高達 16.5 億元，比計劃投資節約了 1.2 億元，年供水量達 17.43 億立方米，在二期擴建的基礎上又翻了一倍多，是首期供水量的二十多倍，對香港的供水能力達到每年 11 億立方米。有人計算過，如果將東深供水工程從初建到三次擴建所用的土石方築成一道寬兩米、高五米的堤壩，足以從香港、深圳一直延伸到北京。1995 年，在香港回歸祖國兩年前，由於供水充足，又加之東深供水價廉物美，港英當局決定，香港居民四個月內用水小於 12 立方米者，免交水費。從當年嚴格限制用水到如今免交水費，這意味着東深供水成為惠澤香港市民的福利，也宣告了香港再無缺水之憂。

經過三次擴建，隨着對港供水量越來越大，香港社會經濟也在迅猛地發展，時至 1996 年，香港回歸已進入倒計時，而自東深供水工程對港供水三十年來，香港人口已逼近 650 萬，地區生產總值已達到 11600 億港元，在 1964 年的基礎上增加了 101 倍。這些數據，這些歲月，揭示了香港繁華背後的真相，東深供水工程不僅僅是對港供水的一條生命線，它已成為香港及工程沿線經濟和社會發展的生命線，尤其是對香港的繁榮穩定起着舉足輕重的作用。香港的騰飛，堪稱是在水上騰飛，正是東江水源源不斷地注入香江，才有這樣一顆流光溢彩、光芒四射的東方之珠。

對此，感受最深的還是香港同胞。假若沒有「東江之水越山來」，香港人連水都喝不上，又怎能擺脱此前那「龍困淺灘」的宿命，香港又何以成為翱翔騰飛的亞洲「四小龍」之一？方黃吉雯女士是新中國的同齡人，她從小到大經歷過香港的多次水荒，曾任香港市政局議員、立法局議員和香港行政會議成員，她多次探訪東深供水工程，深有感觸地說：「大河沒水小河乾，香港和內地血脈相連，沒有東深供水就沒有香港的今天。祖國，我要向您道聲謝謝！」香港區青年聯盟主席胡志禧作為香港的年輕一代，雖説沒有經歷過水荒，卻也曾見證香港的大旱，而大旱之年卻有來自祖國充足而穩定的水源，這讓他感慨地說：「東江水是維護香港市民生命安全的重要保障。水是生命之源，沒有東江水的穩定供港，可能就不會有香港人引以為傲的健康長壽，更沒有香港今天的繁榮穩定。」而香港水務署官員更是不止一次説過：「香港能有今天的發展，東江水是一個非常重要的因素，如果沒有源源不斷可靠的供水，香港的發展歷史便可能要改寫了。」

那位有「鐵娘子」之稱的英國前首相撒切爾夫人，在任期間曾四次訪問中國，與中國簽署了《中英關於香港問題的聯合聲明》，她對香港的經濟、社會與文化面貌作出了既深且廣的觀察，儘管她一直奉行強硬的「撒切爾主義」，但在其回憶錄中，她對中國內地供水香港也給予了中肯而誠實的評價：「沒有東深供水工程，就沒有香港今天的繁榮！」

第五章

跨世紀的工程

一

「清清的東江水，日夜向南流，流進深圳，流進、流進了港九，啊流進我的家門口……」

這一曲《多情東江水》，隨着奔湧的東江水一路傳唱，唱出了粵港兩地同胞的心聲。而這首歌的詞作者就是一位「東深人」——葉旭全。他是土生土長的東莞人，一個東莞農民的兒子。南方人一般身材瘦小，可他卻天生南人北相，一個相貌堂堂、高大健碩的大個子，那洪鐘般的嗓門，一開口就充滿激情，有着青銅般的回聲。1978 年夏天，葉旭全從華南師範大學中文系畢業，那時他才二十三歲，一個正做着文學夢的中文系才子，一心想當一名靈魂的工程師，但命運卻向他伸出了另一隻手，為他打開了另一扇門，他被分配到了東深供水工程管理局。這也許就是天生的緣分吧，他是喝東江水長大的，只要看見了東江水，一下就打起了精神。他還笑言，喝了東江水，就會精力充沛，才思泉湧。這位中文系的才子也確實才思敏捷，在本職工作之餘，他一直堅持業餘創作，成為一位業餘的詞作家，那首唱遍大江南北的《春天的故事》就是他的代表作之一。而説到《多情東江水》，葉旭全説他最早是受一首東江童謠的啟發，那是他童年時代，坐在東江邊的草地上，聽一位老阿婆唱的：「一根竹子柔柔軟，砍來砍去砍不斷⋯⋯」這是一首純真的童謠，也是一個讓他猜了許久也猜不透的謎語，那謎底到底是什麼呢？老阿婆後來告訴他，那「砍來砍去砍不斷」的是下雨天從屋簷上流下來的水柱，那一根根水柱就像「柔柔軟」的竹子。一個童年，聽着這樣的童謠，猜着這樣的謎語，一天一天地長大，他的心靈和情感，他的人生與命運，一直隨着清清的東江水穿山越嶺，奔向大海，這東江的水脈就是內地和香港一脈相連的血脈啊！在一個月光如水的夜晚，他傾聽着東江水的流淌聲，抒寫了一曲《多情的東江水》，這是流進了他心裏又從他心裏流淌而出的歌聲：「清清的東江水，日夜向南流，流進深圳，流進、流進了港九，啊流進我的心裏頭⋯⋯」

然而，隨着深圳、東莞等東江流域及東深供水工程沿線城市的現代化崛起和人口的急劇增長，許多原來沒有想到的事情發生了，這讓已正常運行了三十年的東深供水工程，遭遇了一系列危機。那時人們還很少有水危機意識，第一個危機就是在東江上游採砂之後，河床嚴重下切，水位下降，而作為東深供水工程龍頭的太園泵站，早在 1995 年 11 月的枯水季節就已不能正常抽水了。這是自東深供水工程運行以來最為嚴峻的時期，眼看着水位還在急劇下降，從太園泵站到深圳水庫都是一片焦渴的告急聲，那「清清的東江水」眼看着就要斷流了⋯⋯

東江告急！這可把這位東江之子急壞了。葉旭全既是一位才思敏捷的詞作家，更是一位沉潛務實的管理者，入職後，他經歷了東深供水一期、二期和三期擴建工程的歷練，歷任東深管理局團委書記、橋頭管理處處長、副局長。當東江告急之際，他又臨危受命，出任東深管理局黨委代書記兼代局長。此時，離香港回歸已不到兩年，若不能保障對港正常供水，勢必影響香港的繁榮穩定和平穩過渡。為了解無水可調的燃眉之急，葉旭全迅速組織水利專家和工程技術人員進行科學論證，嚴振瑞等水利工程專家緊急趕往橋頭，在勘測水情後提出了兩個解決方式，一是搶建東江人工淺灘，即拋石墊高東江河床，抬升水位；二是新建太園泵站，降低取水位。這一方案經省政府批准後，隨即付諸實施，必須趕在來年汛期之前完工。葉旭全主動請求擔任工程總指揮，而在這樣一個總指揮身上你感覺不到絲毫的書生意氣，在很多人的印象中，這是一個既有魄力又有幹勁的硬漢子，仿佛一架永遠不知疲倦、不會停歇的機器。一個硬漢子，必須有硬功夫。作為總指揮，這每一個施工環節、每一個工種他都必須全程掌握，只要看一眼幹活的工人，他就知道施工是否到位，哪個地方可能有問題。在那幾個月的緊張施工中，他很少待在指揮部裏，而是和施工人員一起堅守在工地上，他用來指揮作戰的地圖也鋪在大地上。其實，他也是血肉之軀，在施工最緊張的日子裏，他經常連續幾天幾夜工作，眼睛腫得通紅，喉嚨乾澀嘶啞。幾個月下來，那高大壯實的身軀瘦得只剩下一副骨架了。一位熟悉他的省領導到工地上視察，乍一看他這副模樣，幾乎都不認得他了。這位省領導握緊葉旭全的手感歎：「老葉啊，有你這種魄力和幹勁，肯定能提前完成這個工程！」

這位省領導提前說出了一個肯定的結果，建設者們只用短短三個月的時間，就用 19.5 萬立方米的石塊和 4.5 萬立方米的沙包，在東江深陷的河床上鋪成一條寬 300 米、長 300 米的人工淺灘，築起了一座「丁」字壩，這一工程將太園泵站取水口的河床平均填高 3 米，讓水位恢復到了正常水平，解了從東江抽水的一時之急。而接下來，還必須降低太園泵站的取水位，建設一座潛水泵站。從 1996 年 4 月開始，在葉旭全的指揮下，建設者又用五個月的時間，建成了當時全國最大的潛水泵站——東江潛水泵站，流量達 30 立方米 / 秒，這一工程為保證 1996 年冬和 1997 年春季枯水期供水發揮了無可替代的作用。

追溯那段經歷，嚴振瑞也有一種不堪回首又難以忘懷的感受。當時，他參與了太園泵站——東江潛水泵站的全程設計工作。就在緊張的施工期間，他的女兒出生了，由於長期駐守在工地，他一直無法回家照顧妻兒，孩子剛滿月就被送到了鄉下外婆家。而他在這工地上幹了近兩年，季度假、年休假以及所有法定假日幾乎都沒休過。在夜深人靜時，嚴振瑞心裏也時常湧上了一種與親人分離的惆悵，有時候甚至恨不得連夜趕回家中，去親親小女兒可愛的臉蛋。可那時交通不像現在這麼方便，又加之工期緊張，每隔兩三月他才能抽空回家看望女兒一次。還記得女兒三歲時，有一次他回去看她，正好鄰居小夥伴約女兒出去玩，她卻一臉天真又特別認真地說：「我今天不去玩了，我家來親戚了。」

小夥伴好奇地問：「誰來了呀？」女兒竟一本正經地回答：「我爸爸來了！」

一個父親竟然被女兒當成了親戚，這讓嚴振瑞兩眼不禁一酸，女兒竟然與他生疏到如此地步，他實在是對不起女兒、對不起家人啊。即便每次回家也只待一晚，第二天清早他就匆匆趕回工地，很多事都等着他來做。對此，他也沒有說出什麼感人的話語，只是淡淡地説了一句:「我做的都是自己該做的事，而該你做的事情，你落下了，還是你的！」這是一種很有意思的思維，他把所有的事都看作自己的事情，他是在給自己做事。而這平淡如水的一句話，聽起來很低調，卻體現了一種以天下事為己任的高度責任感。

在東江告急的那幾年，嚴振瑞等科技人員採取的設計方案和技術改造，在一定程度上解決了河床下切、水位下降等當務之急，但東深供水工程除了資源性水危機，還面臨另一種危機——水質性危機。很多過來人還記得農耕文明時代的石馬河，那時的石馬河流域，在明媚的陽光下呈現出來的是碧綠的原野、滿山遍野的果園和偏居一隅的嶺南民居。然而，那恬靜悠閑的鄉村田園風景已經悄然消逝。自 20 世紀 80 年代以來，隨着東深供水工程沿線經濟的迅猛發展，一個個鄉村變成了現代化工業重鎮，一片片田園建起了林立的工廠。就説橋頭吧，這個東江之濱的魚米之鄉，在改革開放之前也只能勉強解決溫飽，人口還不到一萬。而在改革開放之後，這裏聚集了二十多萬常住人口，每年能創造出一百多億元的財富，而今已逼近兩百億元。在這樣一個地方我總是走得很慢，我只能迷惘而懷疑地打量着這裏正在發生的一切。從橋頭到珠江三角洲，再從珠江三角洲放眼中國，這翻天覆地的變化都堪稱是華麗的轉身。然而，另一方面，由於石馬河流域正處於中國最發達的南部沿海經濟帶和惠、莞、深、港經濟走廊，這迅猛的發展也給石馬河流域帶來了越來越嚴重的污染問題。

1997 年，葉旭全被正式任命為東深管理局黨委書記兼局長。這一年，香港回歸已進入倒計時。為了確保將「清清的東江水」送入香港，葉旭全和專家們又提出了一系列方案：一是從源頭上解決東深供水的水質問題，興建一座新的太園泵站，把東江取水口從污染嚴重的石馬河與東江交匯處下游上移到石馬河與東江交匯處上游一百多米處。這是一座總投資 3.5 億元，設計抽水量為 100 立方米 / 秒、設計停水機位為負 1.5 米的抽水泵站。二是對東深供水工程沿線的水質進行嚴格保護，採用砌圍牆、拉護欄和修護坡等一系列方式，將污染源擋在供水河渠之外，防止行人直接接觸水體，對一線重點輸水線路實行封閉式管理。三是進一步提高深圳水庫的水質，這是對港供水的最後一站，也是供港水質的最後一道保護線。1997 年經廣東省政府批准，決定在深圳水庫庫尾興建一個大型淨水工程——東深供水原水生物硝化工程，這等於給深圳水庫加裝了一個淨水器，給供港水質加上了一道「保險」，也可謂是最後一道防火牆。

林振勛就是當時參與深圳水庫原水生物硝化工程建設的技術管理人員之一。這位 1937 年出生的老人，屬牛，1954 年畢業於由愛國華僑領袖陳嘉庚先生創辦的集美高級水產航海職業學校，因成績

圖 17　深圳水庫上的生物硝化處理工程（廣東省水利廳供圖）

優秀被保送至河海大學深造。愛國，敬業，奉獻，是嘉庚精神的傳承，亦是打在每一個集美學子身上的烙印。林振勛也是這樣，他將自己畢生心血獻給了水利戰線，擔任過多個大型水利工程的總工程師，但他最難以忘懷的還是深圳水庫原水生物硝化工程，這也是他退休之年一個完美的收官之作。我見到他時，老人家已八十多歲，但精神矍鑠，一雙炯炯發亮的眼睛猶不失當年的神采。尤其是他那記憶力更讓我吃驚，他還清楚地記得，那是 1998 年 1 月 5 日，原水生物硝化工程正式開工。而當時，他作為廣東省水利電力勘測設計研究院副總工程師，已年近花甲，即將退休。但他沒有絲毫遲疑，就接受了技施設計這一重任，隨即奔赴深圳水庫。這是一個系統工程，在當時還沒有成功的經驗可以借鑒。林振勛和來自設計、科研和施工單位的同仁一起拚進度、搶時間，拿出了工程設計和污水處理方案，在技施過程中經歷了試驗、調試、出水、再研究及再改進等一系列過程。林振勛先生給我詳細講解了工藝流程，這座設計日處理水量 400 多萬立方米的生物硝化工程，總面積達 6 萬多平方米，設置了六條過水廊道，並在進出水口分別設進水閘門和出水閘門。東深原水先經沉沙區去除大的沙粒，再由粗格柵攔截大的漂浮物，細格柵攔截小的漂浮物及懸浮物後，才能進入工程主體——生物處理池。處理池頂垂直於廊道隔牆並設置三座人行橋，在處理池的中央隔牆頂設置鼓風機房一座，採用從丹麥進口的鼓風機組，而填料支架則採用固定式不鏽鋼支架，為便於安裝和管理，支架由多種構件拼裝成一個方陣。這一系列工藝在當時均達到世界先進水平，從而使有機污染物和氨氮因氧化作用得到有效降解。這個過程講起來非常複雜，實際操作更有難度，經過全體建設者近一年的奮戰，工程於當年 12 月 28 日通過省水利廳組織的專家驗收，實現了當年開工、當年建成、當年投產的預期目標。

回首當年，林振勛依然難掩激動之情，眼裏閃爍着淚光，顫聲說：「我在水利戰線上做了許許多多工程，東深改造工程給我們的政治任務最重，責任最重，而且我們的壓力也最大。工程建成的時候，我們真的感到非常激動，甚至留下了幸福的眼淚。我們都是普普通通的建設者，但不同的人解決了不同的問題，作出了不同的貢獻，大家的力量匯總起來，不斷把這個事情做得更好，其中有我們的辛勞與汗水，這就足夠了。今天我們可以無悔地說，我們這些設計者建設者，用我們無悔於時代的勞動來回報國家，也給了香港同胞一個驚喜。」

這樣一個當年為解決當務之急的應急工程，不但達到了預期目標，而且經過時間的檢驗，該工程已進入永久性運作。在運行

圖 18　東深供水應急工程潛水泵站（廣東省水利廳供圖）

二十多年後，其規模依然為世界上同類工程之最，一直維持良好的工藝條件，也一直發揮着無可替代的作用。林振勛老人雖已退休多年，但還時不時回去走走看看，放眼望去，一個個巨大的長方形水池整齊劃一地排開，如同天空之鏡，倒映着藍天白雲。周邊種植着花草、綠植，像公園的一條條綠色廊道，開得最鮮豔的就是紫荊花……

二

「高山流水歎不足，撫罷清濁二中分。」李白的這句詩，或可形容東深供水工程當時的困境和未來的願景。東深供水，引流濟港，用水利專業術語説就是要解決兩大問題，一是資源性水危機——缺水，二是水質性危機——污染。從東江太園泵站改造工程到深圳水庫原水生物硝化工程，既是當時的應急工程，後來也被稱為東深供水改造的序幕工程或過渡工程。這一系列工程在當時發揮了無可替代的作用，但從長遠看，還是難以從根本上解決東深供水之痛。為增加供水能力，保證供水水質，實現東深供水由量到質的根本轉變，1998 年 10 月，廣東省政府決定對東深供水工程進行全線改造，這就是東深供水改造工程，簡稱「東改工程」。這是廣東首個跨世紀的最大水利工程，是粵港兩地的生命線工程，也是目前世界最大的專用輸水系統。

隨後，廣東省水利廳組建了東江—深圳改造工程建設總指揮部，由時任廣東省水利廳廳長周日方擔任總指揮。這次規劃和設計任務，依然由廣東省水利電力勘測設計研究院承擔。李玉珪，那位曾參與首期工程和二、三期擴建工程的珪叔，在東改工程中擔任工程總設計師。早在開工之前的 1996 年，他就開始主持東改工程的規劃設計。而此時，他已年近六旬，患有心臟病，那原本瘦削的身材更瘦了，皮膚更黑了，一張佈滿皺褶的臉上已長出深深淺淺的老人斑。他深知，這個工程總設計師很重要也很難當，從總體設計到技施設計過程，要負責全方位的技術指揮，也是這方面的第一責任人，壓力巨大啊。但在接受這一重任時，珪叔那飽經滄桑的臉上卻露出了剛毅的神情，他沉聲地說：「歷史選擇了我們，工程給了我們機會，時代給了我們挑戰，我們就要迎難而上！」

許多人以為設計師都待在設計室裏搞設計，其實，設計工作從來不是紙上談兵，早在開工之前，珪叔就帶着設計人員開始沿線考察了，從東改工程的起點太園泵站到終點雁田隧洞進口，沿石馬河兩岸，在一條 50 多公里的線路上，他們來來回回走了上百遍，跑了 5000 多公里。現在有車了，路也好走了，但在地圖上和汽車上是看不清楚的，你必須走，腳踏實地，一步一步走。珪叔愛下象棋，「走一步　，看三步」，這是他常掛在嘴邊的一句話，每一個節點你都要看清楚，該想到的都要提前想到，這樣才能未雨綢繆。而路線的決策和改造，每一步都充滿了矛盾。為了保障輸水過程中不受污染，東改工程放棄利用石馬河作為輸水渠道，「另起爐灶」建設全新的全封閉專用輸水系統，沿途須跨越複雜的地形條件和不利的地質構造，工程難度非常大。又加之那時東深沿線城鄉經濟已經快速發展起來，這一帶是東深工業走廊，到處都是城鎮和工廠，高樓大廈林立，公路橋梁縱橫。一個重大工程牽涉錯綜複雜的關係、方方面面的利益，而作為工程總設計師，你不能隨便畫一條線就施工，也不能僅僅只為工程本身考量，當地政府的利益、老百姓的利益和企業老闆的利益，在規劃設計中都要兼顧，還要顧及在施工期間減少對沿線居民生產、生活的影響。還有沿線地質情況、水文情況、地形地貌、交通運輸情況、拆遷費用、施工成本及施工難度，每一個細節都要看清楚，想清楚。還有一個不能不考慮的問題，你在紙上設計時做得到，在具體施工中能不能做得到？此外，還要考慮今後是否便於管理，在經濟上合不合算。

就這樣，珪叔和設計師們一邊走，一邊看，一起商量，一起爭論，翻來覆去地比較和論證，而這一切，用珪叔的話說就是：「為設計和施工找到一個最徹底的解決方案，一個不留尾巴的方案。」那時候，大夥兒的意見分歧很大，在情急之下時常吵架，一個個吵得面紅耳赤。有設計人員辛辛苦苦搞出一份方案，一下就被別人否定了，一氣之下拂袖而去。也有人因這設計任務太艱難了，想要撂挑子走人。

別看珪叔平時笑眯眯的，但他個性很強，脾氣不好，有時候急了也會罵人，但他罵什麼人？罵那些不負責任的人，罵遇難而退的人。他時常拍着胸脯說：「我是個敢於負責任的人，我也喜歡那些跟我爭議的人！」

珪叔和設計團隊在比較了幾十個方案、修改了十幾次後，最終才採用排除法和優選法確定了東改工程全線的佈置方案——這是總體設計的基本方案，他們畫出來的圖紙堆起來就有幾層樓高。按這一總體設計，東改工程全線分為 ABC 三段，上游 A 段，基本上是沿用原來三期擴建工程的老路線，其他 50 多公里的輸水線路則是改弦易轍，重新設計。整個工程包括三座供水泵站、四座渡槽、七條隧洞、六條混凝土箱涵、五條混凝土倒虹吸管、現澆預應力混凝土地下埋管、人工渠擴建和分水建築，全長 51.7 公里。這是集體智慧的結晶，也可謂是智慧的最後定案。

嚴振瑞，這位當年還很年輕的高級工程師，在東改工程中擔任工程副總設計師，全程參與了工程設計，後又擔任現場設計代表。回想當年，他沒有給我講述當年經歷了多少挫折和困難，但他給我講述了東改工程的四大特點——

第一是大。這個大，既是供水量增大，也是大道至簡。東深供水首期工程為八級，全長 80 多公里，經三期擴建後變成六級，級差減少了，但效率提高了。而在東改工程的設計中則變為四級，全線共設六個泵站，全長縮短為 51.7 公里，但年供水量則達到 24.23 億立方米，工程設計流量達到 100 立方米 / 秒。「這每秒一百個流量的淡水項目，當時世界上還沒有，東改工程是第一家。」這是珪叔說過的一句話，他說這話時挺自豪，這確實是世界之最啊。

第二是高。東改工程有一座座凌空飛架的渡槽，超過了以往歷次工程的高度，但這個「高」還不只是工程的絕對高度，從一開始，總指揮部就確立了建設「安全、文明、優質、高效的全國一流供水工程」的總目標，從設計、施工到管理都必須是高標準、高速度、高質量。

第三是新。作為一個跨世紀的工程，它相比此前的歷次工程具有新的理念、新的思路、新的技術以及新的方法，這無窮無盡的創新也在挑戰新世紀的建設者。從整個東深供水工程的建設歷程看，這也是技術含量最高的一次工程，在科技創新上創造了多項世界之最，容後再敍。

第四是緊。一是時間緊，這是東深供水工程建設史上規模最大、難度最高的工程，但設計工期僅為三年半。二是經費緊，按一家國際工程諮詢公司的概算，工程總投資最少要 74 億元，但經原國家計委批准的總投資僅有 47 億元（後在掃尾工程沙灣隧洞項目上追加了 2 億元），其中香港預付水費 25.3 億元，其餘由廣東省政府籌措。這總投資是限定了的，還沒有包括在建設期間物價上漲的因素。

這四大特點，也是一個個硬指標，首先就必須在設計階段中解決。而在當時，這一難度極大的工程在國內外幾無同類經驗可循。在珪叔的主持下，設計團隊只能一邊探索，一邊設計，攻克了一系列技術難題，創造了四項領先世界的核心技術，每一項都堪稱當時的世界之最，其中有兩項是珪叔和設計團隊創造的。

圖 19　東深供水改造工程現澆預應力混凝土 U 形薄殼渡槽（廣東省水利廳供圖）

第一項世界之最，是當時世界同類型最大現澆無粘結預應力混凝土 U 形薄殼渡槽。

渡槽，早已不是什麼新鮮事物，可在渡槽之前加上的一連串定語，卻讓我一頭霧水。

嚴振瑞說：「上天入地，是東改工程最突出的特點之一，要『上天』，就要架設高架渡槽，U 形薄殼渡槽設計可以說是逼出來的。」

按規劃設計，東改工程要架設旗嶺、樟洋、金湖三大渡槽，渡槽為拱式及簡支梁式，過流 90 立方米 / 秒，內部淨空尺寸 7.0 米 ×5.4 米（寬 × 高）、壁厚 300 毫米，累計長度 3691 米。——這是嚴振瑞隨口報出來的數字，我後來一一查證過，精確到小數點後面的數字，每一個都準確無誤，我真是佩服這位清華大學高才生驚人的記憶力。

誰都知道，渡槽是高風險的工程，必須保證萬無一失，一旦有事，那就是天塌地陷的大事。經模型試驗，渡槽的輸水量為每秒 90 噸，這相當於要承受二十多頭成年大象的體重。這是對渡槽設計的第一要求，若要保證充足的水量，就必須承受足夠的重量。而業內向來有「十槽九漏」的說法，防漏是一個嚴格要求。在這麼大的流量下，既要保證渡槽的穩固安全，還要保證滴水不漏，這對於設計和施工都是雙重的考驗。

在槽設計上有一個關鍵詞——預應力。這是一個結構力學的專業術語，預應力是為了改善結構服役表現，在施工期間給結構預先施加的壓應力，結構服役期間預加壓應力可全部或部分抵消荷載導致的拉應力，避免結構破壞。而預應力混凝土結構，是在結構承受荷載之前，預先對其施加壓力，使其在外荷載作用時的受拉區混凝土內力產生壓應力，用以抵消或減小外荷載產生的拉應力，使結構在正常使用的情況下不產生裂縫。

為了精確地測試出這個預應力，最關鍵的是對於槽壁厚度的選擇。

若是槽壁厚了，重量就大，這對高架渡槽的承重和抗震不利；而槽壁薄了，又容易出現裂隙、發生滲漏。為此，在珪叔的主持下，嚴振瑞等設計人員從造價、技術和管理三方面論證，確定U形渡槽是最好的選擇。U形渡槽分12米和24米兩種型號，跨度大，又要求重量輕、抗震、抗拉抗裂能力強，還要使用混凝土現澆。而在此前，儘管他們對U形管設計施工有一定的經驗，但對跨度這樣大、要求這樣高的U形管，連珪叔這位見多識廣的老師傅也沒有經驗，更沒有人使用過。而對於如此重大的工程，珪叔作為總設計師，也不能不說出他的擔心：「這就意味着某一天，可能會在我們現在無法預料到的某一點上出問題，就是說，這個工程在任何一個細節上都有很大的風險，我們敢不敢冒這樣的風險？」

大夥兒都知道珪叔的性格，他既有冷峻的風險意識，又敢於承擔風險，在設計中，他總是給自己留着最重要、最關鍵、最有風險的那部分。但這絕不是冒險，在設問之後，他又語重心長地說：「形勢逼人啦，既然我們確定U形渡槽是最好的選擇，就只能在U形渡槽上突圍了，但我們要儘量保證不出一點問題，先要向國內知名專家團隊請教，然後一步一步去論證，腳踏實地去試驗，不斷修改和優化設計方案，最後證明技術上是可行的、安全的，才能付諸實施。」

珪叔帶領設計團隊用了將近一年時間，一步一步論證，一次一次試驗，終於設計出了理想的U形薄殼渡槽，槽身內徑7米，高5.4米，槽壁最薄處30釐米。但這個紙上的設計到底怎麼樣，還得進行科學測試。為此，總指揮部聘請水利部長江水利委員會設計院承擔了測試任務，在工地現場進行一比一的原型仿真試驗，並對試驗渡槽進行三維有限元分析計算。經試驗和計算，測試單位對設計方案做了充分肯定，並提出了一些優化建議。珪叔和設計團隊根據試驗結果和優化建議，再次完善設計，終於攻克了這個世界性的技術難題。

設計成功了，一張圖紙畫出來了，這還只是第一步，而施工的風險更大。這種渡槽在施工上也無先例可循，如何才能造出安全可靠又滴水不漏的 U 形薄殼渡槽？這一重任落在了廣東水電二局的身上。

丁仕輝，就是 U 形薄殼渡槽在施工過程中的技術主管。若要將那些抽象的圖紙、枯燥的數據和艱澀的專業術語變成實實在在的 U 形薄殼渡槽，他是一個繞不過去的關鍵人物。但他一直很忙，不是在工地上奔忙，就是在工作室裏埋頭搞設計。幾經聯繫，他終於答應給我一點時間，見個面，隨便聊聊。就這樣，一扇門終於向我打開了。

這是一位身材挺拔、溫和儒雅的先生，舉手投足間自有一種知識分子的風度氣質。有人説他是一位純正的「水利人」，然而，他卻笑着説，他並非專業科班出身，而是在實踐中一步一步幹出來的。他祖籍福建古田，父母都是共和國的第一代水電人，也是廣東水電二局最初的一批技術人員。水利人四海為家，一個胎兒在娘肚子裏就開始輾轉奔波。20 世紀 50 年代末，在工地上的一間簡陋房子裏，丁仕輝呱呱墜地了。那時候，水電二局還沒有建立自己的基地，丁仕輝從小就隨着父母親遷徙，只要水利工程進駐到哪裏，他就跟隨到哪裏，過着吉卜賽人一般的生活。而他的家，就是從一個簡易工棚遷移到另一個簡易工棚，上學就像「遊學」，走到哪裏就在哪裏的學校借讀。十七歲高中畢業後，他趕上了最後一輪上山下鄉，在東江入粵第一縣——龍川縣的一個林場插隊落戶。1977年恢復高考，這是一次改變命運的契機，但他落榜了。由於數學成績好，他被安排在水電二局的子弟學校當了三年初中數學教師，一邊教書育人一邊補習功課。直到1982年，他才通過國家統一成人高考，考上了廣東省電大機械系。畢業後，他被分配到水電二局的一個灌漿隊。灌漿是通過鑽孔或預埋管，將水泥、石灰、瀝青、矽酸鈉或高分子溶液等具有流動性和膠凝性的漿液，按一定配比要求，壓入地層或建築物的縫隙中膠結硬化成整體，達到防滲、固結、增強的工程目的。這是水工建築物的基礎工程，也可謂是基礎之基礎。在外人看來這是又苦又累的粗笨活兒，而內行都知道，這是專業技術含量很高的工種。1987年，丁仕輝所在的灌漿隊改制為廣東水電二局基礎一工程公司，他在這裏一幹就是十幾年，不但成為掌握了一手絕活的灌漿高手，也憑藉紮實過硬的技術，從一位施工員逐漸成長為公司副經理，成為局裏最年輕的中層領導。到了1996年底，丁仕輝調到局裏擔任副總工程師，負責太園泵站取水口的應急改造工程。這裏最關鍵的施工就是灌漿，必須在擋水建築物中採用灌漿法構築起堅固的地基防滲帷幕。丁仕輝深知這個工程的難度，但他從來不會輕易説出一個難字，他只是跟局長半開玩笑説：「你搞一頂這麼大的帽子給我，我覺得頭都大了。」

局長笑哈哈地把他腦袋一拍：「那你先試着戴一下吧！」

這一試，結果是又給他戴上了一頂更大的帽子——總工程師。那時丁仕輝還不到四十呢，又不是科班出身，卻成為廣東水電二局的最高技術主管。但沒有誰不服氣，不服你就看看人家幹出來的工程吧，那可真是天衣無縫、滴水不漏。

隨着東改工程上馬，丁仕輝的頭更大了。對於他們，第一塊要啃下的硬骨頭就是U形薄殼渡槽的施工。渡槽澆築技術和灌漿如出一轍，但技術難度更大。丁仕輝經歷過多次渡槽施工，但還是第一次遇到這種渡槽。從科技創新看，這種U形薄殼槽身，環向採用無粘結預應力技術，其中24米跨渡槽還在縱向加設了粘結預應力，使渡槽減輕自重、提高抗震能力，同時提高抗裂和防滲性能。這是東改渡槽工程的第一大科技創新，而設計上的創新，對施工方也是難度極大的考驗，這種U形薄殼不但外部難以澆築，而且那薄壁結構內部還要敷設兩層鋼筋和一層無粘結鋼絞線，若採用散模澆築渡槽混凝土，施工質量控制難度非常大。為了保證渡槽施工質量，丁仕輝帶領施工人員反覆琢磨，這U形渡槽混凝土施工的難點部位是弧形段，在混凝土澆築施工中出現了外表面蜂窩麻面、掛簾和振搗不密實等問題。為了解決這些問題，他們進行了多次工藝試驗，發現在施工時，若佈設附着式振搗器，易造成渡槽混凝土表面產生掛簾；若使用常規振搗棒，在施工時又極易被卡住，使得振搗不到位，從而造成混凝土振搗不密實，出現蜂窩麻面。這兩種振搗方式都不能解決問題，丁仕輝和攻關人員又想了很多辦法，做了六七次改進試驗，但每一次的效果都不理想，他們就這樣給死死卡住了。那段時間，丁仕輝一直在廢寢忘食地攻關，不但是頭越來越大了，而且老毛病又犯了。像他們這種長期在野外作業的工程人員，由於吃飯不準時，加之風餐露宿，饑一餐飽一餐，大多患有腸胃疾病。而這一次，還多虧了這老毛病，他從腸鏡檢查儀器的改進中忽然得到了靈感：腸鏡檢查儀器原本是又大又長，每次插入腸子時都很困難，更會給病人帶來難以忍受的痛苦，而隨着科技的進步，如今改小改細，插入腸子中比以前順暢多了，病人的痛苦也大大減輕了。靈感的火花，往往來自偶然的觸發，丁仕輝受到了腸鏡改進的啟發，旋即對混凝土振搗棒進行了改進設計，請生產廠家定製了一批20釐米長的專用振動棒，並結合現場試驗不斷摸索和改進，終於解決了U形渡槽弧形部位混凝土出現蜂窩麻面和振搗不密實問題。

在渡槽施工中，技術人員還有一個引以為豪的科技創新，這也是渡槽施工中的第二大科技創新，他們與國內一家機廠共同開發研制出了一種新型造槽機—— DZ 500型500 t級造槽機，使U形渡槽槽身可以高質量、高效率一次現澆成型，而且造槽機行走過跨、模板的啟閉全部採用機械化操作，無須再搭設承重排架，這不但加倍提高了施工效率，更大大減輕了工人的勞動強度和施工安全風險。造槽機在東改工程中的成功使用，為國內其他水利工程尤其是南水北調工程提供了開創性的經驗。

這U形薄殼渡槽是大跨度渡槽，在施工中按設計分節進行，每一節之間採用後裝配式U形GB複合橡膠止水結構，其施工質量直接影響防滲效果。在進行橡膠止水帶裝配前，丁仕輝組織了一次專門的施工方案技術研討會，從各方面分析、查找可能產生橡膠止水帶滲漏的因素，從而制訂完善的橡膠止水帶裝配施工方案。其中有一個關鍵細節處理——他們在裝配橡膠止水帶的凹槽處進行了防滲塗刷，從而消除凹槽處混凝土面的一些小氣孔、微細裂紋以及附着在混凝土表面的粉塵，使得橡膠止水帶能夠與凹槽混凝土面達到了密實而完美的貼合，止水效果好，日後維修也方便——這是東改渡槽工程的第三大科技創新。而隨着工程進展，他們在散模渡槽混凝土施工中又不斷進行改進，還鑽研出了一項專利技術——逐澆逐灌的模板，即利用小面積滑塊模板將大面積的曲面分割成小面積的平面，這樣更有利於混凝土入倉的準確分層、振搗和氣泡排出，所有這些技術改進措施疊加在一起，最終達到了天衣無縫、滴水不漏的完美施工效果。

此外，設計人員對拱支承及墩支承的渡槽結構還做了較深入的抗震研究分析。儘管珠江三角洲地區並不處於我國的主要地震帶上，一般不會發生構造地震，但從萬無一失的角度考慮，設計人員對有可能誘發的地震做了預防性設計，對土—樁—結構協同工作和固—液耦合作用，還有拱、墩支承的渡槽抗震力，都做了精確的計算，從而使設計更趨完善。

時間是最好的證明。東改工程的三大渡槽雖未經歷過地震的檢驗，但也經歷了一輪輪颱風暴雨、泥石流和烈日炙烤的考驗，直到今天依然滴水不滲，這讓當年的設計者和建設者感到無比的自豪。

東改工程創造的第二項世界之最，為世界同類型最大的現澆無粘結預應力混凝土圓涵。

如果說 U 形薄殼渡槽是「上天」，現澆混凝土圓涵則是「入地」，這是埋入地下的密閉式輸水管道。在珪叔的主持下，設計團隊最初提出了三種方案，一是採用方形鋼筋水泥涵管，二是採用圓形鋼管，三是採用預應力混凝土圓涵。這三種方案進行模型試驗後，第一方案由於方形鋼筋水泥涵管在抗力上不如預應力混凝土圓涵，先被排除了；第二方案，由於鋼管太貴又容易老化，過幾年就要更換，也被排除了；最後大夥兒一致贊成採用第三種方案——預應力混凝土圓涵。

一個問題剛剛解決，一個問題又接踵而至，在同一輸水區域或線路上，這種圓涵做幾條好呢？有人提出做三條，在鋪設時三涵並列，優點是口徑不大，有利於預制管的製造和運輸，缺點是三涵並列成本太高，劃不來，而在施工和未來運營階段的維護檢修時車輛開不進去，只能靠人爬進去施工，這太麻煩了，效率也太低了。有人提出做兩條大口徑的——直徑 4.8 米的預應力超大涵管，在鋪設時雙涵並列，施工或檢修時車輛可以直接開進去。然而，這種超大圓涵和 U 形薄殼渡槽一樣，前所未有，風險太大，大夥兒爭論得很激烈。科技爭議，只能採用科學的方式來解決。為此，廣東省水利電力勘測設計研究院從國外進口了幾十萬元的專門計算設備，還請中國工程院院士來計算、檢驗、做實驗，專家認為現澆無粘結預應力混凝土超大圓涵是可行的。而接下來每一步，珪叔和設計團隊都非常小心，最終，他們又創造了一個世界之最。

在接下來的施工過程中，丁仕輝又遭遇了很多難題，如由廣東水電二局負責施工的 C- Ⅱ標段有長達 3.4 公里的地下埋管就是採用這種超大預應力圓涵。同渡槽相比，這畢竟是腳踏實地的施工，大夥兒心裏踏實，一開始進展順利。按嚴格的施工質量要求，管身混凝土必須一次澆築不留施工縫，然而，當預應力圓涵的最先三節施工完畢，丁仕輝在質量檢查中發現了問題，這圓涵竟然出現了裂縫！他立馬把現場施工員喊來詢問：「這是怎麼回事？是不是施工過程中有什麼疏漏？」那位施工員是一位經驗豐富的老師傅，在施工過程中一切都是嚴格按設計工藝流程進行，對此他也一臉茫然，不知道怎麼會出現裂縫，到底是設計有問題還是工藝有問題呢？丁仕輝隨即召集技術人員對裂縫進行了仔細分析，大夥兒越看越覺得蹊蹺，這裂縫竟然很有規律，有兩節 15 米長的預應力圓涵在中間部位出現了較長的一條裂縫，在長度方向四分之一、四分之三的位置處也各有兩條小裂縫，另有一節 15 米長的預應力圓涵在中間部位有一條小裂縫，而其他部位沒有發現裂縫。這就怪了，怎麼會出現如此有規律的裂縫呢？丁仕輝和技術人員還從未遇到過這種現象。而這種超大預應力圓涵在此前從未採用過，既沒有經驗也沒有教訓可循。這種現象連珪叔也感到奇怪：這種預應力圓涵雖說不是渡槽，但與 U 形薄殼渡槽施工時也有相似之處，為什麼渡槽施工沒有出現裂縫，而圓涵卻出現了裂縫呢？丁仕輝忽然想到在渡槽施工中出現的一個現象，當單節渡槽施工完成後，渡槽兩端原平整安裝的橡膠支座均會發生變形，且為相向變形，這說明了 U 形薄殼渡槽產生了一定收縮，儘管沒有出現裂縫，但收縮現象是明顯的。同理可證，預應力圓涵在施工完成後同樣也會產生一定收縮，若收縮受阻又得不到妥善的解決，這預應力圓涵就有可能產生裂縫，這也許就是癥結啊！但此時，丁仕輝還不敢肯定，隨後，他們又對已施工的三節預應力圓涵進行反覆比較後發現：只有一條裂縫的預應力圓涵基礎墊層水泥砂漿抹面較光滑平整，這說明該節預應力圓涵受基礎墊層約束小一些，該節預應力圓涵產生的裂縫就少一些。這一發現，讓丁仕輝和技術人員最終做出了準確的科學判斷：超大預應力圓涵產生裂縫的主要原因，是在圓涵結構混凝土施工完成後，因結構收縮受基礎墊層約束所致。癥結找到了，接下來就要對癥治療，這就要考慮如何將圓涵作為一個整體，在混凝土凝固收縮時不受約束，讓各部位受力均勻。對此，他們採取了兩點對癥治療的措施，一個是做好圓涵施工墊層的表面處理，把墊層儘量做得平滑；第二個就是在圓涵和墊層之間加鋪油氈紙，將圓涵整體放在油氈紙上，確保圓涵變形時不受約束，保證了圓涵本體的完整性，這樣就有效地解決了圓涵收縮時受約束產生裂縫的問題。

在設計和施工技術人員的共同努力下，最終高效優質地建成世界同類型最大的現澆無粘結預應力混凝土圓涵，成功地解決了施工地形複雜，常規預制管製造、運輸、吊裝困難以及工期緊迫等一個個難題。其主要科技創新可歸納為三點：一是對圓涵結構型式進行優化，優化為雙涵並列、單涵為內圓外城門洞形的結構，環向採用無粘結預應力結構，標準節長 15 米，並採用現澆成型技術，解決了傳統預制涵管的運輸、現場拼接以及接縫多且易滲漏的一系列問題；二是在圓涵施工中採用移動式組合針梁鋼模台車，集合了內模和內模針梁、外模和外模台車、端部模板於一體，可自行行走，內模機械啟閉就位，無須人工裝拆，外模逐澆逐掛方便混凝土施工，施工效率高，每標準節圓涵施工正常僅需六天；三是專門研制與應用圓涵的接縫止水檢測裝置，其結構輕巧簡便，帶有人工助力行走系統，可逐條接縫進行最大 45 米水頭的壓水檢驗圓涵接縫的滲漏情況，代替了傳統的充水試驗，可大大縮短施工檢驗周期。

這兩大世界之最，都是在工程總設計師李玉珪的主持下幹出來的，嚴振瑞、丁仕輝以及眾多設計和施工技術人員都為此而傾注了心血和智慧。而對這「世界之最」，珪叔一語道破了天機：「我們不是要和誰爭第一，更沒有想過要創造什麼世界之最，一切都是從工程的需要出發，為了把這個工程幹好，我們不得不迎接世界先進水平的挑戰！」

設計是一個工程的靈魂，施工則是工程的血肉。換個說法，設計的目的就是指導施工，是施工的依據，而施工則是為了實現設計的目標。進入技施階段後，對於設計團隊更是嚴峻的考驗了。全線共十八個標段，還有十幾個工種，這麼多施工隊伍、機械設備和物料都擠在一條線上，施工場地狹窄，又是同時開工，同時作業，每個施工單位都要趕工期，首先就要拿到施工圖紙。這不是此前的總體設計圖，而是具體到每一個工程項目的施工設計圖。這圖紙是一張張畫出來的，不是一天就能出得來的，而一旦出不來，就有人急得找上門來催逼技施設計人員，結果是越催越急，手忙腳亂，而在急亂中就難免出錯。為了讓大夥兒安心設計，珪叔只得在門口貼上告示：「上班時間，請勿打擾！」可有些人對這樣的告示不屑一顧，還站在門口罵他們磨洋工。那個壓力真是大啊，若是承受不了，那緊繃的神經就會崩裂，甚至會心理崩潰。你必須有強大的抗壓能力，就像珪叔那樣有一種「泰山崩於前而色不變」的鎮定，無論你催逼也好，叫罵也罷，他依然在反覆演算數據、苦思設計圖紙。他對大夥兒說：「最好的抗壓方式，就是儘快出圖紙！」

作為工程總設計師，珪叔並非圖紙的最後把關者，東改工程指揮部為了加強對設計工作的監管，引進了監理機制，這在當時的中國水利行業還是第一次，開創了設計監理的先河。東改工程的設計監理總監由資深水利工程設計專家符志遠擔任，他在水利部長江水利委員會從事設計工作三十多年，參與了葛洲壩、三峽等多項大型水電工程的設計。他和珪叔年歲相若，性情相似，都是特別較真又特別直爽的人。這兩人一打交道，一個有性格的人遇到了另一個有性格的人，那爭執是少不了的。此前，由於國家在設計監理方面沒有制訂相關規定，更缺少操作性的細則，一開始，雙方關係還真是不大融洽。設計單位拿出技施圖紙後，要先經設計監理審核才能付諸實施。而當時工期緊張，多少人都迫不及待地等着圖紙施工，圖紙卻在監理這裏被卡住了，有人急得直罵符志遠是一頭攔路虎，原本想要的是事半功倍的效果，結果變成事倍功半。符志遠沉着臉說：「這道門我真得好好把住，這是保障質量的第一道門檻，也是設計流程的最後一道門，出了這道門，這圖紙就不是一張紙了，而是一個實實在在的工程。這圖紙若有問題，還可以打回去重新設計，一個工程若是廢掉了，那將是巨大的損失，而一旦工程推倒重來，又該浪費多少時間？」唯其如此，符志遠才一直嚴格把守着監理這一關，尤其是 U 形薄殼渡槽和超大預應力圓涵等重大技術的把關，作為主審人員，他與設計單位一起反覆推敲，多次複核，對有問題的設計圖紙或是質疑，或是提出修改意見，或是提出進一步優化設計的建議。珪叔和設計團隊也深知這一關的重要性，設計監理人員提出來的意見，他們都會研究論證，對合理意見一律採納，但有的意見也不能採納，譬如說，有一位設計監理人員要求將一個八角形的螺絲改成圓形的，這一改，確實比八角形的螺絲美觀了。好看當然好，誰都希望把工程乃至每一個細節都做到完美的程度，但關鍵還在於實用。而當時，全線幾十上百萬張圖紙都是採用八角形的螺絲，若要全部改成圓形的，這時間哪裏還來得及啊？為這事，珪叔據理力爭，而符志遠作為設計監理總監最後拍板，這八角形的螺絲不用改了。透過這樣一個細節，你也能發現，無論是設計者還是設計監理，都是盡最大的努力在減少差錯、消除隱患、保障安全，他們扮演着不同的角色，卻是為了達到高度一致的目標。

有道是不打不相識，一位工程總設計師，一位設計監理總監，在爭議和磨合中漸漸成了鐵哥們。有時候兩人也在一起喝兩杯，一旦喝到興頭上，符志遠就用筷子夾着珪叔的筷子問：「你說咱哥倆的合作是事倍功半呢還是事半功倍呢？」珪叔把筷子猛地一挑說：「幹事那是事半功倍，喝酒你那是事倍功半，來，為你這個總監，乾杯！」

就在這緊張的技施階段，珪叔接到了指揮部的指令，派他帶隊去奧地利考察進口水泵。奧地利安德里茨公司是全球水電設備的領跑者，珪叔一直想去親眼看看，這對於他也是一次難得的出國機會，而考察進口水泵也是一件很重要的事。但珪叔思忖片刻就放棄了這一機會，他對指揮部表示：「我不去，這個考察其他人可以代替我，但設計別人不能代替我！」

當第一批設計圖紙付諸實施後，設計團隊的壓力就小多了，珪叔和大夥兒終於長吁了一口氣。當時，正是 2000 年 7 月 1 日，這一天既是建黨節，又是香港回歸三周年紀念日，珪叔作為 1978 年入黨的老黨員，一時間百感交集。驀然回首，從滿頭黑髮的青春歲月投身於東深供水首期工程建設，幾度春秋，幾多艱辛，到如今他已兩鬢染霜，依然在這一工程上日夜奮戰。為了讓母親的乳汁哺育東方之珠，哪怕傾盡自己的汗水和心血，他也心甘情願！在這天黨員聚會上，誰也沒有想到，他竟然拉開嗓門，用那一口濃重的海南話朗誦了自己抒寫的一首詩——

三十五年前　香港同胞

渴望已久的夢想——東江之水遠方來

是母親的乳汁　哺育東方之珠
如今　我們再創一流工程的輝煌
用青春熱血　鑄就
幾度春秋　幾多艱辛
但我們心甘情願
為了誰
為了母親的微笑
為了粵港兩地的豐收
為了東方明珠更加璀璨

詩言志，歌永言。興許，每一個人的骨子裏都是充滿了激情和詩意的吧，這首詩還真把大夥兒給震了一下，誰也沒有想到，一位每天面對數據和圖紙的資深工科男，竟然是一位壯懷激烈的抒情詩人。但珪叔沒有仰天長嘯，在熱烈的掌聲中，他有點靦腆地笑了一下，又連連拱手說：「詩不好，請大夥兒不要笑話啦！」

這首詩，也是珪叔留存下來的唯一文學作品，而他最宏大的作品則書寫在大地之上、江山之間。2001 年，是東改工程的開局之年，李玉珪被評為年度十傑工作者，名列榜首，這是東改工程指揮部授予他的最高榮譽。而這樣一位老人，早已抵達了上善若水的境界，「水善利萬物而不爭」。2011 年 7 月的一天下午，驕陽似火，暑氣蒸騰，年近古稀的珪叔像誇父追日一樣跋涉在通往水利工地的路上，由於過度勞累，突發心梗，他捂着心口一頭栽倒了。這個一輩子都在路上奔波的老人，最終倒在了一條沒有盡頭的路上。

三

一個大型供水工程，若要大規模提高效率，一是依托基礎工程，一是依靠機電設備。東改工程採用全封閉專用輸水系統後，原有的機電設備基本上都不用了，將全部換裝當時處於世界先進水平的新設備，並形成新的運行控制系統。而東改工程攻克了四項關鍵技術，創造了四項世界之最，前兩項是在基礎工程中創造的，還有兩項則是在機電設備安裝和自動化運行控制系統中創造的。

徐葉琴作為第二代「東深人」，在二、三期擴建工程中攻克了一道道機電技術的難關，這次在東改工程中又挑起了大梁，擔任副總指揮，主要負責機電設備安裝及計算機集控系統開發和建設。而一提到機電設備，他一開口就是水泵。對於他，這幾乎是條件反射，而對於一條供水生命線，一條連接着香港的血脈，水泵就是把血液運行至身體各個部位的心臟，一個宏偉的工程必須擁有強大而充滿活力的心臟。

按設計規劃，東改工程設有三座抽水泵站，其中旗嶺和金湖兩座樞紐泵站由奧地利安德列茲（ANDRITZ）公司提供水利設計，設計抽水量為 90 立方米 / 秒，揚程 25 米，各需裝備八台液壓式全調節立軸抽芯式斜流泵（六台運轉，兩台備用），水泵單機功率為 5000 千瓦。當時世界上還從未生產過這種大功率、高科技的水泵，但面對這樣一個創造歷史、填補空白的機會，誰都躍躍欲試。為此，東改工程指揮部採取面向國內外公開招標的方式，一時間群雄逐鹿，競爭激烈，而最終勝出的是瀋陽水泵股份有限公司。這是我國歷史最悠久、泵行業最大的廠家之一，其前身為始建於 1932 年的濬陽水泵廠，堪稱中國泵業的王牌廠家。而瀋陽水泵股份有限公司簽下了如此重大的生產合同，也承受着前所未有的巨大壓力。這種型號的水泵，形狀複雜，精度要求高，技術難度大，必須攻克三大技術難關：一是葉片數控加工的葉片型線精度及拋光表面的關鍵技術；二是空心泵軸的長軸、短軸加工技術；三是確保液壓調節靈活、控制可靠等。技術難度如此之大，時間也非常緊迫，按合同規定，這十六台水泵必須在 2003 年 1 月全部出廠，運往東改工程現場進行安裝。為了趕進度，工人實行三班倒，機器二十四小時連軸轉。趙興寧是鏜銑加工中心的一位主操作員，承擔了關鍵件加工任務。所謂關鍵件，就是你這裏一卡殼，整個流水線都要癱瘓。你的速度和效率決定了整個流水線的速度和效率。在工期最緊張的時候，這位二十多歲的小夥子摟着一床被子住到了車間的一個角落裏，連着一個多月都沒有回家，幹完一個班他就接着再幹下一個班，實在太累了就去眯一會兒。他們不只是加班加點追趕時間，還通過技術創新同時間賽跑，如柏喜林等車工，他們承擔了最關鍵的主體件上軸和調節杆的加工攻關任務，按正常速度，每根上軸加工需要二十個工作日，在工程技術人員的幫助下，他們通過技術創新，一下就把加工速度縮短到了一周，效率提高了將近兩倍。

這一台台水泵，每生產出一台，經驗收合格，隨即就要發往東改工程現場安裝調試，從瀋陽到東莞，堪稱是一條萬裏迢迢的流水線。從 2002 年 4 月 24 日第一台水泵通過國家級鑒定和驗收，到 2003 年 1 月 10 日最後一台水泵驗收合格後從瀋陽運抵東莞，瀋陽水泵股份有限公司完成了一次創世紀的壯舉，創造了中國水泵製造史上的一個奇跡，他們製造出了當時世界上同類型最大液壓式全調節立軸抽芯式斜流泵。據專家的驗收意見：「該型泵結構先進，水力設計技術處於國際領先水平，具有效率高、汽蝕性能優良的綜合優勢，運行中自動調節葉片角度，保證泵組在高效區運行。其全新的轉子可抽式結構，便於整體的安裝和檢修維護；調節葉片的軸承採用自潤滑方式，避免因油泄漏造成水質污染；採用扭曲式導流罩，使介質在泵出口時衝擊損失最小，提高了水泵效率。」這項世界之最雖是由安德列茲公司提供技術設計，卻是當之無愧的中國製造！

當水泵運抵東改工程現場，接下來就進入了安裝調試階段。儘管這些設備由外國公司提供技術設計，但世界上從來沒有免費的午餐，若要請國外專家上門安裝調試，將要付出高昂的代價，而接下來還要年年維護檢修，一旦出現了故障人家又不能及時趕來，就只能停機等待，而停機就意味着停止供水。從長遠着想，中國人必須把關鍵技術掌握在自己手裏，這也是徐葉琴一直以來的眼光。為此，徐葉琴帶領技術團隊，同生產廠家的技術人員一起攻關，在安裝調試中不斷進行科技創新：一是進行了泵組的參數與結構型式優化，使水泵效率、抗汽蝕性能指標均達到國際先進水平；二是開發了斜流泵轉輪，還應用葉片調節機構及電機彈性推力軸承，研制開發了整體吊裝式大型異步電動機；三是對電動機採用整體吊裝，無須頂轉子直接啟動，採用自平衡式推力軸承及導軸瓦間隙無須調整的新技術、新工藝；四是在施工中對傳統的水泵安裝程序進行創新，採用水泵安裝調整完成後澆搗泵組基礎二期混凝土的方式，確保水泵安裝的各項指標；五是採用了四台以上泵組穿插安裝的施工方案，提高施工效率；六是在電機安裝中採用了新型楔形調節環，並創新立式電動機彈性推力軸承磨卡環擺度找正法。這一系列的科技創新，都是中方技術人員探索出來的、一直牢牢掌握在自己手中的關鍵技術，這在當時已達到國際先進水平。

東改工程作為一個跨世紀工程，在建成後如何管理？對此，徐葉琴早已開始運思了。早在1995年，徐葉琴就擔任東江新取水口——太園泵站的機電技術負責人，他當時的職責很明確，就是將機電設備安裝到位、調試成功。但他敏鋭地發現了一個問題，隨着東深供水量的不斷遞增，傳統的人工調度和調節漸漸跟不上供水量的增速，而越到後面，這種滯後還將越來越嚴重。若要解決這一問題，就必須利用計算機和現代信息網絡技術進行自動化改造。這並非一個當下的問題，也並非徐葉琴當時的職責，卻是一個超越現實、關乎未來的大問題。眾所周知，在20世紀90年代，計算機和現代信息網絡技術在中國還處於剛剛萌生的階段，不説那些普通員工，連徐葉琴這個具有碩士學位的專業技術人員一時間也不知如何着手。而一個眼光敏鋭的人，遇到了另一個眼光敏鋭的人，葉旭全作為東深管理局的一把手，一直力推在工程和管理上的技術革命。在他的支持下，徐葉琴於1996年受東深管理局派遣，帶領四名技術人員赴美國加州學習自動化集控技術。經過九個月的學習，在機電安裝方面原本就有過硬本領的徐葉琴更是如虎添翼。回國之後，他和技術攻關小組一邊設計和調試自動化系統，一邊培訓員工。而那一代「東深人」大多學曆不高，他們早已習慣了人工調度和調節，很多人此前連電腦都沒有見過，對微機操作程序幾乎一無所知，一個個充滿了畏難情緒。葉旭全看着那些愁眉苦臉的員工，那手指頭戰戰兢兢地都不敢伸直，彷彿那鼠標、鍵盤是什麼一觸即發的暗設機關。這個一把手一聲不吭地轉了一圈，終於發話了：「你們都覺得很難嗎？確實，萬事開頭難，但再難，難道有我們前輩從零開始幹這個工程那麼難嗎？他們用鋤頭挖，用簸箕挑，像螞蟻啃骨頭一樣幹出了這樣一個大工程，而我們現在鳥槍換炮了，以後憑鼠標、鍵盤就可以掌握這個工程，這是一場劃時代的技術革命。你們若想繼續留在這個崗位上，那就必須從電腦操作開始學起，否則就要被淘汰掉，不是我要淘汰你們，是你們自己把自己給淘汰掉了！」

葉旭全那洪鐘般的嗓門一下就把大夥兒震住了，那確實是一場技術革命，也是每一個「東深人」都必須經歷的提升。在徐葉琴和其他技術人員手把手指點下，那些從未摸過電腦的員工從 Windows 自帶的掃雷遊戲開始，先學鼠標、鍵盤操作，然後一邊背誦漢字五筆輸入口訣，一邊苦練電腦打字，就這樣一點一點地學會了微機系統的基本操作程序，又從知其然到知其所以然，逐漸熟練掌握微機管理運行的基本原理和流程。1998 年 8 月 8 日，太園泵站自動化集控系統項目經過一年多的設計調試，正式啟動運行，但這次啟動能否成功，很多人心裏都沒有底，尤其是那位負責操作的技術員，那只握着鼠標的手一直在微微發抖。在現場督戰的葉旭全看了一眼徐葉琴，徐葉琴胸有成竹地微微一笑，他對團隊研發的這套系統很有信心。在接到開機指令後，他輕輕握住技術員微微顫抖的手，兩人一起操控着鼠標，隨着系統啟動，一切進入了預定的正常運行的狀態。「運行成功！」頃刻間，現場爆發出一片熱烈的掌聲和喝彩聲。葉旭全興奮地一把抱起了徐葉琴，這兩人都是大個子，當一個大個子抱起一個大個子，誰都能感覺到其間的重量。這對於整個東深供水工程都堪稱是一次劃時代的「職場重啟」，東深供水工程的運行管理由此邁進了由計算機和現代信息網絡技術支撐的自動化的時代，而由徐葉琴主持研發的大型泵站自動化集控系統項目，在1999年通過原廣東省科學技術委員會成果鑒定，其整體技術在國內水利項目處於領先水平，部分技術達到國際先進水平。這一項目對國內業界的泵站自動化進程起到引領作用，這也是東深供水工程率先邁出的關鍵一步。

這關鍵的一步，為東改工程成功開發應用全線自動化集成系統打下了堅實的基礎。但東改工程又不同於既往，隨着供水流量進一步增大，那封閉式輸水管道又不同於此前的天然河道，蓄水容積有限，在四級泵站之間又沒有水庫調節，屬於「剛性」連接，這在當時的大型調水工程中沒有先例可循。從工程全線看，從太園泵站至深圳調度中心全長近六十公里，其中包括四個泵站、三個管理處在內的五十二個監控點，監控範圍和規模均位於全國前列。為了對全線實施有效監控，東改工程的自動化監控系統由監控、綜合通信網絡和微機保護三個子系統組成，採用了具有國際先進水平的德國西門子公司、西技萊克公司和美國通用公司技術，將行政管理和語言通信、圖像監視、會議電視和 MIS 系統統一到一個平台上，實現了供水運行管理、調度、應急事故處理等功能。這套自動化集成系統擁有多項科技創新：一是在國內大型供水工程中首次成功採用千兆級星形以太網技術及其多層冗餘、多網絡、多鏈路數據傳輸和路由自動控制技術；二是應用現場總線技術，使多種智能設備順利互通互連；三是應用全線 OTN 綜合通信網，解決了數據、語音、圖像三網合一的大容量、遠距離傳輸技術問題；四是採用無矩陣視頻信號切換與控制技術，整個系統實現供水運行監視、開發安全閉鎖、流量平衡與控制和全線集中調度、多方式調度、應急事故處理、運行管理、優化調度控制等功能。後經專家驗收，這套自動化集成系統實現了全線泵站「無人值班，少人值守」，分水點「無人值班」，調度中心「少人值班」的運行目標，其監控範圍和規模在當時位居全國前列，而整個自動化監控技術達到了國際一流水平，因而被稱為東改工程的第四項世界之最。

在追溯這些充滿了專業術語的科技創新時，我一直深感科學敍事與文學描述難以兼容，若要看看這些世界之最有多牛，最好去一個地方看看。旗嶺，這是一個值得你反覆打量的地方，一座看上去不高的山嶺，卻搶佔了當時水利工程技術的制高點。在這裏，你就能看到東改工程的四項世界之最：旗嶺渡槽，架設的就是當時世界同類型最大現澆無粘結預應力混凝土 U 形薄殼渡槽；旗嶺走馬崗隧洞，安裝的就是當時世界同類型最大的現澆無粘結預應力混凝土圓涵；旗嶺泵站，裝備了當時世界上同類型最大液壓式全調節立軸抽芯式斜流泵；旗嶺樞紐，應用的就是當時具有國際先進水平的全線自動化監控系統。

然而，當旗嶺泵站機組於 2003 年 4 月安裝完畢後，在試運行時一個意想不到的問題出現了，機組運行聲音異常。一開始，那還只是輕微的異響，也無任何故障報警信號。但負責試運行的人員沒有掉以輕心，為進一步查找異響聲音來源，他們一邊查看運行參數，一邊貼着耳朵諦聽，儘管參數未見異常，但能明顯聽見水泵內發出周期性的異常響聲。一開始，他們懷疑是機組內部存在問題，初步判斷是水泵內筒體螺栓斷裂或鬆脱，或是水泵葉輪出現了問題，便決定停機檢查。在暫停運行後，由維修部現場進行拆機檢查，卻並未發現上述問題。但在接下來的試運行中，那異響越來越大了，整個機組都出現了激烈振動。這異常的響聲把東改工程指揮部都驚動了，為了解決這一疑難雜癥，廣東省水利水電科學研究院承擔了旗嶺泵站機組振動故障排除原因分析任務。邱靜就是當年參與故障排查的技術人員之一。多少年過後，回憶起當時的場景，她依然帶着一臉震驚的表情：「我跑到泵房機組層裏面，聽到的震動的聲音是很嚇人的，咚！咚！咚！就像拆樓一樣。如果一直震下去的話，泵站的壽命會受影響，也可能會隨時跳閘停機……」

邱靜先對機組內部有可能存在的故障一一進行了排查，她也認定問題不在機組內部，那就只能在外部，而最直接的原因有可能是水流的原因。經過種種觀測後，她發現旗嶺泵站進水前池的流態十分複雜和紊亂。在大型泵站，由於抽水流量大，工程建設受一些條件的限制，常常會使前池及進水流道產生不良流態，從而導致水泵產生震動和汽蝕現象，當離心泵的進口壓力小於環境溫度下的液體的飽和蒸氣壓時，液體中有大量蒸汽逸出，並與氣體混合形成許多小氣泡，當氣體到達高壓區時，蒸汽凝結，氣泡破裂，氣泡的消失導致產生局部真空，液體質點快速衝向氣泡中心，質點相互碰撞，由此而產生很高的局部壓力。如果氣泡在金屬表面如葉片上破裂凝結，則會以較大的力打擊葉片金屬表面，使其遭到破壞，並產生震動，這就是典型的汽蝕現象，當汽蝕時傳遞到危害葉輪及泵殼的衝擊波，加上液體中微量溶解的氧對金屬化學腐蝕的共同作用，在一定時間後，可使其表面出現斑痕及裂縫，甚至呈海綿狀逐步脫落，同時，由於蒸汽的生成使得液體的表觀密度下降，於是液體實際流量、出口壓力和效率都下降。這不但大大縮短水泵機組的運行壽命，嚴重時還可導致完全不能出水等惡劣事故。

一個疑難雜癥，終於找到了原因，但怎麼才能對癥下藥呢？一直以來，這都是水利科技界的一道世界級難題。當時在場的國內外專家都在反覆論證和商討，有人提出，只有更換水泵轉輪，才有可能解決這一難題。這是一個最直接的解決方案，但這是從國外進口的設備，若要更換轉輪，既要付出高昂的代價，又要大拆大卸，還要從國外將新的轉輪遠道運來，這將會大大延誤工期，更嚴重的是，東改工程必須在保證對港正常供水的前提下施工，一旦更換轉輪就要中斷供水，這是絕對不行的！怎麼辦？就在眾多專家激烈爭論時，邱靜幾次張嘴，卻欲言又止。在時隔多年後，當我採訪她時，提及此事，她微微一笑，才坦誠地說出了她當時的心思，那時候她覺得自己人微言輕，還真是有些顧忌自己的身份。她於 1983 年從原武漢水利電力學院畢業後，就入職廣東省水利水電科學研究院，到 2003 年她已有二十年的實踐經驗，也解決了不少疑難問題，此前已晉升為高級工程師，可廣東省水利水電科學研究院還有眾多的高端人才，其中教授級高工就有四十多人，高級工程師更有近百人，而她只是一個普通高工，團隊成員中很多人的職稱、職務都比她高，此時還真是輪不到她說話。但她通過對水的流態和振動的脈動值的反覆分析，腦子裏已有了一個解決問題的設想——通過大型泵站整流技術來解決泵站的振動問題。而在當時，她提出這樣一個解決方案還真是要有勇氣，畢竟，這還只是一個可能性的方案，誰也不敢保證百分之百的成功，而在這個方案的試驗過程中，你必須保證對港供水的安全，這個安全係數是百分之百！而一旦出現了問題，那就不是一般的事故風險，那個風險實在太大了，誰來承擔責任？

邱靜沒有想到，當她幾經猶豫終於把自己的設想提出來後，隨即就得到了眾多專家的一致認可，都覺得這個方案在所有方案中可能是解決問題的最優方案。更讓邱靜感動的是，廣東省水利水電科學研究院是一個敢於擔責的集體，為此研究院還寫了一份責任承擔承諾書：「我單位受東改指揮部委託，承擔旗嶺泵站機組振動故障排除原因分析任務，需要進行現場測驗，測驗方案包括胸牆方案（通過起吊閘門在流道形成胸牆）及消渦梁方案（在取水頭部佈置木柵欄格網）。測驗方案需要通過粵港供水公司暨旗嶺泵站配合，我單位已將測驗方案向東改指揮部匯報，希貴公司與指揮部協商後同意我院進行上述測驗。我院將盡力採取措施保障測驗的安全，若在測驗工程中因我院測驗原因引起安全責任事故，由我院負責。」

儘管有單位承擔責任，但邱靜作為第一責任人，還是深感責任重大，整個實驗方案她都要逐頁簽字。那段時間，她每天早上七點就要趕到旗嶺泵站，一直幹到晚上十點才下班，一回家就趕緊趴在電腦前，一邊分析當天的實驗結果，一邊為明天做方案，經常是熬到深更半夜乃至通宵不眠，第二天一上班就把方案提交上去，然後調度人員就按照方案的要求去調度泵站的機組抽水，接下來又是一天漫長的試驗。這日復一日的試驗，採取現場試驗和物理模型試驗相結合的方式，現場試驗用了一個多月，物理模型試驗用了兩個多月，在試驗期間必須一直保證正常供水。從 2003 年 5 月到 8 月，每一天對她都是難以承受的考驗，不僅僅考驗她的體力、智力和精力，還考驗她的意志力。沒人知道在她的心裏曾發生過什麼，但她不想隱瞞，在這些天的考驗中，她唯一滿意的是自己的意志力。她脆弱過，真的脆弱過，壓力太大甚至導致她內分泌失調，情緒也到了崩潰的邊緣，好幾次她都想大哭一場，然後甩手而去。但是，哪怕最艱難的時刻也沒有讓這個女子走開。別看她外表柔弱，她的內心卻很強大，她最終用自己的意志力戰勝了自己。在時隔多年後，她微笑着對我說：「我從來沒有覺得自己這麼強大！」

的確，這個世界級難題的解決，極大地增強了邱靜的自信心，這也讓她深切地體會到：「沒有什麼難題解決不了，只要用心去做，就一定能找到解決問題的方案。」這麼多年的運行證明，大型泵站整流技術確為最優的解決方案，既大大改善了旗嶺泵站進水前池的流態，又更好地保證了泵組的使用效率和供水的正常運行，這也成為解決水泵振動的一個具有教科書意義的經典案例。

而今，邱靜已晉升為一位教授級高工，現任廣東省水利水電科學研究院規劃中心主任、水資源所所長。多年來，她一直把建設「清水綠岸、魚翔淺底、水草豐美、白鷺成群」的南粵幸福河作為自己的終生奮鬥目標，在工程水力學、溫排水泡沫污染機理及防治研究、水資源研究等方面取得多項創新性成果。問道江河，上善若水。當我和她道別時，她意味深長地說了一句：「你對水越是了解，越是要充滿敬畏之心。」

第六章

另一條戰線

一

隨着東改工程全線擺開陣勢，在正面決戰的同時，還有另一條戰線，那就是徵地、拆遷和移民安置，在水利工程建設中，這一直是難度最大、問題最多、上上下下最關注的「老大難」，號稱「天下第一難」。這個很多人都不想幹的苦差事就交給了劉耀祥。

這是一個臉膛黢黑、虎背熊腰的蘇北大漢，猛一看像是張飛，但細細端詳那善解人意的眼神和真誠隨和的笑容，還有骨子裏透出的一股書卷氣，你就知道，此人絕非粗魯莽撞之輩，很多和他打過交道的人都用一句歇後語來形容他：「張飛穿針——粗中有細。」

劉耀祥是一個貧寒的農家子弟，1989 年畢業於河海大學，分配到廣東省水利廳移民辦公室，此後就一直幹着這「天下第一難」的苦差事。這麼多年來，他一年四季大多數時間都奔走在徵地現場。人家幹工程，那是跟鋼筋混凝土打交道，打的是一場接一場的硬仗。他也是幹工程，卻是與各種各樣的人打交道，一天到晚跟人打嘴巴仗。幸好，劉耀祥在移民辦幹了十多年後，在世紀之交終於轉崗了，從移民辦調任廣東省水政監察總隊副總隊長，這讓他長吁一口氣。誰知，這一口長氣還沒吐完呢，那苦差事又找上門來了，東改工程總指揮部挑來選去，又把他給挑選出來了，他被任命為徵地拆遷部部長。

這個徵地拆遷部，最初只有三個人，除了劉耀祥，還有副部長陳志宏和一位年輕人。

陳志宏早在 20 世紀 80 年代初就參加東深供水二期擴建工程建設，那時候他還是一個二十出頭的小夥子，在工程隊當一線工人。此後，他在大大小小的水利工程中打拚了近二十年，從一線工人成長為一名水利工程建設的管理者。這些年，他一直主攻一個新型專業——勞動經濟管理，還獲得了英國威爾士新港學院 MBA 雙語碩士研究生畢業證，並經考核拿到了當時還很少人持有的「徵地移民監理資格證書」。這也是他很看重的「資格」，也可謂是對徵地拆遷和移民安置進行規範化管理的一種標誌。對於他，徵地拆遷和移民安置不只是一個具體的工作任務，也是一個亟須探索和研究的課題，而他的人生追求，就是成為一位學者型的實幹家。

按規劃設計，東改工程自北向南跨越東莞橋頭、常平、樟木頭、塘廈和鳳崗五鎮，其分管水線還深入黃江、謝崗和清溪三鎮，但到底需要徵多少地，要拆遷多少房屋，有多少人口需要移民安置，這些都要一五一十進行實地調查，並拿出準確的數據和圖紙。為此，徵地拆遷部的幾個人分頭跑了幾個月，從徵地面積、拆遷房屋面積到一棵一棵地去數沿途的青苗，回到駐地還要通宵達旦整理材料，制訂方案，幾乎每兩天就要熬一個通宵。幾個月下來，很多人都發現自己瘦了一圈，劉耀祥瘦了十多斤，陳志宏的皮帶差不多減了十釐米。這裏且不説那個實地測量的過程有多艱辛，先用他們調查的數據説話吧。這次沿線土建工程涉及八鎮二十六個行政村，需徵地 4133.18 畝（其中永久徵地 1900 畝，臨時用地 2233.18 畝），拆遷房屋 36256.33 平方米，遷移人口 241 人，還要搬遷 4 家企業。除了數據，他們還做出了徵地拆遷的十套圖紙，共三萬多張，堆起來有他們拆遷部的屋頂高。這些數據和圖紙，都是核算補償資金的依據，也是向國土部門報批的依據。

大面積徵地，必須先經省國土廳核准，再呈報原國土資源部批覆。

當劉耀祥開始思考徵地拆遷和移民安置的實施方案時，陳志宏已背着沉甸甸的十套圖紙，也肩負着有生以來最重要的一項使命，奔赴北京。對於徵地拆遷，國家一直是高度重視的，越是重視把關越嚴，而當時舉國上下都處於建設高潮，不知有多少人在排隊等候審批啊。陳志宏一到北京就聽説了一件事，蘇南某市有一塊地要進行舊城改造，但報批半年了一直都通不過。這讓陳志宏心裏一下涼了半截，東改工程哪有時間等半年啊！而讓他意想不到的是，他剛把材料呈報上去，隨後就接到了批覆通知，那個過程非常順利，一天之內，原國土資源部的三個司就將他們的申報全部批准了。當他連連鞠躬道謝時，一位審批負責人告訴他：「以前可沒有這樣的速度，你們是個先例。」那麼，原國土資源部為什麼會開這個先例？一是國家對東深供水和東改工程高度重視，誰都知道這不是一般的工程，七百多萬香港同胞不可一日無水啊！還有一個原因，就是他們前期工作做得紮實認真，資料齊全，數據翔實，圖紙畫得清清楚楚，沒有一點含糊的地方。你不含糊，人家也不含糊。

當陳志宏懷揣蓋着國徽大印的批覆興沖沖地回來，就像帶來了一把尚方寶劍，但劉耀祥卻是愁眉緊鎖。而今，時代變了，這尚方寶劍也不那麼好使了。這次徵地、拆遷和移民安置共涉及三千多戶、數以萬計城鎮和農村居民，而所經之處，正處於廣深經濟走廊。這石馬河流域的每一個農村，曾經的農村，就像它們的主人一樣，現在的身份已變得無比複雜，在行政區劃上它們仍然是農村，它們的主人依然是農民，但當你走進這些到處都是高樓和高架橋的農村，你不知道，它到底是農村還是城鎮？你已經無法為這片土地和土地的主人定義，但誰都知道，這每一寸土地都變成了寸土寸金之地，連石馬河的倒影裏也能看見繁華的大街與樓群。可想而知，要在這裏進行徵地、拆遷、移民，那個難度有多大？這「天下第一難」的難題又怎麼解決？

此前，東深供水工程在徵地、拆遷和移民安置上一直是由各級政府主導，從徵地拆遷任務到補償資金發放都是採取層層承包的方式。而在東深供水首期工程建設和一、二期擴建工程運作時，還處於計劃經濟時代，農村還是大集體所有制。在這種狀況下，由各級政府主導也可謂是特殊年代的通行規則，上有項目管理機構撐腰，實際工作交由當地政府去實施，而徵地拆遷部實際上成了一個協調機構。儘管在溝通協調中難免也會有扯皮拉筋的糾紛，但一旦遭遇太大的阻力，就會交由各級政府去處置和解決。而現在不同了，在市場機制下形成了新的價值規律，一切經濟活動以市場為主導，而作為上層建築的政府在經濟中扮演的角色也發生了相應的變化，不能再大包大攬，一切必須尊重市場規律。如此一來，在徵地、拆遷和移民安置上，原來的操作規則已根本行不通了，但在東改工程實施過程中，新的操作規則又尚未形成。這就是徵地拆遷部遇到的一道新難題，但換過來一想，這又何嘗不是一次改革創新的機遇？劉耀祥還真是這樣想的，也可以說是逼出來的，既然沒有現成規則可以照搬，那就只能重新開始，從實際出發，因勢利導，制訂出一套具有操作性的新方案。

這新方案又從何着手呢？一個農家之子，也有農人的思維。劉耀祥小時候在家裏放過牛，那牛既忠厚又倔強，若要把牛放好，關鍵是要抓住牛鼻子，而對於徵地拆遷，這牛鼻子就是利益問題。誰都知道，徵地拆遷是為工程建設鋪平道路，你把這工作幹好了，那就是工程的開路先鋒；你要把事情給幹砸了，一旦發生扯皮阻工的現象，那就是拖工程的後腿。但若僅僅只從工程建設出發那就太狹隘了，你要徵人家的地，拆人家的屋，這土地和房子是老百姓安身立命的命根子。若要解決這一難題，就必須在國家重點工程建設和老百姓的根本利益之間尋找平衡點，而老百姓在徵地拆遷中的利益，在市場機制下就是物權。為此，劉耀祥和陳志宏等人從一開始就緊緊抓着這個牛鼻子反覆商量，漸漸釐清了一條具有操作性的思路：在補償之前，先要在當地政府和村委會的協助下，對沿線列入徵地拆遷範圍內的土地、建築物和青苗等物權進行確權，這也是最複雜、最敏感、最棘手的工作，必須逐村逐戶去進行實測、評估和確認，然後根據國家規定的徵地拆遷補償標準，再結合當地實際，對物權進行價值評估，計算補償費用，經物權人、國土部門、徵地監理和東改工程總指揮部等一致確認後，一戶一戶地補償給物權人。當雙方達成補償協議後，就一塊地接一塊地進行清場，拆除這些地上的建築物，移去青苗，對搬遷移民進行妥善安置。應該說，這是一條清晰而縝密的思路，但一旦進入實際操作，由於涉及的地域廣，居民多，關係錯綜複雜，稍有不慎就會爆發大矛盾。如何才能防範矛盾呢？劉耀祥和陳志宏在制訂新方案時還真是有不少創舉，第一是從確定物權到補償標準，全程實行透明管理，採取張榜公示和廣發宣傳資料等方式，讓每個農戶對物權確權和補償標準心中有數，此舉既可消除暗箱操作帶來的負面影響，也讓農戶之間互相知情，誰也沒有享受到什麼特殊照顧，更沒有受到任何歧視，在補償標準面前人人平等，一視同仁，一碗水端平。

捫心自問，劉耀祥和陳志宏在制訂新方案時確實是為老百姓着想，而且是從老百姓的根本利益出發的，然而，在徵地工作鋪開後，當他們走村串戶去同村民們溝通時，走到哪裏，都有一種周圍的一切都在和你作對的感覺，尤其是老百姓盯着他們的那一雙雙冷眼，透出來的是深深的不信任感，還有高度的警覺和戒備，感覺就像「鬼子進村了」。這讓劉耀祥、陳志宏心裏很難受，也很憋悶，問題的癥結又在哪裏呢？

劉耀祥憋了一陣後，忽然開口了，他對陳志宏說出的只有一個字——錢。

那與物權直接對應的是什麼，就是補償資金。說來，老鄉們對徵地拆遷的警覺和戒備，是有歷史原因的，由於此前的補償資金都是劃撥給當地政府，然後從縣一級到鄉鎮一級，從行政村到村民小組，一層一層往下撥，在走程序的過程中環節多，速度慢，效率低，戰線如流水作業一般拉得老長，這既增加了運作成本，也難以保證補償資金足額發放到位。你把村民的土地說徵就給徵了，房子說拆就給拆了，可村民要把補償資金拿到手都要拖很長的時間，而每經過一個環節就要以手續費或七七八八的名義扣除一部分，造成級級截留甚至是侵佔、挪用補償款等腐敗坑農事件，一層一層往下撥變成了一層一層往下「剝」。如何才能把補償資金一分不少又準時發到村民手上呢？這也是陳志宏一直在思考的問題，他提出，最好的方式就是從撥款到發放，一對一地直接支付給徵地拆遷戶。這還真是和劉耀祥想到一塊了，兩人不謀而合，又一拍即合，這也是他們在新方案中的又一創舉——「將補償資金直接支付給物權人」，這在當時還是全國首創。而撥付過程，則是通過信息管理系統和銀行的支付系統，個人部分直接由銀行過戶到個人賬戶，集體或項目部分也直接由銀行過戶到集體或項目賬戶。有的村民沒有銀行賬戶，那就把存摺直接發給他們，讓他們自己到銀行裏去取錢，所有經辦人都不經手一分錢的現金。這從根本上解決以往徵地、拆遷和移民安置中存在的種種弊端，你想截留、侵佔、挪用或克扣補償資金都沒有機會了，每一個人的雙手都是乾乾淨淨的。

哪怕用今天的眼光看，這也是一個縝密而完美的設計，但你的設想很美好，老鄉們又怎麼看呢？那就看看接下來的實際效果吧。

二

當劉耀祥和陳志宏搞出的這個新方案經指揮部批准後，就開始付諸實施了，但也招來了各種各樣的非議。有人説他們是自討苦吃，自己給自己身上壓擔子、壓責任，還有的説他們是自己給自己挖坑。這些議論還真不是多餘的擔心。在新方案中，徵地拆遷部不再是在政府和農戶之間扮演協調的角色，一下變成了唱主角的，作為部長，劉耀祥就是第一責任人。但他心裏十分清楚，這徵地拆遷工作若要順利展開，唱主角的絕對不能唱獨角戲，還得依靠當地政府部門和村委會的支持配合，可這新方案一開始就遇到了一個新問題，由於大筆補償費不再由當地政府部門和村委會經手，他們覺得你把基層的權力削弱了，甚至是撇開了。你既然撇開了他們，他們就乾脆不管了，甚至躲着不見你。

這就是陳志宏遭遇的第一個問題。在徵地過程中，有一塊公用土地要同當地某部門簽訂合同。這是一塊臨時用地，施工單位馬上就要進場施工了，由於徵地問題沒有解決，那些由火車運來的機械設備無法卸載，存放在車站裏要按天收費，而開不了工也得照樣給員工發工資，這耽誤一天就是一天的損失，若徵地問題不解決，這個損失只能由東改工程總指揮部來承擔。為了簽下一紙合同，陳志宏來來回回跑了一個多月。可他急，人家不急，那個部門負責人沒說不簽，但一直採取拖延和迴避戰術。每次，陳志宏給那位負責人打電話，約好了商談的時間和地點，那負責人都是滿口答應，可等他一趕過去，那人就借口自己要去開一個什麼重要會議，讓陳志宏先跟別的同志商談。可這些「別的同志」都是既不能負責更不敢拍板的人，他談得再多也是白費口水和浪費時間。陳志宏哪有時間浪費啊，從總指揮部到施工單位都跟催命似的，手機一天到晚響個不停，陳志宏每接一個電話都感到手機像火一樣燙手，腦子裏也嗡嗡作響，徵地，徵地，徵地！然而，除了找到那位負責人，他幾乎別無選擇。一次，陳志宏又跟那位負責人約好了，當他趕過去後，那負責人又不見了蹤影，依然是讓他先跟「別的同志」談。不過這次，陳志宏對這種故伎重演的把戲早有了心理準備，他對「別的同志」笑了笑說：「那就改日再談吧！」當他坐的汽車從那家單位的院子裏駛出來時，從後視鏡裏瞄見了一雙目送他離去的眼光，他微微一笑。那位負責人其實壓根就沒有外出開會，剛才就躲在另一間辦公室裏窺視呢，看着一輛車開出了大院門，他還以為陳志宏真的離去了。而陳志宏這次在外邊故意兜了一個圈子，突然殺了一個回馬槍，一下就把那位負責人堵在辦公室裏了。他端了一把椅子在門口坐下，擺出「一夫當關，萬夫莫開」的架勢。那位負責人一臉尷尬地看了看陳志宏，又看了看表，此時已快到吃午飯的時間了。這又是個脱身的借口，但陳志宏早有防備地説：「領導啊，尊敬的領導啊，這次咱們一定要談出一個結果，否則誰都別想吃飯。你也知道，若是耽誤了國家重點工程建設，讓香港同胞喝不上水，我們這飯碗恐怕也端不成了！」這句話，他憋了一個多月，終於有機會當面説出來了。他是笑着説的，卻讓那位負責人猛地一震。這人哪，有時候還真得猛地震一震，就在這震動之下，拖了一個多月的難題，終於在一頓飯的時間內解決了。

這種拖延迴避戰術還不少，就説徵地拆遷部的那個小夥子，也有與陳志宏類似的遭遇。有個村子，在徵地拆遷時碰到了一個釘子戶，要請村主任出面解決。那村主任年過半百，滿臉和善，看上去是一位慈祥的大叔，對這小夥子的要求滿口答應。唉，只是這小夥子來得不湊巧，村主任説自己先要出門去辦個急事，讓小夥子改天再來。小夥子一聽這話還信以為真，誰知這一改天就不知是哪一天了。接下來，小夥子跑了七八個來回，一個來回就是一天啊，無論他在村口堵，村尾追，還是在村委會門口蹲守，就是見不着那位村主任。而那位村主任就像有耳報神，只要這小夥子一進村，他一閃身子就不見了蹤影。一天晚上，小夥子還眼睜睜地站在村道邊的一棵大榕樹下守着，這是村主任回家的必經之路，他老人家總得回家吧。一直等到了半夜，突然下起了大雨，小夥子身上很快就濕透了。而就在這時，一個黑影打着一把雨傘，從雨水中深一腳淺一腳走過來，小夥子眼尖，一看正是那位村主任。他長長地叫了一聲主任啊，那一刻就像在危難中見了親人一般奔上去，一把握住了村主任的一隻手，又從他另一隻手中拿過雨傘，一邊替村主任打着傘，一邊激動地說：「主任啊，我可總算把您等到了，您也太忙了，這麼晚了才回家！」這位特別執拗的小夥子，在經歷了漫長和急切的等待之後，那一刻還真是動了真情，眼淚吧嗒吧嗒往下掉。這讓村主任心裏一陣感動，他也被小夥子的真誠和毅力感動了，連連拍着小夥子的肩膀說：「好辦，好辦！」要說呢，這位村主任也是通情達理的，只是心裏憋着一口氣，讓你那徵地拆遷部「別拿村主任不當幹部」，而這口氣一旦吐出來了，一個徵地拆遷人員這樣尊重自己，一切也就好辦了。

同那位跑了七八趟的小夥子相比，劉耀祥跑的路就更多了，那些最難解決的問題，最難剃的頭，都是他親自出馬。有個農戶由於和徵地拆遷部沒有就拆遷補償達成共識，一直不肯簽訂協議。為了做通這個農戶的思想工作，劉耀祥前後跑了三十多趟，腳底打出了血泡，嘴裏也磨出血泡，但他跑斷了腿、說破了嘴都不能解決問題，那個農戶就是不簽協議。這樣的村民又何止一個，他們不跟你講大道理，天大的道理也沒有老百姓的利益大。有人說，對這樣的「刁民」只有來硬的！劉耀祥一聽「刁民」就不高興，農民嘛，農民意識難免是有的，但不要動不動就說人家是「刁民」。他是農家子弟，對農民有着與生俱來的特殊感情，了解農民，理解農民，時常站在農民的角度上換位思考，也是把農戶的利益自始至終放在第一位的。有一些農戶為了爭得更大的利益，提出了超出補償標準的訴求，這其實也是人之常情，但這個口子絕對不能開，只要開了一個口子，就會撕裂無數的口子，所有的徵地拆遷戶都會提出超標準的訴求，那就如洪水決堤了。這些話，他都掏心掏肺地給那個農戶講過了，他也像那位小夥子一樣，情不自禁地流淚了，「老鄉啊，如果是為了自己辦事，我早就放棄了，可這是為了香港同胞，也是為了沿途的老鄉們喝上一口乾淨水啊，你們也要喝這水啊！」面對他真誠的表白和淚水，那個農戶終於被打動了，在補償協議上簽上了自己的姓名，按上了鮮紅的指印。

這個難題剛剛解決，那位年輕小夥子又遇到了麻煩，他去一個村裏丈量徵地戶的青苗時，有幾家農戶為了增加補償款，故意用木棍、竹竿將樹枝撐開，以此加大樹冠的面積。他想把那些木棍、竹竿取下來，一看農戶們那虎視眈眈的眼神，又怕引發矛盾，便趕緊打電話告訴劉耀祥。劉耀祥接到電話就趕過去了，小夥子正在村口等着呢，一見他，就急躁地說：「劉部長，你說這事怎麼辦啊？這些農民的覺悟真是太低了！」劉耀祥拍拍小夥子的肩膀說：「話可不能這麼說，這徵地拆遷，他們就是為東深供水做貢獻啊。我看這事，解鈴還須繫鈴人啊，最好是讓那些老鄉自己取下來。」那小夥子驚疑地看着他，這怎麼可能呢？劉耀祥沒說什麼，隨即便跟着小夥子去了那片林地，幾家農戶也正等在那裏呢，一個個叼着煙，吞雲吐霧，依舊是虎視眈眈地望着他們。劉耀祥熱乎乎地上前打了一聲招呼，還給老鄉們散了一圈煙，那緊張的氣氛一下便緩解了幾分。「嗨，這樹長得可真壯啊，砍掉實在可惜了！」劉耀祥一邊說，一邊在樹幹上拍打着，還有意無意地踢上幾腳，看上去沒用力，卻在暗地裏使足了勁兒，那樹上的木棍、竹竿呼啦啦往下掉。他趕緊躲閃到一邊，佯作吃驚地說：「哎呀，老鄉啊，這是去年撐果子的棍子吧？怎麼到現在也不取下來呢，多危險，萬一砸了人怎麼辦？咱們換一家吧，等你們取下了木棍再丈量吧。」幾個老鄉其實都是老實人，一聽這話，那黢黑的臉膛唰的一下就漲紅了。而劉耀祥既戳穿了他們的小把戲，又給他們留足了面子，但他們這臉上還是有些掛不住啊。人活一張臉，樹活一張皮，這樣做還真是沒臉沒皮的。果不其然，劉耀祥轉身一走，這幾家農戶就把那樹上的木棍、竹竿一根一根取下來了。而劉耀祥在別的地方轉了一圈，又帶着小夥子過來了。小夥子開始丈量時，劉耀祥還一再叮囑：「可要量准啊，咱們給國家幹事，但絕不能讓老百姓吃虧！」當小夥子把測量面積一五一十報出來時，幾家農戶的眼光都變了，那眼神裏分明多了幾分佩服，那也是滿意和服氣。

劉耀祥一邊記着數據一邊對老鄉們說：「你們要覺得有問題就直說啊，我們再測量一遍。」

老鄉們都說：「沒說的，沒說的！」

測量完畢，幾家農戶都簽上了自己的名字，還一再挽留他們吃了晚飯再走。劉耀祥謝過之後，又悄聲對小夥子說：「看看，農民的覺悟沒有咱們想像的那麼低啊！」

在徵地拆遷工作中，無論你多麼細緻也難免有些疏忽，但群眾的眼睛是雪亮的。一天晚上，有個村民偷偷來向劉耀祥反映，有一戶人家不是拆遷戶，卻領到了一筆補償款，而他們家的房子比這戶人家離工地更近，卻沒有得到一分錢補償，這是怎麼回事？他想問個明白。劉耀祥一聽，趕緊帶上幾個人，跟着這位村民去現場察看，發現這兩家農戶都不在拆遷範圍內，怎麼會有人領到補償款呢？這裏邊會不會有什麼貓膩？隨後，他又查明了原因，這是徵地拆遷工作人員的一個失誤。為此，他嚴厲地批評了那位工作人員，又誠懇地向反映問題的村民做檢討：「這是我們工作的失誤，讓不該拆遷者拿到了拆遷款，我也要感謝你們這些老鄉的監督，給我們提供了改正的機會，為國家挽回了一筆損失。」那位反映問題的村民，原本是想為自家爭得一筆補償款，但劉耀祥口氣堅定又語重心長地說：「該補的一分也不能少，不該補的一分也不能拿。老鄉啊，你家也不在拆遷範圍，我們也絕不能給你補償而再犯一次錯誤啊！」

除了徵地拆遷和移民安置，隨着工程全線鋪開，還出現了許多扯皮拉筋的事，需要綜合調度和協調處理，為此，總指揮部又設立了現場總調度中心，劉耀祥和陳志宏都擔任了副總調度長。這些事不同於徵地拆遷和移民安置，卻也有相似性——都是為了解決施工過程中跟當地老鄉們發生的種種糾紛，在利益之間尋找平衡點。譬如說，施工單位在搞測量、搬電杆和拉電線時，難免會碰到沿線村民的果樹，老鄉們大多通情達理，施工方也會照價賠償，但有時候也會遇到個別獅子大開口的村民。一次，施工人員碰掉了一戶村民家的二十多個陽桃，那位村民非要他們把陽桃買下來，一百塊錢一個。這也實在太冤了，二十多個陽桃兩千多塊錢，世上哪有這麼貴的陽桃呢，又不是王母娘娘吃的蟠桃。由於幾個施工人員沒有答應那位村民的要求，那位村民就把他們攔在果園裏，不讓他們下山。遇上了這樣的倒黴事，又是劉耀祥來處理了。他脾氣好，待人又特別真誠，遇上了什麼事，他總是跟老鄉們掏心窩子說話。最後，在他苦口婆心地勸導下，那位村民總算答應，每個陽桃按照市場價格賠償。

還有一次，有一段優化工程要從常平鎮的一個村莊穿過，這村裏有條老河道，村民在河道兩岸建了不少房子，這次施工時，要把河道挖深十多米，在開挖時雖然採取了一些保護措施，但由於這些農舍原來就建得不規範，樁基不牢，這些房子受到了不同程度的影響，有的牆壁出現了裂縫，有的地板塌陷了，還有的被挖斷了水管。村民們一吆喝，便開始阻工，他們不用上工地來阻擋施工，只要把施工便道一堵，整個工地就癱瘓了。要說呢，這也怪不得老鄉們，這房子不敢住了，這水也沒得喝了，叫人家怎麼活？對於老百姓阻工，首先就是要敢於承擔責任，以最快的速度來解決問題。這一次的處理，由陳志宏出馬，他首先拍着胸脯向老鄉們保證：「如果因施工損壞了你們的房子，我們會負全責的！」當然，這房子到底有沒有損壞，受損的程度如何，還得由專業部門來檢測鑒定，這需要時間。但在陳志宏的協調下，施工方還真是以最快的速度買來了數萬元的水管，將挖斷的水管全部恢復，當清水嘩嘩地流進老鄉們的水缸時，有些村民為房子受損的事還在繼續阻工，陳志宏說：「鄉親們啊，俗話說，半夜想自己，半夜想別人，若是你們阻工造成香港同胞喝不上水，該怎麼辦哪？」老鄉們一聽，就從阻工現場撤了。而在接下來的房屋受損處理中，經專業部門檢測鑒定後，給各家各戶都開具了書面鑒定書，該賠多少錢也由專家說了算。而陳志宏始終堅持一條，「協調，協調，就是最大限度地在工程和村民之間找到一個利益平衡點」，應該說，他找到了，劉耀祥也找到了，整個東改工程也找到了。

每當劉耀祥和陳志宏解決了一個特別棘手的難題，那些年輕人都用敬佩的眼光打量着他們，「薑還是老的辣啊，劉部長，你們怎麼有那麼多絕招對付那些特別難纏的村民啊，把他們一個個治得服服帖帖？」

劉耀祥立馬把眼睛一瞪說：「我們可不是為了對付村民，更不是要治他們，而是誠心誠意為他們服務。我是農家子弟，最了解農民的稟性，只要我們公平、公正對待他們，他們就會信服我們。人心都是肉長的！中國農民其實是最善良也最通情達理的，他們只服理不服權勢，你敬他一尺，他敬你一丈，你真心實意對待他們，他們會回報你萬倍真誠！」

人心都是肉長的！就是憑着這句話，劉耀祥、陳志宏這些外鄉人，才能很快就和當地老鄉們打成一片。劉耀祥不止一次對自己的同事們說：「徵地拆遷，不和當地老百姓搞好關係可以說寸步難行，而最好的關係，就是你把老百姓當親人，老百姓也把你當親人，哪怕有了利益衝突和矛盾糾紛也容易溝通，只要多站在他們的立場上考慮，很多麻煩就會迎刃而解了，那『天下第一難』的事情也不難了。」

在東深工地上，誰人不識劉耀祥？誰又不認陳志宏？尤其是那些徵地拆遷戶家裏，他們幾乎把門檻都爬爛了，連小孩們也認得他們。一開始，有些人還有點不相信，他們來這裏才多久呢，怎麼這方圓上百里的老鄉們全都認得他們？有一次，劉耀祥、陳志宏和一個剛來不久的同事走進一個村裏，那同事指着劉耀祥問一個小孩，他是誰？小屁孩竟然很蔑視地看了那同事一眼，很認真又很天真地說：「這是劉部長啊，劉耀祥！」那同事又指着陳志宏問，這是誰？那小孩拉長聲音說：「陳志宏——副部長！」

幾個人一下大笑起來，笑得不知道有多開心。

三

東改工程在徵地拆遷上還有一個創舉，即率先引入了新的監理理念和制度。沈菊琴就是通過公開招標和競標而引進的一位徵地移民監理總監。這是一位「60後」的工學博士，1979年考入華東水利學院農水專業，大學畢業後又考入河海大學攻讀碩士和博士研究生，現任河海大學國際工商學院教授、博士生導師。這樣一位文文靜靜的女子，戴着一副琇琅架眼鏡，看上去有些弱不禁風，可她踏遍了大江南北，見慣了大風大浪，在黃河小浪底、長江三峽工程都留下了她奔波跋涉的足跡。

沈菊琴和劉耀祥、陳志宏扮演的是不同的角色，但目標是一致的，那就是要最大限度地在工程和村民之間找到一個利益平衡點。而在此前，全國普遍實行的徵地和移民監理制度，僅僅是一種監測和事後評估制度，監理單位一般只能對正在或已經實施的項目進行進度、質量和投資三監測，而東改工程則改變常規做法，賦予監理單位對項目實施前和資金支付前的簽證確認權，即沒有經監理單位簽證確認的項目不能實施，資金不能撥付，並以此為基礎實行各方簽證確認制度，即每一項實物指標和按國家政策規定的補償標準、補償金額，都必須經監理、群眾、當地政府和業主等簽證確認，全過程公開透明。這從根本上避免了過去經常發生的地方政府把資金用於非計劃項目，而導致對工程建設有直接影響的計劃項目反而無法實施的情況。而項目的公開透明也充分體現了老百姓的知情權，有利於爭取群眾對工程項目的理解和支持，有利於工程的順利實施。

當徵地移民監理單位被賦予如此重要職責，作為一位移民監理總監，沈菊琴必須跟着徵地拆遷工作人員一起，對物權逐村逐戶進行實測、評估，在和村民簽訂協議時，她也必須一直在場並簽證確認。在嶺南炎熱的夏天，他們奔走在烈日之下，一個生長於蘇北的女子還從未經歷過這樣的酷暑，有時候曬得鼻血都流了出來，她一邊用紙巾堵住鼻子，一邊用河水拍打着脖頸，才把鼻血慢慢止住，而那跋涉的腳步從來沒有停止過。

樟洋渡槽是東改工程的三大渡槽之一，位於東莞市樟木頭鎮境內，橫跨石馬河，連接筆架山隧洞和石山隧洞，施工時，需要徵用一百多畝臨時用地，那是一片長滿了荔枝和龍眼的山坡。嶺南荔枝品種繁多，既有普通的農家品種三月紅，還有不少名貴品種，如妃子笑、觀音綠、糯米糍及桂味等，青苗補償的價格是按品種的優劣而定的，但這些品種僅從荔枝的樹形和枝葉上是很難辨識出來的。徵地拆遷人員大多是外鄉人，沈菊琴是江蘇張家港市人，家鄉從來不產荔枝和龍眼，又怎能辨識這些嶺南水果？這樣一來村民就有了空子可鑽，有的荔枝原本只是兩三塊錢一斤的三月紅，可人家硬説是十幾塊錢一斤的觀音綠，這可真是難為她了。除了品種的辨識，還有樹齡和數量的辨別。這山上既有幾十年的老樹，也有三五年的小樹，但老樹不一定高大，小樹不一定矮小，一般人也難以辨別。有的人還會耍花招，那地盤上原本只有八十棵樹，一夜之間就變成了一百六十棵。沈菊琴來這山坡上察看時，就感到有些不對頭，這片果樹林怎麼長得這麼密密匝匝啊？仔細一看，她發現有些荔枝樹好像是連夜移栽過來的，幾乎是見縫插針，還在翻新的泥土上覆蓋上了一層沾滿了苔蘚的老土，若不仔細看，還真是看不出什麼名堂，但扒開那移栽過的土壤就會發現，這泥土比長在這裏的老樹要鬆軟得多。可她一問，那些農戶都連連搖頭，誰也不肯承認是連夜移栽的，至於這鬆土嘛，有的果樹要鬆土，有的果樹則不需要鬆土。你要跟他們去辯，那是辯不過他們的，人家都是世世代代的果農，比你懂得多呢。這些徵地戶，每戶的要價都大大超出了原先的評估價，而且是一個個不達目的就寸土不讓。你跟他們磨嘴皮子，那就只能一直扯皮，一直在軟磨硬泡中拖下去。但這工程不能拖呀，若不能按期完成徵地任務，就沒法按期施工，這就是一個徵地移民監理的職責所在，她急啊，那鼻腔裏火燒火燎的，感覺又要流鼻血了。但再急她也只能在心裏急，在表面上必須沉住氣，絕對不能跟村民爭論，若由此而引發矛盾，那麻煩就大了。

沈菊琴一邊不動聲色地察看着，一邊在心裏想轍，若要解決這一難題，還得爭取當地村委會的支持。從山上下來，她便登門拜訪了六十多歲的村主任。這村主任還特別熱情，又是讓座又是沏茶，但一說到徵地的問題，那眉頭一下皺成了一個疙瘩，還莫名地連連搖頭。你給他講道理，他老人家什麼都懂，甚至比你還會講道理。沈菊琴看着村主任那個一直緊皺着的疙瘩，怎麼才能解開呢？這時候，村主任緩緩開口了，說來，這村裏的老百姓心裏還真是有一個一直沒有解開的疙瘩，過去徵地時，徵地者都給了他們很多承諾，村民們也相信他們的話，老老實實地把合同簽了。可在徵地過後，這合同就像打白條一樣，有的不兑現，有的打折扣，那些徵地補償款，沒有幾個錢能落到徵地戶的口袋裏。人善被人欺，馬善被人騎啊！你越老實越是吃虧，那只能耍花招多搞幾個錢，若搞不到那就拖下去，你越急，他越拖，想要多拖出一些銀子來。

沈菊琴聽到這裏，不禁長長地「哦」了一聲，這才明白了村民們耍那些小花招的真實意圖。她立馬對村主任表態說：「我作為徵地移民監理總監，保證在這次徵地中，一是合理合法，在同樣的條件下，補償標準一視同仁，沒有人可以搞特殊；二是確保補償資金足額發放，一簽合同，立馬就通過銀行劃賬，快速補償到徵地戶手上，先簽先補！」

村主任端詳了沈菊琴一陣，猶猶豫豫地說：「小沈啊，我看你是個實誠人，你可說話要作數啊，若再不兑現，我這老臉怎麼去面對鄉親們啊。」

沈菊琴說：「您老要是不相信，或到時不兑現，就找我算賬，我同您簽個私人合同，倘若公家不兑現，一分一釐都由我私人賠償！」

村主任終於被一臉真誠的沈菊琴感動了，他先帶頭簽了合同，又領着沈菊琴挨家挨戶去做工作。村主任一出面，那些村民想耍什麼花招也沒門了，這山坡上種的是什麼樹，結的是什麼果，栽了多少年，村主任一眼看得清清楚楚。他還主動給每一個村民擔保，有的村民們當即就把合同給簽了，而更多的人則在一邊觀望和嘀咕，你這合同簽是簽了，但這合同就是一張白條，那錢不知什麼時候才到手，真正到手的又有多少呢，等着瞧吧！可這一次還真沒讓他們等多久，上午簽完合同，下午，沈菊琴和陳志宏就帶着銀行裏的人進村，給簽了合同的徵地戶發放存摺，那存摺上的數字一分一釐都不少，不信你可以馬上去銀行取。這讓村民們震驚了，沒想到，這麼快就拿到錢了。這事，很快就傳遍了沿線的各個村莊，一個長久的疙瘩終於解開了。

徵地拆遷不僅涉及農戶，還涉及一些「三資」企業，這個確權和補償說來更加錯綜複雜。鳳崗鎮有一家港商開的玩具廠，東改工程的一個涵洞的涵接處要從該廠一個車間的一角通過，必須搬遷。這個車間有廠房，還有生產設備，而這個廠的物權人又涉及兩方，一方是出租者，一方是承租者。出租者涉及房屋拆遷的補償，承租者涉及房屋裝修、設備轉移、物色新廠房的損失和停工的補償。沈菊琴派人洽談，談了兩三個月一直都談不下來。沈菊琴來到這家工廠，老闆是香港人，一個星期才來廠裏一次，而日常工作則是委託經理代管，這位代管者主要是負責工廠的生產經營和管理，別的事情他都無權做主。沈菊琴又去找廠房的出租者，這是第一物權人——業主，這個業主原本是本村人，但他已入籍英國並在英國經商，平時則委託自己的岳父代管物權，但其代管只是負責按時收取租金，別的方面也做不了主。沈菊琴只能把越洋電話從鳳崗打到倫敦，把房屋拆遷的補償標準通報給對方。對方在反覆考慮之後，終於來電回覆，同意房屋拆遷並接受補償標準。這第一物權人的問題終於解決了，然而，還有第二物權人，那承租者要求出租者賠償他因拆遷帶來的一切損失，若不解決就不肯遷出。說來，這也是合情合理的要求，人家既然租了你的房子辦廠，雙方簽訂了合同，而在合同有效期間，誰願意將自己正常生產的工廠停產搬遷呢？這需要時間，時間就是金錢。除了搬遷帶來的直接損失，還有間接損失，承租者和經銷商簽訂的訂貨合同因搬遷而不能按時交貨，就會受到高額罰款，還會影響到自己的信譽，這個損失由誰來賠償？對這些合理的訴求，沈菊琴是十分理解的。她一邊找到當地的村主任，請他協助，儘快為這位港商尋找搬遷的廠房，一方面又苦口婆心做港商的工作：「您也是香港同胞啊，咱們國家花幾十億元來改造東深供水工程，第一就是為了讓香港同胞喝上乾淨水啊！」說來，這位港商當年也曾遭受過乾旱焦渴之苦，在多少年後，他還時常夢見自己小時候挑着水桶去街頭「候水」的情景，眼看就要接上水了，那水喉卻突然斷流，他急得一下喊叫起來，又在自己的驚叫聲中驚醒，才發現是一個噩夢。這也是那一代香港人揮之不去的噩夢，他們最擔心的也是噩夢重來。而現在，他開的工廠就位於石馬河邊，對河水也確實有污染，這也是他眼睜睜地看見了的，若不搬遷，這不乾不淨的水一旦流到香港，他和家人最終也要喝下這種水啊。這樣一種源於生命的本能，讓他終於痛下決心，搬！

這邊，一位港商的搬遷問題解決了，那邊，另一位台商的徵地問題又遇到了麻煩。按規劃設計，東改工程 A-2 標段需要新建一座泵站——蓮湖泵站，這是東深供水工程的第二級樞紐泵站，站址用地需要徵用一家台商承包經營的、佔地兩百多畝的花場。對於徵地，那位台商倒是爽快地答應了，但對於補償價格，沈菊琴和陳志宏第一次去跟台商商談時，兩個人心裏都沒有底。不説別的，就説那形形色色的花卉樹木，都要一一估價，而現在是市場經濟時代，除了零售價格是公開的，還有出廠價、批發價，這是行業祕密。這讓他們一開始就顯得很被動，只能先由那位台商報價。那位台商一開口就是幾百萬元，而且還説得頭頭是道，幾乎沒有討價還價的餘地。沈菊琴和陳志宏也沒有討價還價，但要求台商把花卉樹木的名稱、數量和價格都列出細目。這讓台商猶疑了一下，然而這是合理的要求，台商也無法拒絕。而台商那片刻的猶疑，讓沈菊琴敏感地感覺到這報價有問題。當他們拿到台商提供的報價表後，兩人便扮成採購花卉樹木的商人，分頭到當地的大型花市去問價，然後將各自摸清的底價帶回來，經綜合評價，取平均值，就是合理的價格。

而相比之下，那位台商的報價簡直是漫天要價。當他們再次去和台商談判時，兩人對價格有了數，心裏有了底，一下就把主動權掌握在自己手裏了。那位台商何其精明，一看他倆的神色就明白了幾分，不過他還想為自己多爭取一些利益。陳志宏是個爽快人，直接告訴台商，這個花場的合理價值是多少。而沈菊琴作為監理總監，則拿出了一份花卉樹木價格的詳細列表，出廠價、批發價和零售價都標示得清清楚楚。那台商一看，就知道遇到了內行，他也沒法提出異議。其實，沈菊琴還真不是花卉行業的內行，但她確實是監理方面的內行。這內行遇到了內行，還有什麼説的呢，雙方很快就簽訂了合同。

這一次徵地拆遷和移民安置工作，從新方案的制訂到實施完成，歷時三年。無論是劉耀祥、陳志宏等徵地拆遷人員，還是沈菊琴等監理人員，在那一千多個日日夜夜裏，他們都有講不完的故事、説不盡的酸甜苦辣，但對於當年付出的一切，他們幾乎是異口同聲地回答：「值得，特別值得！」這是大型水利水電工程建設史上首次沒有突破徵地移民投資概算的工程，由於做到了公開、公正、準確、合法，既減少資金流通的中間環節，為工程節省了大筆資金，比原來的補償概算節約了近億元，又給徵地拆遷群眾帶來了利益的最大化。整個工程從開工到驗收，沒有發生一例因徵地拆遷的群眾來信或上訪事件，沒有發生補償經費被克扣、挪用或貪污的現象，沒有向上級交付一樁解決不了的問題，更沒有爆發大的矛盾或群體事件。對於這「天下第一難」的工作，要做到這麼完美的程度，該有多麼難！

而今，二十年過去了，但只要提到東改工程，很多人都還記得他們奔波的身影。尤其是劉耀祥這個第一責任人，有人說他「創造出了東深工程建設徵地拆遷史上的奇跡」，但他卻一臉忠厚地說：「這都是大夥兒一起幹出來的事情，要說呢這也不是什麼奇跡，這就是我們要實實在在完成的任務，你既然接過了這個擔子，就要把它挑起來。這麼多年過去了，沒有哪個老百姓指着脊梁骨罵我，很多老鄉還把我當親人一樣對待，我就實實在在知足了。」

第七章

在水上騰飛

一

悠悠歲月，流逝人生，那無盡歲月中真正能被人記住的是極少的，而一旦記住就是銘記。2000 年 8 月 28 日，那是陳立明一直難以忘懷的日子。此時正值東江和石馬河的主汛期，但江河卻流得異常沉悶而滯緩。在那沉悶的流逝聲中，忽然有了另一種聲音，一種激昂的、如萬馬奔騰的聲音加入進來，在河谷中引起陣陣迴蕩。山河之間，一台台大型現代化施工設備威風凜凜地排列着，一支支施工隊伍穿着整齊的工裝，戴着安全帽，精神抖擻，整裝待發，這樣一種前所未有的氣勢和氣魄，給人無堅不摧、無難不克的強烈衝擊力。這樣的場景，這樣的氣勢，這一個個閃爍着金屬光澤的方陣，讓石馬河流域的老鄉們感到了一種前所未有的震撼，這現代化的施工隊伍就是不一樣啊！

對於東改工程的建設者，與其說這是一次盛大的開工典禮，還不如說是一次戰前誓師。

陳立明當時就站在這一方陣裏。這年他三十八歲，正當雄姿英發的年歲，那一雙眼睛神采煥發，卻又比以前多了幾分深沉。從二十出頭走出大學校門、投身東深供水工程建設以來，他先後參加了二期、三期擴建工程，到這次參加東改工程，他已是名副其實的「三朝元老」。這十幾年的打拚和歷練，從技術員到工程隊的技術主管、項目經理，他在施工管理和技術操作上逐漸積累了豐富的經驗，而工程建設最需要這種一專多能的人才，在三十多歲時他就被提拔為廣東水電三局副局長，成為當時最年輕的高管之一。他的成長經歷，也反映了東深供水工程建設多年來形成的用人選才機制。自東深供水首期工程開始，一直在為人才成長而精心搭建平台。一個梯級工程，逐漸形成了三個梯隊：第一梯隊為指揮部一級的領導班子，年富力強，成熟穩健，充滿了開拓精神；第二梯隊為各工區和項目部的領導班子和技術主管，精力充沛，意氣風發，有着紮實過硬的執行力；第三梯隊為第一線的技施人員和施工管理人員，一個個血氣方剛，幹勁十足，都是衝鋒陷陣的角色。而每一期工程幹下來，都會有一批人才脫穎而出，走上更重要的崗位。這是一個一直在持續發展、不斷升級的工程，而人才資源就是實現可持續發展的動力、立於不敗之地的關鍵。

從時間跨度看，東深供水工程有四十多年的建設史，經歷了幾代人。人在變，時代在變，社會在變，工程在變，企業體制和管理方式也在變。從東深供水首期工程到一期擴建工程，那時候還處於計劃經濟體制，工程是國家工程，施工單位也是國營企業，而工程建設則是執行和完成國家下達的任務，施工單位責無旁貸。到了二、三期擴建工程，正處於從計劃經濟向市場經濟轉型的過渡階段，引入了一些市場機制，主要體現在施工單位以包乾的方式簽訂承包合同，但也沒有進行公開的招投標。而這次，東改工程作為國內第一個按市場規律運行的水利工程，第一大變化就是公開招投標。這也是自《招標投標法》頒佈以來，廣東省率先實行全國公開招標的第一宗大型水利工程建設項目，一開始就引起了社會各界關注。多少人都瞪大眼睛看着，你能否在招投標過程中始終堅持公開、公平、公正。

一切在陽光下進行，這是東改工程總指揮部對公眾做出的承諾。他們把土建施工、材料、監理、機電設備與安裝四大部分 59 個項目全部進入省建設工程交易中心，按「公開、公平、公正、廉潔、擇優」的原則交給市場選擇，而在招標中還要把握好四個原則——嚴格依照法定程序原則、擇優原則、合理價格中標原則、以專家評審結果為最終結果原則。而當時，陳立明也感受到這次參與投標的隊伍實在太厲害了，幾乎都是國字號的一流隊伍，如中國水利水電工程總公司、武警水電部隊、鐵道部的工程局、葛洲壩集團……這些都是在黃河小浪底工程和三峽工程中經歷過大風大浪、在國內外皆大顯身手的王牌部隊。廣東水電二局和三局在東深供水工程前期建設中一直都是主力軍，也是廣東省內在水利工程建設中實力最強的兩支勁旅，然而與那些國家隊相比，你還只是地方部隊，無論是機械設備還是技術力量，和人家都不在一個檔次。這樣兩支地方隊伍，能夠在強手如林的激烈競標中勝出嗎？

陳立明當時也急啊，越看越坐不住了，他一挺身子站了起來，用那大嗓門衝大夥兒喊道：「我們三局就是為東深供水工程而生，我們的大本營在這裏，如果這次被淘汰出局，我們怎麼對得起血脈相連的香港同胞啊？」其實，當時全局上下都和陳立明的心情一樣，誰不着急啊！而面對激烈的競標，首先要沉住氣把標書做好，為此，三局調集了最精幹的技術骨幹製作標書。

對於三局，這也是第一次投標，一開始大夥兒都有些茫然。有人提出要把標書做得漂亮一點，還有人提出一定要把三局現有的機械設備和技術力量凸顯出來。陳立明卻說：「漂亮當然好，但更重要的是實在。必須承認，我們三局在機械設備和技術力量上確實不如那些國家隊，你要把這個凸顯出來，去跟人家競爭，那是沒有什麼優勢的。但我們也有我們的優勢，從一期至三期擴建，三局一直是東深供水工程的主力軍，建設的項目最多，時間跨度最長，對這個工程的來龍去脈和施工環境都非常清楚，而這個工程就在三局的家門口做，在後勤保障上也有得天獨厚的優勢，這些都是實實在在的，這才是我們的立足之本和競爭實力啊！」

大夥兒一聽，都說，是啊，咱們這些優勢就擺在這裏啊！

一條思路理順了，接下來的一切就迎刃而解了。

終於，開標了！那也是陳立明終生難忘的一個日子，台上坐着當場定標的評審專家和監督人員，一個個就像威嚴的法官和監審人員，台下坐着滿滿的一屋子人，每個人都感覺在等待一個最終審判的結果。隨着中標結果一項一項開出，幾多歡喜，幾多失落，但你又不能不服氣，那些中標的都是實力雄厚、信譽良好的一流施工隊伍。這也是一個雙贏的、雙方都滿意的結果，有人甚至說是一箭三雕，一是為確保建設一流的工程打下了基礎，二是保證了建設工期，三是這次公開競標不但沒有抬高工價，反而比概算降低了造價，僅土建工程中標價就比概算降低了三億多元，為投資控制創造了有利條件。最有說服力的其實還不是看中標者是否滿意，而是落榜者服不服氣。這次招投標的整個過程，一直在廣東省監察廳、省建設廳監察室與省水利廳監察室的共同監督下進行，以專家評審結果為最終結果，按時開標、封閉評標、當場定標，一切皆在陽光下進行，從程序到結果幾乎無可挑剔，那些落標單位還真是無不歎服。

在這次競標中，廣東水電三局共競得兩個標段的施工，其中，C- Ⅳ標段由副局長陳立明擔任項目經理。為了一探究竟，在時隔多年後，我走進廣東水電三局的辦公大樓。這是一座低調平實、頗有年代感的樓宇，面朝石馬河頗為遼闊地展開。在一樓右手就是一個展覽廳，迎面看見一幅圖——東深供水工程示意圖，幾乎佔領了半面牆壁，從窗外透進來的陽光，把它照得格外清晰明亮。陳立明剛從一個工地上趕來，看上去有些疲憊。但往這幅圖前一站，他立馬又精神抖擻了，如同一個指揮作戰的將軍。他給我指點着，那神情，那手勢，真有一種指點江山的感覺。

一個跨世紀的工程，在施工管理上也不同於往日的那種千軍萬馬的大奮戰了，在東改工程的施工管理上，採用與國際接軌的 PMC 模式——工程項目管理承包模式。具體來説，就是建立高效能的組織機構和組織模式，每一個項目都要高標準組建項目法人，選派高素質的管理技術人員，制訂崗位責任制。為此，總指揮部就確立了建設「安全、優質、文明、高效的全國一流供水工程」的總目標，並制訂了質量、安全、進度、投資控制和廉政建設的具體目標。而這個目標如何才能變得具體？先得有樣板。陳立明負責的 C- Ⅳ標段，就被總指揮部指定為箱涵樣板工程。陳立明剛剛率施工隊伍進場，珪叔就笑眯眯地走來了，他拍着陳立明的肩膀，用那一口海南話説：「老弟，就看你的啦，幹好了，我請你喝酒，你可不能敬酒不吃吃罰酒啊！」

這不輕不重的一巴掌，半開玩笑的一句話，讓陳立明倍感壓力。

他知道，總指揮部將樣板工程交給他們做，是對他也是對三局的信任，這信任的基礎就是他們以前的工程幹得好。而一位總工還特意跑來對他如此叮囑，也可知這個樣板工程有多麼重要。既然是箱涵樣板工程，首先就是標準規範化。為了從根本上解決輸水過程中的水質污染問題，東改工程主要採用箱涵、渡槽和隧洞等專用輸水管道，這擺在第一位的就是箱涵，指的是洞身以鋼筋混凝土箱形管節修建的涵洞，由一個或多個方形或矩形斷面組成。C- Ⅳ標段採用長距離輸水箱涵，共需新建 3869 米單孔箱涵及 315 米雙孔箱涵反虹閘。而在當時，還沒有參照物可以借鑒。別的工程隊都盯着陳立明他們呢，等他們做出來了作為參照物。陳立明只能從頭開始，一邊帶着技術人員實地勘察，一邊因地制宜研究方案。

這種長距離輸水箱涵，沿線會遇到各種不同的地形和地質，每個部位都要反覆琢磨，製作圖紙，進行模型試驗，這種試驗極少有一次性成功的，大多是幾次推翻重來。而箱涵施工一般採用現澆，在開挖好的溝槽內設置底層，澆築一層混凝土墊層，再將加工好的鋼筋現場綁紮，支內模和外模，較大的箱涵一般先澆築底板和側壁的下半部分，再綁紮側壁上部和頂板鋼筋，支好內外模，澆築側壁上半部分和頂板，待混凝土達到設計要求的強度再拆模，在箱涵兩側同時回填土。

隨着一系列技術難題的攻克，陳立明率領三局工程隊在 C- Ⅳ標段近二十公里的戰線上，為掀開全線大會戰的序幕打響第一槍。在接下來的時間裏，他帶領他的團隊，像一台大型推土機那樣，去展現人類的一種無堅不摧、無難不克的精神力量，他們創造了一個個令人振奮的、又激發全線施工人員奮起直追的第一。

2000 年 8 月底，全線第一個箱涵樁基在 C- Ⅳ標段開挖，隨後開始進行砼澆築。

這一帶是那種典型的高邊坡地段，每年 8 月，正是暴風雨頻發的季節，雨水已經滲透了原本就十分脆弱的山體，岩土鬆軟，又有大量積水，像發酵的饅頭一樣不斷膨脹，一次次滑坡，一次次阻斷施工便道，連水泥、沙石等材料都沒法運上來。面對這樣惡劣的施工環境，這樣難度和體量都極大的工程，施工人員一個個咬着牙，愣是沒叫一聲苦，他們知道叫苦也沒用，陳立明從來不跟你講客觀原因，他只問你的進度怎麼樣了。在他面前，你客觀原因講得再多也沒用，最好的辦法就是不管三七二十一，立即採取措施，立即付諸實施，以最快的速度搶通施工便道，把施工材料趕緊運過來！

這就是陳立明的氣魄和風格，沒有這樣的氣魄還真是攻克不了這一個個難關。三局的員工都知道陳立明的性格，但有個別勞務隊長還沒有領教過這位老總的性格，執行力不強，無法強勢推進。陳立明把手一揮，不行，就換人！此舉，很果斷，也很及時，換了一個勞務隊長，就像換了一支隊伍，精神面貌煥然一新，力量倍增，速度倍增。一頂頂安全帽在烈日下攢動，一台台挖機在激烈轟鳴，那種氣勢，那種幹勁，震撼着這逶迤起伏的群山，哪怕通過他們的背影，我也能感覺到強烈的震撼。一周之後，那被阻斷的施工便道在一周內終於打通了，隨後又進行了滑坡處治施工，把一個個被掩埋的施工現場清理出來。

很多人都說，跟着陳立明幹事，一是累，二是緊張，卻又偏偏有那麼多人願意和他一起衝鋒陷陣。他還真像是一台鏟土機，那發動機可以提供強勁輸出功率，它正在不斷地加大馬力，車輪捲起的滾滾塵土和車後噗噗地噴出的濃煙，遮不住一張堅毅的面孔，他咬緊了牙關，緊閉着嘴脣。但陳立明不只是一個衝鋒陷陣的角色，他還是一位出色的工匠。就説這次箱涵樁基施工吧，在砼澆築時遇到了一個施工難題，這一帶為軟土地基，如何才能托起大體積箱涵呢？陳立明又帶領技術人員在現場攻關，在幾經試驗後，最終採用換填碎石夾砂法的施工技術，對水泥攪拌樁軟土地基進行加強和加固處理。而箱涵頂進也是施工的關鍵，頂進前要檢查驗收箱涵主體結構的混凝土強度、後背，應符合設計要求，還要對頂進設備進行預頂試驗。頂進作業應在地下水位降至基底以下半米至一米後進行，並避開雨期施工，若在雨期施工，必須做好防洪及防雨排水工作。這一系列技術，不但為長距離、大體積輸水箱涵在軟土地基中頂進施工做出了示範，更為全線軟基礎處理水泥攪拌樁的施工方案及施工質量控制提供了一系列解決方案，通過嚴格控制施工參數、施工工序、施工工藝、做到事前控制、事中優化調整、事後檢查，從而使施工質量得到可靠的保證。

一個出色的工匠，總喜歡不斷雕琢自己的產品，不斷改善自己的工藝，在追求完美和極致的過程中享受着產品在雙手中昇華的過程。這次，儘管陳立明和技術人員做出了達到質量標準的箱涵樣板，但他左看右看，還是不滿意，他感覺還沒有達到一流質量，而問題出在模板上，他們採用的木模板，難免有些粗糙。這其實不是什麼大問題，而是一個細節問題，但陳立明對細節也有很高要求。為此，他提出在最後定型時全部採用鋼模板。有人立馬算了一筆賬，為了做這個樣板工程，比預計要多付出三十多萬元的成本投入，這等於還沒掙錢就先賠了一大筆錢，而成本提高了，利潤就減少了，員工的收入自然也就減少了，這關乎每個人的切身利益啊，用陳立明的話説，「那簡直是一種比割肉還痛的感覺」。

搞工程的，誰都知道成本核算有多重要，陳立明既是副局長又是項目經理，豈能不算賬？他對那位提出異議的員工說：「你這樣算賬沒錯，我們是企業，當然要賺錢，甚至要追求利潤的最大化。表面上一看，質量和利潤是一對矛盾體，講質量必然影響企業的利潤，但是現代企業的競爭實質上就是質量的競爭，沒有了質量，就沒有了企業的生存空間。誰的生存空間最大，誰就能實現利潤的最大化，這就是一流的企業，先必須有一流的質量。要不，從長遠看，往後誰還看重你這家企業啊，你賺到的利潤只能是短暫的，也就休想賺到最大的利潤。」

這裏面有辯證法！多年後，當我和陳立明交流時，發現他居然對哲學很感興趣，這讓我很吃驚，現在還有誰關心哲學啊，但他一直思考着很多哲學上的問題。而此時，作為一家大型國有企業的董事長，他對企業的經營之道又有了進一步思考：「這裏邊有一個在質量和利潤間尋找最佳平衡點的問題，我覺得最佳平衡點應該是——工效的最合理比值與質量的最優化配置——這兩條指標線的交叉點。而在追求經濟利益的同時，必然會承擔社會責任，在實現利潤與承擔社會責任的關係上也有一個交叉點，具體說，東深供水工程最大的社會責任就是為香港同胞提供優質的水資源，從一開始就有另一種成本核算方式，那就是不惜一切代價！這個社會責任是基礎，而利潤的追求也對社會責任的加強起到一定的促進作用，兩者都很重要，當然，這是高標準，高要求，但能激發人的主觀能動性，人的境界往往是在要求中不斷提升的。」

每一個工程，其實也是在人的境界中不斷提升的。這是全線第一個箱涵樁基砼澆築工程，十多天後，由總指揮部技術部牽頭，對樁基進行了超聲波檢測，檢測結果：良好。這根東改工程的第一樁，也成了全線創優良工程的第一樁。

隨着雨季的結束，秋天的來臨，項目建設進入施工的黃金季節，總指揮部抓住這個有利時機，掀起了又一輪施工高潮，而陳立明和戰友們接下來面臨的挑戰，是 315 米雙孔箱涵反虹閘。反虹閘是利用倒虹吸原理而製造的。當渠道與道路、河流發生交叉時，或在渠道穿越山谷時，可以採用一種立交水工建築物——虹吸管，藉助於上下游的水位差進行輸水。中國是最早應用這一原理的國家，早在兩千多年前，在《管子．度地》中就有對倒虹吸水流的描述：「水之性，行至曲，必留退，滿則後推前，地下則平行，地高即控。」

雙孔箱涵反虹閘，就是利用古老的虹吸原理，進行現代化施工，其施工難度絲毫不亞於長距離輸水箱涵，一切如同重新開始。陳立明重新調整了施工思路，明確要求每個關鍵施工環節必須上馬多少人、多少台設備。而在施工中，他們採用了多鑽頭深層水泥土防滲牆和深層地下連續牆等現代施工技術，使砼結構外觀質量、深基坑支護與防滲、軟弱基礎處理和高濕狀態下大體積混凝土的澆築等難關都得到了突破。在奮戰兩個多月後，這一工程進入了最後的衝刺階段。此時，施工現場被一種緊張的情緒控制着，每個人兩眼都一眨也不眨地注視着現場繁忙而有序的澆築過程。陳立明帶領工程技術人員已經日夜奮戰多天，從模板安裝、機械設備運轉、混凝土攪拌到人員配置，這大量的準備工作和詳細的施工安排就像是為了一次衛星發射。

當又一個黃昏即將降臨，原本顯得特別緊張的時間，在漸漸瀰漫的夜色中似乎顯得特別漫長，陳立明不時看表。那些正在澆築的工人，在緊張的忙碌中興許還有一種強烈的創作衝動，這又是一個創造記憶的過程。一個小時，兩個小時，三個多小時過去了，終於，全線第一座雙孔箱涵反虹閘砼澆築工程完成了，這是 C- Ⅳ標段創下的又一個標誌性的第一。此時，河谷中忽然響起了喜慶的炮聲，遠遠地有禮花衝上山頂的天空，在霞光與雲絮中一次次閃電般綻放……

很多人都說，在東深工地上幹活是拚命，陳立明就是這樣一個「拚命三郎」。從上工地的第一天開始，這個「拚命三郎」就在日夜連軸轉，工人是兩班倒，管理人員是三班倒，陳立明幾乎沒有白天黑夜。而在那些不分晝夜的日子，感覺最快的就是速度，看得見的速度，那一個又一個的第一，就是時間不斷向我們揭示的一個個事實。在總指揮部組織的第一次綜合檢查評比中，根據各項目部工程進度、工程質量和安全質量三方面檢查情況，C- Ⅳ標段以生產進度快、現場實體質量高、安全保證體系全，得到了指揮部的一致認可和表揚。

按總指揮部佈置的工程進度，C- Ⅳ標段必須在 2001 年 12 月底按期完工。這也是廣東水電三局和東改工程總指揮部簽訂的合同，一切必須按合同辦，這是契約精神。而在緊張施工的同時，石馬河作為東深供水工程的輸水河，在東改工程竣工之前還承擔着它最後的使命，絕對不能影響對港供水，這對施工一直是嚴峻的挑戰。有些工程，只能在枯水期對河道分段圍堰，在圍堰一側還要留出一部分河道繼續輸水。在施工時，先要把圍堰內的水抽乾，然後在圍堰內的河道裏施工。由於圍堰三面都是河水，這也是風險很大的施工，陳立明一再提醒施工人員對圍堰要嚴防死守，決不能出現任何疏漏。到了12月下旬，離交工的日期越來越近了，而此時適逢停水期，正是施工的好時機，大夥兒快馬加鞭，高潮迭起。陳立明一看工程進度，那一直緊繃的神經也有些放鬆了，他不但有把握按期交工，預計還可以提前幾天完工。誰能想到，一個意想不到的突發事故，將陳立明和他的團隊幾乎逼到了絕境。

那是12月24日下午，他接到了從醫院打來的電話，他父親要辦出院手續。說來，他很對不起父親，這麼多年來，他很少照顧年老多病的父親。一個月前，父親生了一場大病，一直在住院治療，可他這個在鄉親們眼裏有出息的兒子，卻不能侍奉湯藥、照料父親，實在是不孝之子啊。其實，東深工地離他家大朗鎮只有幾十公里，但他愣是抽不出時間。但這次父親出院，他這個做兒子的，再不去就實在說不過去了。他在工地上一直忙到了晚上九點多，才趕到醫院去接父親出院。當他攙扶着父親剛剛走出醫院大門，忽聽一陣悶雷從頭頂滾過，讓他下意識地打了個驚顫。不好，要下大雨了！此時，他最擔心的就是圍堰。在東深供水工程施工的過程中，最多的事故就是圍堰被暴風雨沖垮。有時候，你還真是怕什麼來什麼，這是一種預感，也是一種心理，或是那種墨菲定律，越是擔心會發生的事情越會發生。當他仰頭看着翻滾的烏雲時，一陣手機鈴聲猝然響起，一位施工現場的負責人向他告急：「陳總啊，不好了，2號水廠工地圍堰漏水了！」

陳立明又是猛地一驚，整個人像彈簧一樣繃緊了。他來不及送父親回家，就驅車火速趕回工地。車至半途，那預料中的大雨便開始落下。儘管這次圍堰事故一開始與天災無關，但一場暴風雨勢必給圍堰帶來更大的風險。陳立明趕到工地後，第一個就要查明事故原因，然後採取緊急處置措施。原來，這是一起由小細節釀成的大事故。當時，正是停水期間搶時施工的高峰期，工地上有一千多名施工人員，人多事雜，又加之處於停水期施工，大夥兒一下放鬆了警惕。先是圍堰上出現了一個很小的豁口開始滲水，但這個很小的豁口卻被疏忽了，沒有在第一時間採取緊急除險措施。隨後，一個豁口在圍堰上游河道泄水的衝擊下越來越大，這水一旦有了空子可鑽，一下就形成了巨大的衝擊力，又加之風雨大作，洶湧的河水與傾瀉的雨水一起襲來，無論你怎麼奮力搶救，再也阻擋不住那決蕩的洪水了。當陳立明趕到現場時，圍堰內已經灌進來七萬多方水，整個基坑都泡在漫漫大水裏了。

看到這災難性的一幕，陳立明反倒冷靜了。他先打電話向總指揮部報告，他沒有把事故推到天災的頭上，而坦承這是一起責任事故，並主動承擔了所有的責任。但此時還不是追究責任的時候，而是汲取教訓，對圍堰採取處置和搶修措施。陳立明隨即就召開了緊急現場會，他痛心疾首地說：「這次事故，對我們最深刻的教訓，就是在管理上一點也疏忽不得，質量一點馬虎不得！圍堰為什麼會出現豁口，很多人以為圍堰只是施工期間的臨時設施，在施工質量上馬虎了，才會出現這樣的豁口。而一個小豁口出現後又在管理上疏忽了，才會釀成這樣一個慘痛的事故。建工無小事啊，你們看那一座座水利工程頂天立地的樣子，多雄偉啊，但這雄偉的工程都是在一個又一個細節上建起來的。我們一定要記住這個教訓，一輩子也不能忘記，搞工程，搞管理，就是這樣嚴格和殘酷，而最殘酷的就是細節，細節決定成敗，也決定命運，只有在實踐中不斷地對自己進行強化訓練，心細得要用顯微鏡來看，你才能把犯錯誤的幾率降到最低點！」

一個錯誤可以讓有的人變得一蹶不振，也可以讓有的人變得更加嚴謹、仔細，這樣才能超越別人的同時還能超越自己，陳立明無疑屬於後者。他在汲取教訓後，又拿出了處置和搶修方案，無論如何，也要確保按期交工。——對於整個東改工程全線來說，從頭到尾就是一條流水線，一個地方拖了後腿就會影響整個工程進度。為此，總指揮部還專門組織了一支應急搶險專業隊。C- Ⅳ標段如果不能迅速扭轉這種不利局面，應急搶險專業隊就要上陣了，這是陳立明和三局員工都不願看到的局面，一支擔當開路先鋒的鐵軍，豈能拖別人的後腿？

這樣一支鐵軍，還真是名不虛傳。經過四個日夜的搶修，他們修復了圍堰決口，將積水排除後，又日夜鏖戰，在最後的衝刺中幹完了整個工程，還提前一天交工。從進度和質量看，這又是一個漂亮的大勝仗，堪稱是一個轉敗為勝的經典戰例。這在全線引起了極大的震動，很多人都驚呼：「陳立明那家伙又帶着人馬追上來了，而且衝到前頭了！」

2001 年是東改工程的開局之年，陳立明和他尊敬的珪叔一起被評為年度十傑工作者，這是東改工程建設者的最高榮譽。珪叔笑眯眯地對他說：「小子，你幹得還真不錯啊，我得請你喝幾杯，不是罰酒，是敬酒！」誰都愛聽表揚，而珪叔從不輕易表揚一個人，反而動不動罵人，越是他最愛護的晚輩，越是罵得多。陳立明也沒少挨過珪叔罵，罵一次就長一次記性，罵一次就汲取一次教訓，但一聽珪叔表揚就特別緊張，他說：「這酒還是我來請吧，你不表揚我就行了！」

當時過境遷，那緊張的工期早已成為過去進行時，但工程的質量卻依然在接受時間的嚴峻檢驗，這每一項工程都是質量終身制。陳立明和三局的兄弟幹出來的工程，在當時是東改工程的樣板和標杆，而今已堪稱是經典工程了。搞工程，苦和累不説，還特別讓人煎熬。這個「拚命三郎」，一向高調做事、低調做人，在歷經三十多年打拚後，現在已是廣東水電三局的掌門人，他那一頭茂密的黑髮也熬出了一根根白髮。對於東深供水工程，對於廣東水電三局，他是越談越興奮，越談越自豪，但對於自己，對於那些功與名，他卻不願多談，每當我往這個話題上引，他只是淡然一笑説：「既然選擇了幹這行，一幹就是一輩子，一個人一輩子能把一件事幹好就值得了，身在其位則謀其職，我不過是盡自己的本分罷了。這些年，這麼多工程，那都是我們三局的兄弟們幹出來的。」

這是謙遜之言，卻也是另一種實情，有道是，強將手下無弱兵，在這樣一位強將的帶領下，就絕對沒有掉隊的兵。

二

當廣東水電三局爭創第一時，多年來一直同他們並肩作戰的兄弟單位——廣東水電二局，也正為建設一流工程而日夜奮戰。在激烈的競標中，二局共奪得了五個標段，而且都是地貌地質複雜、

圖 20　東深供水改造工程旗嶺渡槽施工現場（廣東省水利廳供圖）

施工難度極大的標段，如東改工程的三大渡槽，二局就承建了兩座——旗嶺渡槽和金湖渡槽；東改工程的四大泵站，二局承建了三座——太園泵站、旗嶺泵站和金湖泵站；東改工程的八大隧洞，二局承建了五個，分別是走馬崗隧洞、觀音山隧洞、筆架山隧洞、雁田隧洞和沙灣隧洞；他們還承建了東深供水工程正在運行的唯一一段地下現澆預應力混凝土圓管——鳳凰崗—窯坑輸水管道，這是當時世界上同類型的最大直徑現澆環型後張無粘結預應力混凝土地下埋管。此外，二局還承建了東深供水工程紀念園和展示工程模型。在東深供水改造工程建設期間，二局挑選了一千多名經驗豐富的管理人員、技術人員和工人，組織了三百多台（套）先進機械設備，目前，正在運行的東深供水工程的關鍵節點項目和幾乎一半的線路是由二局承建的。

這樣一個團隊的存在，從沒有掩蓋個人的意義。這裏，就從一個人說起吧。

曾令安，一個瘦長黝黑、剛毅如鐵的硬漢子，一看就是一個狠角色。來之前，我就聽說這漢子很有個性。這次我同老曾一見面，感覺一下對上號了。像這種很有性格的人，往往也是特別具有責任心和執行力的人。這也是他最看重的：「一個人的能力大小是相同的，一件事的成敗取決於一個人的責任心和執行力。」

從 1990 年 10 月到 1992 年 10 月，曾令安在東深供水三期擴建工程中擔任了項目部技術負責人，參與了沙嶺泵站、竹塘泵站施工建設的全過程。1997 年至 1999 年，他又在太園泵站施工中擔任項目副經理。2000 年 8 月至 2003 年 8 月，他在東改工程中擔任 B- Ⅰ標段項目經理，這一標段承建的是旗嶺渡槽、旗嶺泵站及變電站的土建工程，是全線施工最困難、任務最繁重、地質狀況非常複雜的一個項目。尤其是旗嶺渡槽，這是東改工程的標誌性形象工程，也是東改工程中施工技術難度最大的渡槽項目，施工難點多，技術含量大，工序特別複雜。

那年，曾令安三十八歲。這是一個從來不懼怕挑戰的人，但他也說了一句心裏話，這是他投身水利工程建設十幾年來遇到的施工難度最大的工程，這甚至是他有生以來遭遇最嚴峻的一次挑戰。

旗嶺渡槽北邊緊挨着旗嶺泵站，南邊和走馬崗隧洞相連。渡槽分為梁式和拱式兩部分，其拱式部分要架設一座七拱橋，有五個拱飛跨在石馬河上，這五個拱的橋墩和樁基都在石馬河中施工。當曾令安帶着管理人員和技術人員進入施工現場，一看那激流奔湧的石馬河谷，大夥兒一片驚呼，這工程怎麼施工啊？面對這樣的工程，這樣的陣地，絕對沒有誰摩拳擦掌，也沒有誰鬥志昂揚，曾令安的臉色異常嚴峻。但他已經簽下了軍令狀，再難，他也必須攻下這個陣地。通常，在河流上施工是採取分段圍堰的方式，但這個季節正值石馬河的主汛期，又是颱風暴雨多發期，圍堰勢必影響石馬河的泄洪過流，也會影響漲水期的施工進度。曾令安和技術人員幾經勘測，反覆論證，最終提出在河面上搭建鋼結構施工平台、採用貝雷架施工的方案。這是一個非常大膽的方案，卻也是一個充滿了智慧的方案。

貝雷架，又稱「裝配式公路鋼橋」，這是一種戰備公路鋼橋，又稱「321」公路鋼橋。這種橋梁最初是由英國工程師唐納德・貝雷在 1938 年設計的，這是一種結構簡單、架設快速、分解容易的鋼結構橋梁，同時具備承載能力大、結構剛性強、疲勞壽命長等優點。這種組裝式的可快速部署的貝雷橋，在緊張的戰爭年代往往能快速提供關鍵連接，而在戰後，許多國家把貝雷鋼橋經過一些改進後轉為民用，在交通建設、抗洪搶險中起到不可替代的作用。曾令安搭建鋼結構施工平台的設想，正是來自這裏。

2001 年 9 月，這是東江和石馬河流域一年裏較悶熱的季節，一場構築鋼平台的鏖戰打響了。這座橫跨石馬河的施工平台，不是一天就能搭建起來的，先要搭建一個樣板，架設起第一道鋼梁，然後才能照此類推，而這個樣板的成敗堪稱關鍵之關鍵。一大早，設計、監理及施工人員就趕到了施工現場，抵達指令崗位，一道道鋼梁也運到了現場。在轟鳴的機器聲中，施工人員開始緊張又有條不紊地施工，那一頂頂安全帽在太陽的炙烤下灼熱發燙，每個人都大汗淋漓，一低頭，就從安全帽裏淌下一串黑汗。站在一旁觀察的設計、監理人員，也都緊張地呼吸着，沉默着，氣氛有些沉悶窒息。隨着指揮人員一聲令下，工程技術人員啟動裝載機械塔吊，將第一道鋼梁緩緩吊起，又徐徐放下，穩穩當當地嵌入指令位置，一道鋼梁終於架設起來了。設計、監理人員隨即進行了各項測試，均達到設計要求。那長久的沉默終於被眾人的歡呼聲打破了，有人點燃了早已準備好的鞭炮，慶祝第一道鋼梁架設成功。這標誌着旗嶺渡槽鋼結構平台構築施工取得突破性進展，但還只是剛剛拉開序幕。而接下來，從第一道鋼梁到最後一道鋼梁，他們經過兩個多月的鏖戰，用了兩千多噸鋼材，終於搭建起了一座三百多米長、二十多米寬的鋼結構施工平台，又在平台上升起了貝雷架。這一鋼平台的威力在施工中得到了充分驗證，每天都有十幾台吊車在鋼平台上忙碌地揮舞着鋼臂，數不清的焊花閃爍在鋼平台上空，而這穩穩當當的鋼平台，承受了難以承受的重負，工友們在蓋梁上搭設槽身的高空作業仿佛在平地上進行一樣，這大大提升了施工效率，也將安全隱患降到了最低限度。

旗嶺渡槽是全線地質條件最複雜、地勢環境最險峻、施工難度最大、施工風險最高的渡槽。這一個個極限詞，絕非誇張的説辭，很多都超過了原來的預想。在渡槽第二個橋墩施工時，按原來的設計，這樁基應打到五十多米深的岩層上，才能進行澆築。可打到一半時，樁管就遭遇了頑固的抵抗，難道已經打到了岩層上？這是怎麼回事呢？而原來的地質勘測資料顯示，這河床下、岩層上是沙土卵石層，難道是原來的勘測不准？這一連串的問題，而今已不是什麼祕密，在金湖紀念園裏就擺放着一個奇特的樁基模型，一個混凝土鑄成的管道中間，在穿透一塊巖石後，變成了上下是管道、中間是岩層的怪物。這是一塊警示石，也正是曾令安在旗嶺渡槽第二個橋墩施工時遭遇到的怪現狀。而在當時，根據岩心取樣，確鑿無疑就是岩層。但曾令安是一個責任心很強的項目經理，他立即提出再勘測，而且擴大了樁基周邊的勘測範圍。當複勘結果出來後，還真是讓人們驚出了一身冷汗，抵抗樁管進尺的不是岩層，而是一塊堅固的巖石，這是鑽機偶然碰到的石頭，而石頭下還是沙土卵石層。誰都知道，樁基一定要紮在堅實的岩層上，否則就承受不了渡槽的重量。倘若當時就此打住，將來承載着幾百噸重的渡槽柱子，必然會因無法承受這樣的重壓而沉陷，整個渡槽都將毀於一樁啊！透過現象看本質的哲學原理，假象存在於每個事物中，自然界也有極危險的欺騙性。這對於每一個搞工程的人都是一種警示。

圖 21　東深供水改造工程 U 形殼壁預應力渡槽試驗場（廣東粵港供水有限公司供圖）

若說旗嶺渡槽的科技含量之高，就要說到那個世界之最——世界上最大的現澆預應力混凝土 U 形薄殼渡槽。這渡槽足有 6 米高，壁厚僅有 30 釐米，裏面佈置有雙層鋼筋和一層預應力鋼絞線，空隙小，砼骨料進倉難，澆築難度大，砼要一次澆築完成，稍有閃失，薄壁砼就容易出現蜂窩麻面，到時渡槽就會出現滲水、漏水等質量問題。這是設計上的難題，更是施工上的難題，對施工工藝的要求很高。你那紙上的設計描繪得再美妙，若不能付諸實施，也是一個誘人的畫餅。為攻克這一難題，曾令安組織技術人員進行技術攻關，採用多種方案進行研究比較，最後選定對 U 形渡槽模板採用定製加工成型整大塊鋼模板的方式，在安裝模板時，槽身外模採用「大塊鋼結構模板」運用技術，施工時先吊裝外模板，再綁紮鋼筋、鋼絞線，這一技術的運用為 U 形薄殼渡槽槽身外殼的平整度提供了可能，大塊鋼板還具有安裝拆卸施工速度快、加固容易等優點；槽身內模則採用「掛板式模板」運用技術，當內模板吊裝固定後，再在模板底部及中間採用開天窗的工藝，同時，在澆築混凝土時採用細骨料的方式，拱肋頂模則採用「小塊定製鋼模板」運用技術。實踐證明，這種內外夾攻的方式和一系列先進技術的運用，為工程的質量和進度提供了有效的保證。

然而，這七拱橋托舉而起的渡槽，每一飛拱跨度長達 52.5 米，上面有三節槽身，單節槽身長 17.4 米。主拱圈為雙拱肋變截面懸鏈線無鉸拱，雙拱間採用十一條肋間橫向聯繫梁和十二條斜撐梁連接。由於跨度太大，當拱身的模板安裝完畢後，經測試，拱身稍有往上弓的現象，左右也有扭曲的偏差趨勢。對於大跨度橋拱的施工，這種現象是在所難免的。但在曾令安看來，只要有可能對工程

圖 22　旗嶺渡槽（廣東省水利廳供圖）

質量產生影響的因素，哪怕是再小的因素，都必須死死抓住不放，琢磨到底，尋求一個圓滿的解決方案。為此，他和工程技術人員經過精確的計算，每一拱用四根鋼絞線拉住拱身模板，確保橋拱不走樣。當拱身澆築施工完成後，再撤去鋼絞線，又確保了七拱橋的觀賞性不受影響。

在槽身砼澆築過程中，槽身壁砼振搗是砼施工的關鍵工序。槽身壁薄，鋼筋、鋼絞線密密麻麻，一般振搗棒無法插入槽身進行充分振搗。而高強度混凝土進倉的時間有極高的要求，必須保證澆築的及時性和連續性，一旦遇阻延時就會影響混凝土澆築的質量，最大隱患就是 U 形薄殼弧線處容易出現澆築的真空。為此，曾令安和二局總工程師丁仕輝在反覆試驗後，決定把 60 釐米長的軟軸振動棒改成了 20 釐米長的短棒，隨即與振動器生產廠家聯繫，以最快的時間生產了一批短棒。實踐證明，這批短棒不僅能插入槽身振搗，還可避免觸碰鋼絞線。這一系列先進技術的運用，既很好地解決了混凝土進倉難的問題，又為工程的質量和進度提供了有效的保證。而旗嶺渡槽作為樣板工程，這些工藝均在全線渡槽施工中推廣應用。在水利工程中，有「十槽九漏」之説，而東深供水工程正在運行的三大渡槽——旗嶺渡槽、樟洋渡槽和金湖渡槽，總長 5811 米，這不但創造了一個世界之最，也創造了渡槽滴水不滲的奇跡，書寫了水利史上的神話。

當 U 形薄殼渡槽的施工難題解決後，曾令安終於可以輕鬆一點兒了，但他還沒有來得及吁一口氣，肩上的擔子忽然就加了一倍。前文説過，將旗嶺渡槽高高托舉起來的是一座七拱橋，除了飛跨在石馬河上的五個拱，還有一個拱築在石馬河南岸，一個拱橫跨東深公路，這是最後一拱，最考驗人的倒不是施工難度，而是既要施工，又要保通，這雙重的任務讓曾令安倍感壓力。東深公路，是東莞至深圳的交通主幹線，沿途都是一座座崛起的現代化重鎮和大型工廠，那工廠裏是晝夜不息的流水線，這路上是川流不息的車流，最多的就是大型貨櫃車，那密閉的貨櫃裏裝載最多的就是運往深圳、香港等國際港口的出口產品。有人説，「這裏一堵車，全球都缺貨！」除了川流不息的車流，在大路兩邊的鎮街上還有川流不息的人流。在這裏施工，稍有不慎就會嚴重損害過往車輛和當地群眾的生命財產安全。為此，曾令安一次次走進現場查看，又多次與當地幹部群眾溝通，還請來專家制訂出了專業施工方案，而最佳方案就是採取先封閉一半公路的辦法分兩期施工，對橫跨公路、風險最高的拱頂施工，則安排在東深公路一年中車流量最少的春節期間突擊施工。

2002 年歲末，眼看着春節即將來臨，施工人員在工地上一年幹到頭、一年盼到頭，誰都盼着一家人團團圓圓地過個年。然而就在春節放假前夕，曾令安卻裹着一身陰冷的寒氣鑽進了正在加緊施工的拱橋下，大夥兒一看經理來了，用齊刷刷的目光看着他，誰都以為曾經理是來宣佈放假呢，可他一張嘴，就下了一個冷酷得不近人情的命令：「春節不放假，加班加點，突擊施工！」當曾令安下達這道命令時，也感到了自己的冷酷。他也是一年幹到頭、一年盼到頭啊，家裏也有妻子和女兒在盼着他呢。女兒當時十一歲了，正上小學四年級，人家的孩子每天上學放學都是爸爸接送，節假日有爸爸陪着去兒童樂園，他卻是兩三個月也難得回家一次。每回一次家，女兒就纏着他，腳跟腳，手拉手，生怕他一回來就走了。每次，當他奔赴工地時，女兒就在門口天真地張開手臂攔着他，但她知道這個爸爸是攔不住的，那一雙水汪汪的大眼睛裏閃爍着晶瑩的淚花。他只好俯下身來柔聲安慰女兒：「等過年放假了，爸爸天天陪着你！」而此時，一想到自己説過的這句話，他也有一種痛徹心扉的感覺。他知道，女兒此時正眼巴巴地守在門口盼着爸爸回家過年呢。然而，為了保通，為了不耽誤工期，他也只能這樣不近人情啊。

這次施工，還真是一場突擊戰，哪怕封閉一半公路施工，公路管理部門也只給了他們三天時間。曾令安組織了一支精鋭施工隊伍，增加了十幾台大型機械設備，採取二十四小時不間斷的輪班作業。為了預防停電，他們還專門配備了幾台大功率發電機，電一停，就火速發動了自備發電機。那三天三夜的施工，施工人員還可以兩班倒或三班倒，而曾令安這個項目經理為了全面掌控施工進度，在緊張而又危險的施工過程中，連續三天三夜都蹲在施工現場。早些年，他在施工過程中右腳踝嚴重扭傷，由於一心撲在施工現場，沒時間精心治療，從此落下了一個病根子，一不小心或過度勞累就會復發。這次，他的老毛病又犯了，腳踝腫起一個大包，每走一步都鑽心地痛。同事們勸他趕緊去醫院，他不去，讓他在一邊歇着，他也不歇。他扯下一根布條草草地包紮了一下腳踝，又一瘸一拐地在工地巡查和指揮。大年夜，曾令安特意叮囑夥房給大夥兒加餐，再苦再累，也要熱熱鬧鬧地吃上一頓年夜飯，吃飽了，喝足了，繼續施工。熬到第三天晚上，他累得實在頂不住了，同事們都勸他回去休息一下，可他説：「你們都在加班加點施工，我怎麼可以回去睡大覺？」

很多人都説：「老曾啊，就是那個可以連續通宵加班不睡覺的鐵人。」

其實，這世間哪有什麼鐵人，誰都是血肉之軀，這鐵打的工程也是一個個血肉之軀幹出來的。經過三天三夜的鏖戰，他們終於攻克了七拱橋施工的關鍵一役。

在強勢推進施工進度時，曾令安對安全生產一直充滿了高度的責任感。無論工期有多緊，任務有多重，在他眼裏，都沒有什麼比生命更重。這每個施工人員都是家裏的頂梁柱，一個人倒了，一個家就倒了。走到哪裏，他都要一再叮囑：「你們可別只顧拚命，幹活先要顧命，不能出事，千萬不能出事啊！」這工地上有專門的安全員，但曾令安覺得這是不夠的，他説：「所有施工人員都是安全員，第一就要守護好自己的生命安全！」特別是那些高空作業和特種作業人員，他盯得特別緊，每個人都必須持證上崗，嚴格佩戴安全防護設施，按操作規程實施作業。一次，有個工人剛剛下班，由於天氣太熱了，他摘下安全帽抹了一把汗，那安全帽也沒有再戴上，而是提在手裏，一晃一晃地從工地上走出來，正好被曾令安逮了個正着。

曾令安黑着臉，猛喝一聲：「你小子不要命了，怎麼不戴安全帽？」

那工人趕緊把安全帽扣在了腦袋上，又辯解道：「曾經理啊，我已經下班了呢，你看，這裏又不是危險區，在危險區我一定戴！」

曾令安説：「只要還沒有走出工地的圍牆，就得戴上安全帽，這是必須養成的安全習慣，更是必須遵守的安全守則！」他隨即撥打手機，把安全員叫來了，對這位員工按規定罰款。時隔多年，曾令安還記得那位員工委屈而又傷心的樣子，他當時看見了也特別痛心，「工地施工又苦又累，我也不忍心罰他們的款啊，但這是制度，必須按制度辦，這也是對他們最大的保護！」

對於曾令安，他所有的預計都是要變成現實的，只能提前，決不拖後。

旗嶺渡槽全長 631.37 米，這是精確到了小數點後面兩位的數字，而他們每天的進度，就是這樣一寸一寸地推進着。2002 年 8 月，他們終於迎來一個重要的日子，這是一個好日子，天氣晴朗，天地分明，起伏的山巒被夏日明亮的陽光照亮了，連渡槽底下最深的幽谷也被照亮了，而被陽光照亮的還有一座渡槽，一座全線長度最長的渡槽，如同天空的作品，終於沉穩地安放在人間，看上去如同一氣呵成。在石馬河的浪濤聲中，又一次歡聲雷動，鞭炮齊鳴，旗嶺渡槽架設成功了，這比預計工期提前了整整一個月。回首那一千多個日日夜夜，從開工至交工，B- Ⅰ標段歷經三年奮戰，施工進度一直名列前茅，質量合格率達百分之百，三次被評為「施工標兵段」，三次被評為「信得過標段」，從頭到尾沒有發生過一起安全事故，這不能不說又是奇跡中的奇跡了。

時隔近二十年，當我仰望那騰空飛架、氣勢如虹的七連拱渡槽，它橫跨東深公路，飛渡石馬河，這是東改工程的標誌性建築和景觀之一，也是石馬河流域一道獨特的風景線。在亮晃晃的陽光下，我極力想看清一座橋的來龍去脈。但很多事物，人類是無法用肉眼看清的。有人讚美那些沒有任何修飾的混凝土渡槽，竟光滑得如同十八歲姑娘的臉。其實，它更適合用血管來比喻，只有那最光滑的血管內壁，最便於血液流淌……

三

無論是從陳立明身上，還是在曾令安身上，都能看到那種你追我趕、爭創第一的激烈競爭態勢，這既是為了高標準、高質量完成任務而戰，也是為了榮譽和尊嚴而戰。在一代代東深供水工程建設者中，從來不缺乏默默奉獻的精神，而榮譽感則是人類的第一精神需求，也是一種積極向上、富有正面意義的心理感受。

為了激發東改工程建設者的榮譽感、使命感和責任感，為參建單位提供一個公平競爭的大舞台，在總指揮部的指導下，由工程部制訂了勞動競賽規則，建立以質量、安全為核心的激勵機制，把施工進度、質量、安全等要素與施工單位、個人利益直接掛鈎，每個季度進行評比，由此探索出了一條市場競爭與社會主義勞動競賽相結合的新路子，東改工程也因此而被譽為新時期創造性開展社會主義勞動競賽的典範。

隨着東改工程於 2000 年 8 月全線開工，石馬河流域一輪風雨接着一輪風雨，全線的一個個標段也掀起了一輪又一輪的勞動競賽。總指揮部把中標合同金額按一定比例拿出來作為各個激勵項目的獎金，在獎勵中，一是突出質量，工程質量合格率達到百分之百、優良率達到百分之九十以上、外觀得分率達到百分之九十以上，可以獲得質量優秀獎或質量特別優秀獎；二是強調安全，凡是零事故的標段就可以獲得安全獎或安全文明獎；三是強化進度，按計劃完成工程階段建設任務的就能獲得里程碑達標獎；四是促進文明施工，文明施工達標的就能獲得獎勵。除了獎金，還有精神獎勵，對優秀個人評選年度十傑工作者和先進工作者，如陳立明，被評選為 2001 年度十傑工作者，曾令安被評選為 2002 年度十傑工作者，這是最高的個人榮譽。對施工單位則給予集體獎勵，在全線十六個土建標段設置四個「施工標兵段」，由評委們進行現場檢查，無記名打分，取綜合得分的前四名為「施工標兵段」，若連續三次獲得「施工標兵段」，就會晉級為「信得過標段」。如連續三次獲得「信得過標段」，就會獲得「信得過標段」獎，這是最高的集體榮譽。這種梯次遞進的競賽方式，使參與者猶如駛向長江上游的航船，在進入三峽船閘後只有逐級提高水平，力爭上游，沒有退路。在對優勝給予獎勵的同時，對落後者也必須給予懲處。凡評比連續三次倒數第一的標段，必須停工整頓，這就不是榮譽損失而是直接的經濟效益損失了。這種獎罰分明的激勵機制，還真是大大激發了施工單位的積極性和競爭力，形成了「先進更先進、合格便是後進，優良更優良、沒有最優良，優質安全處處合算、偷工減料得不償失，沒有最好，只有更好」的競爭態勢，為提高工程質量注入了強大的精神動力。

這裏不説別的，就從那每季度評選一次的「施工標兵段」説起，誰能評上「施工標兵段」，就能奪得一面流動紅旗。這還只是集體榮譽的第一級階梯，但在激烈的競爭中，這已是殊為難得的榮譽，總指揮部還制定了一套流動紅旗的交接儀式，若上次奪得了流動紅旗的施工單位，這次落選後，其項目負責人必須將流動紅旗親手交給新的「施工標兵段」，這讓落選的項目負責人簡直無地自容啊。而為了保住這面紅旗，有一家國字號的施工單位幹出了一樁令人震驚的事情。這家企業就是中國水利水電工程總公司，在競標中，他們一舉奪得了樟洋至隔水河的 B- Ⅲ 1 標段，這一標段的項目經理區宏穩，一看就是一個精明幹練的廣東人。在開工典禮上，他代表公司宣誓，一定要幹出一流工程！儘管他嗓門不高，卻充滿了底氣，這個底氣來自雄厚的實力。該公司是中國規模最大、科技水平領先的水利水電建設企業，通俗地説，這就是中國水利水電工程建設領域的龍頭老大，在半個多世紀的發展歷程中，他們承擔了包括長江三峽、黃河小浪底等在內的國內大部分大中型水電站和水利工程的主要建設任務，一直引領着中國水利水電施工技術的發展，積累並掌握了一系列具有國際先進水平的水電工程施工技術，在土石方開挖、機電設備製造安裝、壩工技術、基礎處理等多方面都處於行業技術領先地位。而就憑着這樣的實力，2001 年 3 月中旬，在東改工程第一次「施工標兵段」評比中，B- Ⅲ 1 標段奪得了第一面流動紅旗。

B- Ⅲ 1 標段全長 3700 米，有一段 24 米長的明槽工程，別看這段明槽很短，卻是一個卡脖子工程。這一帶施工場地狹窄，又是山體滑坡的頻發區。在明槽開挖時，區宏穩和技施人員採取了很多預防措施，但還是防不勝防，施工期間多次發生山體滑坡，而每次滑坡後就要把被滑坡體掩埋的施工場地迅速清理出來，但無論怎麼迅速，還是會耽誤施工，這耽誤的時間都只能在後面加班加點趕回來。就這樣，經過大半年的奮戰，到 2001 年 4 月，一道明槽終於澆築成功了，而這二十多米長的明槽，造價竟高達六十多萬元。從那時候的性價比看，這的確是付出了高昂的代價，但區宏穩早就有言在先 :「我們的壓力不是來自能不能賺錢，而是來自能不能幹得最好，爭創第一！」

然而，拆模之後，區宏穩一下傻眼了，這個爭創第一的工程，在明槽側牆表面上竟然出現了一條條細小的泌水線，而哪怕再細小，也逃不過區宏穩那一雙火眼金睛。泌水現象是混凝土施工中常見的質量通病，當混凝土拌合物從澆築完成後到開始凝固這一段時間，混凝土中固體顆粒因重力作用下沉，混凝土中水分受擠壓上升，最後在混凝土表層出現泌水和浮漿。區宏穩幾乎是一寸一寸地撫摸着這道明槽，又伸出手指摳着那一條條泌水線。此時，大夥兒都愣愣地看着他，他的臉色陰沉得可怕，一直緊閉着嘴脣，一聲不吭。一位技術人員提出了一個比較謹慎的處理方式，這一段明槽雖說出現了細小的泌水線，但只要經過精心修補，驗收達標合格應該不成問題。區宏穩慢慢轉過頭來，問了一句：「無論你怎樣修補，能達到一流工程的標準嗎？」就這一句話，把大夥兒一下問住了，一下陷入了集體沉默。而區宏穩緊接着又用一句話打破了沉默：「炸掉，推倒重來！」

這一下還真是讓大夥兒炸鍋了，有人說這是小題大做，大半年的施工，六十萬元的造價啊，說炸就炸了，那可虧大了！甚至有人覺得，這個精明的廣東人簡直是個傻子。而區宏穩作為這一項目的第一責任人，他要承擔的責任比任何人都大。你這樣一下就損失六十萬元，怎麼向總部和公司員工交待呢？要說心疼，沒有誰能超過他，他的心彷彿在滴血，這是在身上血淋淋地剜肉啊！然而，在開工典禮上，他就代表公司宣誓，一定要幹出一流工程，言必行，行必果，這是一流企業應有的誠信。如果用這樣的工程勉強交差，這將是中國水利水電工程總公司的恥辱柱。他們在長江、黃河的幹流上築起了一座座水利豐碑，而在東江的一條支流上，怎麼能栽跟頭？就算保住了這六十萬，將來呢，丟掉的可能是六百萬元、六千萬元、六億元……

誰都看得出，區宏穩幾乎是鐵了心。他說：「我們虧得起，但輸不起！虧了，我們還可以由企業墊付，輸了，我們就會失去信譽，失去廣東這個大市場！」

隨後，他向總指揮部做了匯報，有關領導和專家趕到了現場，一開始也是意見不一，經過激烈的爭議，最後意見趨於統一，推倒重來！

有人說，區宏穩是為保「標兵」而主動打掉了一段已經合格但未達到優良標準的明槽，但這話只說對了一半，區宏穩的真正目的是打造全國一流工程。而推倒重來，絕不是重複。先要汲取教訓，經反覆分析，他們找出了問題的癥結，由於原來採用的是散拼小模板，砼面分縫多，表面不平整。而在推倒重來後，他們針對工程特點拿出了一套全新的方案，打破了常規使用散拼小模板的做法，大膽設計出一套大型拼鋼模台車系統，解決了散裝小模板砼面分縫多、表面不平整的難題，使砼內部質量和外觀均達到了一個完美的高度。經專家檢測認定，這段明槽在推倒重建後，用多付出六十萬元的代價換來了各項指標均達到了全優的標準。B- Ⅲ 1 標段不但保住了「標兵」，還保住了紅旗，在接下來的評選中還從「施工標兵段」晉級為「信得過標段」。

說來，這個推倒重來的工程既是逼出來的工程，也是逼出來的技術，有人說，就這一套大型拼鋼模台車系統的技術專利，也不只值六十萬元啊！到這時，人們終於發現，區宏穩這個廣東人真是精明到家了，表面上一看，他砸的是自己的招牌，卻砸出了一塊鋥亮的金字招牌！

在東改工程建設中，還有一支素以打硬仗而聞名的水電大軍——中國人民武裝警察部隊水電部隊，簡稱武警水電部隊，其前身可追溯至華東野戰軍步兵九十師，1952 年 4 月，該師整建制轉為中國人民解放軍水利工程一師，開赴治淮一線。隨後歷經變遷，於 1985 年 8 月轉入武警部隊序列。這支建設大軍先後承擔三峽水利樞紐、青藏鐵路、南水北調等國家重大工程建設任務。這次，他們承擔了東改工程 C- Ⅲ 2 標段，主要負責鳳崗隧洞施工。這是一個大型輸水隧洞，全長 4119.5 米，為東深供水工程控制性工程之一，也是地質條件最複雜、施工條件最差的卡脖子項目。

這是一場持久的攻堅戰，由武警水電部隊東改工程常務副指揮長劉利軍上校指揮。這是一位久經沙場、具有豐富的現場施工經驗的指揮者，為國家一級項目經理、注冊監理工程師、高級工程師。在來到東改工程之前，他在三峽水利工程幹了七年，創造了好幾個世界第一。他說，在現代化的條件下，武警部隊官兵肩負着保衛祖國和建設祖國的雙重任務，不僅要練好傳統的本領，還必須用現代科學技術武裝自己，「在關鍵部位發揮了關鍵作用，在重要方向作出了重要貢獻，在特殊戰場經受了特殊考驗」。對於他們，鳳崗隧洞就是一個特殊的戰場，他們也將在這裏經受特殊考驗。這個工程有多特殊？只要説到鳳崗隧洞施工之難，幾乎所有人都用「頭頂水庫、腳踩淤泥、腰纏公路」來形容，劉利軍和他的戰友們，圍繞這三大難點打了三大戰役。

第一大戰役就是「頭頂水庫」作戰。鳳崗隧洞要從壁虎水庫下面橫穿過去。按照設計，鳳崗隧洞距離壁虎水庫水平距離為 12 米、垂直距離只有 10 米，由於圍岩滲水量大，極易造成隧洞塌方和工作面被滲水淹沒的後果。若要杜絕嚴重事故的發生，只有放空壁虎水庫。但是，一旦將壁虎水庫的水放空，當地十幾萬居民的生產、生活用水就將斷絕。為最大限度地減少施工對當地群眾的影響，劉利軍和指揮部的同志們果斷決策，在水庫不放水的情況下進行施工，這也是典型的「頭頂水庫」施工。面對嚴峻的施工條件，劉利軍將指揮部搬進了隧洞，緊盯着施工過程的每一個細節。他非常注意鑽機手的手感，如雙手操作鑽機感覺震動怎麼樣？耳朵聽到的聲音怎麼樣？打鑽冒出來的岩粉或岩漿是什麼顏色？一線施工人員天天趴在工地上，把土質、土壤、石塊、岩層的脾氣都摸透了，他們的操作感受是很重要的分析依據之一，而這每一個細枝末節的背後，也許就是一場滅頂之災。在「頭頂水庫」的日子裏，劉利軍和他的戰友們如履薄冰，正是這種對安全極端認真的態度和科學施工，保證了鳳崗隧洞從壁虎水庫底下穿過。

2001 年 3 月 18 日，在東改工程第一次「施工標兵段」評比中，C- Ⅲ 2 標段一舉奪得了流動紅旗，但奪得紅旗難，保住紅旗更難。接下來，他們又投入了第二大戰役——「腳踩淤泥」作戰。鳳崗隧洞Ⅳ、Ⅴ類較差圍岩洞段佔總長度的一大半，岩層內地下水豐富，且呈弱酸性，依據施工規範，這種惡劣的地質條件為隧洞施工的禁區——不能成洞地段。此前，在東深供水工程三期擴建的雁田隧洞施工時，就遭遇了這種惡劣的地質條件，而鳳崗隧洞的地質條件比雁田隧洞還要兇險，且隧洞的長度和規模也更大，在掘進過程中由於地質條件突然惡化，又加之掌子面大部分為強風化土，極容易發生冒水並引發塌方，幾乎是一直「腳踩淤泥」施工。在隧洞中段進口開挖時，就遭遇了一個難題，施工受到一棟港資廠房建設的影響。一邊是國家重點工程，一邊是港資企業，怎麼辦？這也是擺在總指揮部面前的一道難題，要麼讓港資廠房避讓，要麼讓隧洞進口施工避開港資廠房。劉利軍從維護香港同胞的利益和保護當地投資環境的大局出發，果斷做出讓步，提出在離廠房四十米外開洞。然而，這一避讓，就讓他們提前遭遇了一段全強風化碳質鈉長斑岩，屬於Ⅳ類巖石。為此，劉利軍和技施人員一起經過多次論證，決定採取管棚支護和先挖導洞的施工方法，同時採取加強支護和岩體變形觀測的綜合施工措施。隧洞施工，最常見的方式就是爆破，劉利軍就是一位爆破專家，作為中國工程爆破協會（2015年更名為「中國爆破行業協會」）理事、高級工程師，他深諳各種地質條件下的爆破施工方法。他依據隧洞穿越地段的地質情況確定打鑽和爆破的進尺，這個進尺有時是三米，有時卻只有半米。為確保安全，他命操作鑽機的人腰上綁上安全帶，後面的人一旦發現有石塊掉落，立即拉動繩索，使裏面的人得到警示，及時逃離危險境地。在全風化土層和強風化岩層地帶施工時，一旦採用爆破就會土崩瓦解，連大型掘進機械也不能使用，只能用手風鑽和鐵鎬，一點一點開鑿。

到了6月初，廣東遭受近四十年來兩次最大的、間隔時間最短的颱風暴雨，降雨量為十年來最大。在鳳崗隧洞入口處有一道三十多平方米高邊坡，突然發生大規模塌滑，情況萬分緊急。我不止一次地描述過，在東深供水工程中遭遇最多的就是颱風暴雨、泥石流和山體滑坡，而最大的災難還是山體滑坡，一場山體滑坡就可輕而易舉將一個施工現場埋葬。災難的力量如此巨大，而人類的力量是何等渺小。面對這些人力不可抗拒的災害，劉利軍從來沒有片刻遲疑，遲疑從來不是軍人的性格。他當機立斷，以最快的速度拿出了搶險方案，緊急集合三百多名官兵，全部投入抗洪搶險的戰鬥中。指戰員們扛着沙包，頂着暴風雨，一個個嗷嗷叫着往前衝。大夥兒一開始還穿着雨衣，但雨衣根本就擋不住大雨，反而還礙手礙腳，他們索性把雨衣甩掉了，在狂風暴雨中奮戰了三天三夜，他們以摞起來的沙包做「模板」，在斜坡處澆築加了速凝劑的混凝土，阻擋住了高邊坡的垮塌。而此時，每個人身上都糊了一層混雜着水泥的泥漿，形成了一身厚厚的「鎧甲」。從暴風雨之夜開始，劉利軍一直站在二十多米高的沙包上指揮，電閃雷鳴，而他一直站在最高處，暴露在雷電下，沒有離開搶險現場一步。但這場災害還是阻礙了他們的施工進度。在 6 月 18 日的第二次評比中，他們落選了，劉利軍這個常務副指揮長，按規定必須親手將流動紅旗移交給新的標兵段。這無疑是一件令人難堪的差事，對於一位部隊指揮官尤其如此。但劉利軍說 :「我們失去了流動紅旗，並不是因為我們做得不好退步了，而是兄弟單位奮起直追做得更好了。我真心為奪得流動紅旗的兄弟單位高興，更為整個東改工程高興！只有這樣，東改工程才有實力去奪取魯班獎。如果東改工程奪得了魯班獎，那麼榮譽將屬於東改工程的每一位建設者！」

他同時表態，要以更高的標準來要求自己的隊伍，把流動紅旗重新奪回來。

第三大戰役是「腰纏公路」之戰。鳳崗隧洞有一段與東深公路交叉，按原設計方案，這一段隧洞是採用明挖改道的方式錯開東深公路，但由於徵地等諸多因素，這一方案無法實現。為此，劉利軍提出一個大膽的設想，以洞挖的方式貫穿東深公路，但按一般挖洞理論，洞頂覆蓋層應當是洞徑的三倍以上，而鳳崗隧洞由於工程環境的限制，在穿越東深公路時，上面的覆蓋層只有洞徑的一半，這也是總指揮部和眾多專家極為擔心的，東深公路平均日車流量超六萬輛，最大貨櫃車重達百噸，在公路底下挖洞存在着巨大的風險，又不能有任何風險，一旦出現塌方將造成雙重的災難，那路上的車輛隨着公路塌方掉下去將造成一連串慘烈的車毀人亡事故，而隧洞施工人員則更加危險。

唯其如此，劉利軍的這一大膽設想甫一提出，就遭到來自各方的質疑和反對，有人説他簡直是癡人説夢！要説呢，劉利軍的膽子確實很大，號稱「劉大膽」，但搞工程就是這樣，該大膽的要大膽，該小心的要小心，既要大膽假設，更要小心求證，而大膽和小心之間有一個共同的支撐，那就是科學技術。他在設想中提出，佈設長達 47 米的超長管棚、採用亞納米 MC 注漿材料進行有壓灌注，通俗地講是往土層裏灌注混凝土，使土變成石頭，形成自然拱橋，在洞頂形成保護拱圈的條件下，進行短進尺、強支護、優化爆破設計和動態觀測等科學施工措施。但這種方法此前在水電行業還很少採用，風險實在太大。那麼，是否還有更好的選項呢？為此，各方專家經過八個多月的論證，開了十餘次專題討論會，有人提出在施工期間封閉東深公路，但這條交通主幹道怎麼能停呢？還有人提出在公路上架設一座臨時緩衝橋，讓過往車輛從緩衝橋上走過，以分散對路面的壓力，但這個臨時工程的代價太高了。而最終，各路專家在反覆論證比較之後，還是回到了劉利軍的設想上，這一大膽設想還真是最佳選擇，也是別無選擇之後的選擇。

2002 年 3 月，劉利軍的一個大膽設想，終於變成了經總指揮部批准的施工方案。但總指揮部的領導和專家們依然提心吊膽，他們輪番留在工地，以應對突然變故。劉利軍一再提醒施工人員要小心，小心，再小心。那還真是小心翼翼地施工，在五十多天的施工中，一直採取短進尺的方式，嚴格控制每循環進尺 0.8 米，並採用型鋼拱架及時支護。與此同時，加強對圍岩監控量測，測量頻次為每兩小時一次，並及時反饋給施工現場，視風險情況對進尺進行調節，有人形容他們「像雕刻家一樣一寸寸、一尺尺向縱深挺進」。在這種危險的狀態下施工，劉利軍説得最多的一句話，是一句俗話：「有事莫膽小，無事莫膽大。」越是在沒事的時候越是要小心翼翼，而一旦出了事，哪怕是天大的事故，你也只能勇敢地去面對，在第一時間採取緊急搶險措施，而他們也早已做好了應對突發變故的預備方案。幸運的是，這些應變方案最終都沒有派上用場，整個施工過程一直在有驚無險的狀態下進行，那些過往車輛人員都不知道，就在他們腳下和飛奔的車輪下，山體已經被掏空了，一條隧洞正在不斷延伸。2002 年 4 月 7 日，鳳崗隧洞終於從東深公路底下穿越而過，專家們隨即對施工質量進行了最嚴格的檢測，經過洞頂沉降及收斂變形觀測，隧洞最大變形控制在兩釐米以內，合格率百分之百。而劉利軍和他的戰友們，正是憑着既大膽又小心的方式打造了一個一流工程。

一位軍人指揮員決不食言，這次，C- Ⅲ 2 標段果然又重新奪回了流動紅旗。

2002 年 4 月 19 日，經過五百多個日日夜夜的奮戰，由武警水電部隊承擔的 C- Ⅲ 2 標段鳳崗隧洞終於提前貫通，宣告了東改工程隧洞全線貫通。按水利部頒佈的工程標準，優良率達百分之八十以上即為優良工程，而鳳崗隧洞的優良率達到了百分之九十以上

（93%），合格率達百分之百。鳳崗隧洞不只是一個工程的完成，劉利軍率領這支隊伍還豐富了我國大型隧洞在惡劣施工條件下小工程量掘進的施工工藝，一直到現在還在發揮作用。

依據以往的經驗，「隧洞開掘平均一公里死亡一人」，尤其開挖像鳳崗隧洞這樣的工程，連挖過隧洞的水電老專家們也心神不安。劉利軍在制訂每個方案時，都為在掌子面工作的官兵們的安全而思忖再三。他說：「我們作為軍人，一不怕苦，二不怕死，但這是辯證的，既要排除萬難去爭取勝利，也要排除各種隱患，不做無謂的犧牲，要在沒有傷亡的情況下把隧洞打通，那才是真正的漂亮仗啊！」然而，這樣一個高風險的工程，若想沒有傷亡事故，簡直是癡人說夢。但在整個施工過程中，鳳崗隧洞是零事故，零死亡，全體參戰官兵，連一根骨頭都沒有傷着。這也是整個東改工程創造的奇跡，全線施工三年，沒有發生一例安全責任死亡事故。

但劉利軍在交工後卻病倒了。他平時身體健壯，很少生病，而在這次施工時，他的神經每天都綳得緊緊的，又加之感冒咳嗽合併成肺炎，他一直硬扛着，而隧洞一貫通，一放鬆下來，他一下子就病倒了，這是典型的積勞成疾啊。

用總指揮部一位領導的話說：「東深供水工程能不能按期供水，關鍵就看鳳崗隧洞能不能按期貫通！」

隨着鳳崗隧洞提前貫通，一道瓶頸打通了，全線進入衝刺階段。

2003 年 6 月 28 日，在即將迎來香港回歸六周年之際，東改工程經過建設者們的三年奮戰，終於全線竣工並驗收完畢，正式啟用，這比設計工期提前了八個月。這個跨世紀工程，將年供水規模提升到 24.23 億立方米，其中對港供水 11 億立方米，對深圳特區供水 8.73 億立方米，對東莞沿線鄉鎮供水 4 億立方米，從根本上解決了香港的淡水供應問題，還為香港及沿線城市輸送了更純淨、更優質的東江水。而追溯這一工程，從規劃設計到工程進度，從安全生產到質量管理，從投資控制到廉政建設，解決了大型工程現代化建設管理的一系列難題，實現了一系列前所未有的創新。這是世界上最長的空中懸河，這是一條水上的「高速公路」。眾所周知，作為現代交通標誌的高速公路就是採用封閉式的專用車道，未經允許不讓外面的車輛進來，而東改工程則是採用封閉式的專用管道，外邊未經處理的水也進不來。有些香港同胞聽說東改工程採用全封閉輸水，一開始還想當然地認為全都是密封涵管，這還真是天大的誤會。實際上，全封閉不等於全密封，除了必要的隧洞和密封涵管，大多數專用輸水系統均採用敞開式設計，如渡槽、明渠或明槽都是露天的，整個 A 段十五公里都是採用明渠，若這些明渠改用密封涵管至少要增加十個億的投資，而水質還沒有露天好。水也是有生命的，離不開陽光和雨露的滋潤，敞開式設計造就了一個可以充分享受自然陽光的工程，既有利於空氣流通，更有利於原水在輸送過程中充分接受陽光或紫外線的照射，對水體進行天然殺菌消毒。隨着水質生態得到自然調節，讓原水活性明顯增強，這對水質有更好的淨化作用。為了對水質形成強有力的保護，東改工程在沿線所有站區、箱涵和水庫周邊均闢有綠化帶，這也是一個綠色生態環保工程，一江碧水就像從綠草如茵、花木掩映中奔湧而出的清泉……

從超越自然的意義看，這更是一個典型的陽光工程。工程領域一度是腐敗的重災區，「工程上馬，幹部下馬」，多少人在這方面栽了大跟頭。東改工程投資數十億元，為了把每一分錢都花得清清楚楚，讓每一個幹部清清白白，廣東省水利廳和東改工程總指揮部從一開始就在制度上築起了廉政工程的一道道防線，從招投標、徵地拆遷、工程變更到勞動競賽評比等每一個環節，都建立起一系列程序嚴密、相互制約的權力運行和監督機制，上至總指揮部的主管領導，下至各部門的分管領導，誰也沒有個人決定資金支出的權力。一切都在陽光下運行，從而杜絕了暗箱操作和權錢交易等腐敗現象，若想從中撈一把，幾乎是不可能的事。這裏就以工程投資為例吧，按一家國際工程諮詢公司的概算，東改工程總投資最少要 74 個億，而在物價不斷上漲的情況下，這一工程自開工三年來實際上只用了 47 個億，加上掃尾工程共 49 億元，不但沒有突破投資概算，反而比預算節省了 6 億多元。這也是大型工程沒有突破投資概算的一個典範，也是一個自始至終未發生一例違紀違法案件的陽光工程，受到了中央紀檢監察部門的表彰，並作為一個可推廣模式在有關市場上推廣，成為有形建築市場和有形土地市場建設的楷模。對於這一工程，時任中共中央政治局委員、中共廣東省委書記張德江給予了高度評價：「這是我省水利建設史上最複雜工程、最新技術、全新管理的縮影，在中國水利建設史上、在廣東大型工程建設方面樹起了一面旗幟。」

就在東改工程正式啟用的當天上午，在位於東莞塘廈金湖泵站的東深供水改造工程紀念園內紮起了高高的彩門，彩旗、彩帶迎風飄舞，中共廣東省委、省政府於此舉行了東深供水改造工程提前全線完工向香港供水的慶典儀式，陽光照亮了前台兩側高掛的對聯：「百里清渠，長吟慈母搖籃曲；千秋建築，永譜香江昌盛歌。」這副對聯高度概括了東深供水的內涵和外延。隨着泵組按鈕啟動，從太園泵站到深圳水庫的自動化監控系統一起運轉起來，一股股清泉從一台台水泵裏噴湧而出，人群中爆發出潮水般的歡呼聲，那些日夜奮戰的建設者們一個個心潮起伏，陳立明，曾令安，區宏穩，劉利軍……這一條條如鐵打的硬漢子，眼裏都含着滾熱的淚花，在閃爍的淚光中，那清清的東江水一路龍騰波湧，向着山那邊的香江奔流而去，優美的旋律在奔湧的流水聲中往復回旋：「東江的水啊東江的水，你是祖國引去的泉，你是同胞釀成的美酒。啊，一醉幾千秋……」

第八章
守望比仰望更難

一

倘若沒有經歷過乾旱和水荒的煎熬，又怎能品咂出那甘甜得令人沉醉的滋味？

倘若看不清這東江水的來龍去脈，又怎能知曉那「篳路藍縷，以啟山林」之艱辛？

東江，原本是一條撇開了香港的自然河流，卻因一個跨流域、跨世紀的大型供水工程，成為香港同胞的母親河。當我在似水流年中反覆追溯時，聽得最多的一首歌就是《多情的東江水》，聽到最多的一個詞就是——確保，百分之百確保！從幾代人艱苦卓絕的建設到半個多世紀的巡護守望，一切都是為了一個共同的目標：百分之百確保對香港充足的供水，百分之百確保水質安全，讓七百多萬香港同胞喝上安全水、優質水和甘甜水。這兩個百分之百的確保，一直是東深供水工程建設者和守護者矢志不渝的誓言和諾言。

從水量看，自東深供水首期工程竣工以來，歷經三次擴建和一次脫胎換骨的改造，近六十年來，對港供水一直是東深供水工程的第一使命，東江水一直是香港第一大水源。「只要東江不斷流，香港用水永無憂。」即使遭遇百年一遇的大旱，東深供水工程也從未中斷或減少對港供水。2004 年 9 月至 2005 年 5 月，珠江三角洲遭遇半個世紀以來最嚴重的跨年度乾旱，而東江流域則迎來了一次特枯水年。由於連續乾旱缺水，河流水位下降，致使海水倒灌，引發了二十年來最嚴重的鹹潮入侵。當乾旱和鹹潮疊加在一起，東莞告急，深圳告急，東江沿線城市頻頻告急。但廣東省在進行嚴格的水資源調控時，依然把對港供水放在第一位，越是大旱越要開足馬力、全力保障對港供水，讓香港在大旱之年安然無恙地度過了一場水危機。據不完全統計，東深供水工程迄今已累計對港供水近三百億立方米。對於數字，有的人不敏感，那就換一種更直觀的說法吧，東深供水工程迄今累計對港的供水量相當於三峽水庫的大半庫容，超過了一個半洞庭湖，保障了香港八成左右的用水需求，假如香港同胞每人每天喝十杯水，其中有七八杯是從東莞橋頭引來的東江水。

從水質看，若要百分之百確保對港供水的水質安全，僅靠東深供水工程是遠遠不夠的。千里東江，跨越江西和廣東兩省，從源頭到她流經的每一個城鎮村寨乃至每一個生命，就是一條血脈維繫在一起的生命共同體。每一個飲用東江水的人，都會下意識地把自己當作東江兒女，把東江當作同自己血脈相連的一條母親河。即便從生命的本能出發，每個人都有責任和義務守護這一江碧水。

這裏又得從東江源頭說起。曾幾何時，尋烏，這個青山疊翠、綠水長流的東江源頭第一縣，漸漸變得連當地人都不認得了，有時候連走路都會迷失方向。而人類的迷失往往是從那金子般的誘惑開始。尋烏素有「稀土王國」之稱，是世界上最大的離子吸附型稀土

圖 23　東深供水工程水源取之東江（廣東省水利廳供圖）

礦區之一，也是中國最早開採稀土的縣之一。稀土，堪稱是一種稀世之寶，是電子、激光以及超導等高科技產品不可或缺的潤滑劑，不是黃金，勝似黃金，這就是尋烏人改變命運的金飯碗啊。從 20 世紀 80 年代初開始，隨着全球稀土價格一路飆升，在東江源頭掀起了開採稀土的狂潮，由於生產工藝落後，加之又是粗放式管理和掠奪式開採，一座座青山被挖得千瘡百孔，溝壑縱橫，一條條清冽甘甜的溪流被挖得泥沙俱下，有的溪流被泥沙堵死了，有的水脈被生生挖斷了，有的流着流着忽然不見了，這每一條溪流都是東江之源啊。這災難性的開採延續了三十多年，那只「金飯碗」卻並未改變尋烏的命運，尋烏依舊是一個國家扶貧開發重點縣和羅霄山特困片區縣，但這一方水土早已變得面目全非，青山疊翠變成了荒山禿嶺，綠水長流變成了水土流失，大小沖溝堆積着礦渣或尾砂，而從源頭開始，江西老表們就沒有水喝了。水呢？你都不知道流到哪裏去了。

當你看着這遍體鱗傷的江山，別說老百姓有多傷心，連尋烏縣原稀土公司的一位負責人也痛心疾首地說：「我現在是為縣裏創業創收的功臣，以後可能會成為歷史的罪人。」沒有痛心疾首，就不可能有真正的痛定思痛。尋烏人終於冷靜而清醒地看清了，那只能改變他們命運的金飯碗，從來就不是什麼稀世之寶，綠水青山才是尋烏最大的優勢、最寶貴的資源，也是這一方水土未來發展的潛力和希望所在。「寧可步子慢一點、暫時窮一點，一定要守住綠水青山！」2016 年 10 月，廣東、江西兩省簽訂了為期三年的《東江流域上下游橫向生態補償協議》，兩省每年各出資一億元補償資金，中央財政每年安排三億元資金，專項用於東江源頭的生態環境保護與建設，從上游到下游實行跨區域、全流域治水。在這一大背景下，尋烏，一片紅色熱土近年來又在向綠色江山嬗變。

為了給東江源區築起一道綠色生態屏障，尋烏縣痛下決心，全面禁止稀土等礦產資源的開採，對散佈山野的廢棄礦山進行生態修復和植被復綠，對水源涵養區採取封山育林、流域治理等綜合措施，並對東江源頭保護區內的數千村民進行整體搬遷。那些散居於椏髻缽山周圍的山民，大都是為逃避戰亂和饑荒從中原遷徙而來的客家人。九溝十八岔，岔岔有人家，多則三五戶，少則一兩家。他們逃到這大山溝裏後，世世代代靠山吃山，靠水吃水，但一方水土卻難以養活一方人。這裏素稱「八山一水一分田」，那一分田或高懸於兇險的峭壁之上，或深藏於如同大山裂縫的峽谷溝壑之間，這就是山民們賴以為生、養活一家性命的土地，無論你怎麼辛勞地耕耘，收穫的只是世代的赤貧。在一個國家級貧困縣裏，他們就是最貧苦的群體。大山無言，山裏人也早已習慣了沉默寡言，他們只能想方設法擺脱貧困，為了多打一點養命的糧食，一個個勤勞的農人只能攥緊鋤頭到山坡上砍樹開荒，一年到頭都在拚命挖地，往崖邊上挖，往巖石縫隙裏挖，山上的樹木被連根挖掉了，山溪被活活挖斷了。這裏原本就不適合人類居住、不適合種莊稼，人類的過度開墾必然會導致水土流失，加劇泥石流和山洪暴發等自然災害，在加害自然的同時又加害自己。這大山溝裏的人，無論怎麼苦心經營，頃刻間，一場山洪就會將他們變得一貧如洗，而一座深山又讓他們深陷其中。讓他們走出深山，是人類對大自然的讓步，只有把大自然重新交還給大自然，才能讓荒山禿嶺重新煥發出綠色的生機；讓他們走出深山，是人類文明的進步。無論如何，不能讓這些大山溝裏的老鄉們把一家人的性命懸在一道道懸崖絕壁上，必須讓他們過上安穩踏實的日子。也只有這樣，才能從根本上解決他們的交通、飲水、用電、通信、就醫以及上學等種種難題，這是為山裏人開闢的一條重生之路。

當這些大山溝裏的老表們換了一種活法，這一方水土也換了一副面貌。而今，尋烏已從東江源頭第一縣變成了東江源生態保護第一縣，那一座座被挖得寸草不生的光頭山又變得滿目葱蘢了，全縣森林覆蓋率從百分之十提升到百分之八十以上，東江源頭第一山——椏髻鉢山的森林覆蓋率更是高達百分之九十五，連石頭縫裏都有深深紮下的樹根，每一條根須都維繫着水源。這是對生態最深層的呵護和涵養，從源頭就構建起了以東江為血脈的生命共同體。「青山翠欲滴，綠水尚自流」，有了青山的涵養，便有岸芷汀蘭，碧波蕩漾，那飛走的鳥兒又撲棱棱地飛來了，消失已久的魚兒又活潑潑地遊來了……

在這生命共同體中，還有東江的另一個源頭——安遠縣三百山。「過雨看松色，隨山到水源。」儘管源出三百山的定南水未能確定為東江正源，卻也是當之無愧的東江之源。早在《明史》中便有記載，安遠府「南有三百坑水，下流廣東龍川縣」。又據《辭海》所載，三百山為東江的發源地。三百山是安遠縣東南邊境諸山峰的統稱，地處贛、粵、閩三省交界處，屬武夷山脈東段北坡餘脈交錯地帶，山間九曲十八灘，更有跌宕起伏的流泉飛瀑，匯聚為一條九曲河。沿九曲河一路上行，當一陣風吹開鋪天蓋地的濃蔭，映入眼簾的就是傳説中的虎嗷堂，想當年這裏應該是猛虎嘯嗷的深山老林。而今，虎嗷堂已改名為福鼇塘，這一帶處處皆是密林深澗，飛瀑流泉，峭壁凌空，古木參天，這古樸、清寂、幽遠之境宛如世外桃源，又美若仙境，相傳八仙之一的漢鍾離就是在此山中修煉成仙。而幽靜之中卻有如萬馬奔騰一般的響聲，那是「東江第一瀑」。那激越的奔湧之聲穿越繚繞的雲霧，就是東江聲名遠播的源頭之一。當你置身於這奔湧之聲中，會下意識地仰望，仰望一座山環水繞的紀念碑，那上面鐫刻着周恩來總理的題詞：「一定要保護好東江源頭水！」

當年，周恩來總理批准修建東深供水工程時，就殷殷叮囑要從源頭開始保護好東江水。這一句叮囑就像總理本人一樣樸實，卻是跨越時空的鄭重囑托。往這山中一走，你只能一路仰望，仰望那一座座層巒疊嶂的山峰，而守望比仰望更難。

龔隆壽，這位大山的兒子，就是東江源頭的一位守望者。這位年過花甲的江西老表，是三百山鎮虎崗村村民，也是三百山林場的護林員，他每天的工作就是巡山。那一身浸透了汗漬的迷彩服，一雙穿舊了但特別耐磨的解放鞋，還有一隻掛在胸口的電喇叭，便是他巡山護林的全部行頭。一看他敦實的身板和挺直的腰杆，就知道是當兵出身。1979 年初夏，他還是一個二十多歲的小夥子，在退伍返鄉後就當上了護林員。當他接受這一任務時，一開口就是粗聲粗氣的一句話：「山林是我們國土的一部分，保護山林就是保衛祖國！」這是一位軍人的覺悟。那時，龔隆壽就知道，東江水是供應香港的，護水必先護林，為了讓香港同胞喝上乾乾淨淨的東江水，他就要保護好這源頭的一草一木和每一滴水，這是龔隆壽的第一職責。而一位護林員在巡山途中的艱險，絕不亞於一位巡邏的戰士。多少年過去了，他還記得自己第一次巡山的經歷，那感覺就像在邊境線上巡邏一樣。山高林密，人煙稀少，到處都蟄伏着未知的危險。一條曲曲折折的山徑在荊棘叢生的密林中穿行，他一邊走，一邊拿着柴刀開路，一不小心就竄出一條毒蛇，衝他一閃一閃地吐着猩紅的蛇信子。兇悍的野豬在林子裏鑽來鑽去，那像匕首一樣齜出的獠牙，隨時都會傷人。最多的還是蜈蚣、蠍子、馬蜂和奇形怪狀的毒蟲，一旦被它們叮上，輕則咬一個疙瘩，搞不好就有致命的危險。老龔手臂上那一個個暗紅色的斑點，就是被蜈蚣、蠍子叮咬後落下的疤痕，一輩子也不會消失。那年頭，又沒有什麼手機、對講機之類的移動通信工具，一個人在山林裏穿行，不管發生什麼事都只能靠自己。第一天巡山，他走了幾十里山路，還好，一路上有驚無險，但腳底也打起了一層層血泡，每走一步都像針紮一般。

要說呢，那毒蛇毒蟲也好，野豬野獸也罷，其實都不是護林員的敵人，而是要保護的對象，它們也是自然生態的一部分。一個護林員，第一要防範的是山火。每到過年過節時，林子周邊的村寨裏有人放鞭炮煙花。而清明節上山燒香的人多，還有電閃雷鳴的天氣，一個火星子或一次閃電就有可能引發一場森林大火。每到這樣的日子，人家在過節，在團聚，或在家裏躲避風雨，護林員則要上山巡護，一雙眼睛比平時睜得更大。除了火災，還要盯防那些盜伐、盜採和盜獵者。每次發現後，他總是苦口婆心地勸誡他們：「老表啊，你們這樣偷偷砍樹、採礦和打獵能掙幾個錢呢？這山被砍禿了、溪流被挖斷了，誰也喝不上水了啊，這世上還有什麼比水重要呢，你們還是給自己也給子孫後代留點好山好水吧！」

三百山上的那些大樹，尤其是那些稀有樹種，很多就是在護林員的捍衛下幸存下來的。現在好了，為了保護東江源，近年來安遠縣將三百山水源區域的林場劃為重點保護區，建立起史上最嚴厲的森林和水源保護制度，全面實行三禁，禁伐、禁採和禁漁。禁伐，就是全面封山育林，對東江源範圍內一百多萬畝天然林嚴禁砍伐；禁採，對東江源區潛在價值高達一百多億元的鎢、鉬、電氣石與稀土等各類礦產資源和河道砂石全面禁止開採；禁漁，對東江源頭河道和全縣水庫實行禁漁，禁漁區域全面退出水產、畜禽養殖，嚴厲打擊禁漁區域內一切非法捕撈行為。若算經濟賬，安遠縣因各類資源限制開發，每年財政收入要減少五億元以上。但還有另一種算法，那就是生態賬。如何永保綠水青山？如何把綠水青山化為金山銀山？安遠縣通過發展高效生態農業、旅遊等現代服務業以及新能源、新材料及節能環保型綠色產業，走上了一條人與自然和諧相處的綠色崛起之路。

時代變了，人也變了，老龔也一天比一天老了。而今，在三百山的護林員中，他已是年歲最大、資歷最老的一個。當一位老護林員站在一片蒼茫的林海中，一不小心，你就會把他看成一棵蒼松，那像樹一樣粗糙的皮膚，像樹一樣粗壯的身軀，越來越像一棵樹了。他站在三百山向南延伸的一道山梁上，指着一片茁壯挺拔的林子說，那是他一棵一棵栽下的。從走進這片山林開始，在巡山護林的同時，他一直在年復一年地栽樹，又看着它們一棵一棵長大，眼下，你看看，這些樹已經可以遮陰擋雨了！這林子裏，有一條清澈見底的山溪緩緩而流，波瀾不驚，一個人走到這裏，連腳步也不知不覺放慢了。但你絕不可小瞧這條小溪，她將注入東江，流向香港……

香港，對於東江源頭的一位守望者來說，就像一個繁華而邈遠的夢境。這麼多年來，他一直在深山老林中活着，從沒有想過還有別的地方可去，還有別的一種活法，一生只把他守望着的這一座青山一片山林當作整個世界來熱愛。但他也有一個夢想，一直想去香港看看。儘管他還從未去過香港，但也見過不少來三百山尋根溯源的香港同胞，他們在這裏品咂着清甜東江源泉，一個個嘖嘖稱歎。一位香港同胞將朱熹的詩句改為了「問港哪得清如許，為有東江活水來」，還有人將一首古詩改為：「我住東江頭，君住東江尾。情繫贛粵港，同飲一江水。」這一改，讓老龔感覺和香港遙遠的距離一下拉近了。而這些香港同胞在尋根溯源後，又紛紛慷慨解囊，為東江源區捐資興學，如香港言愛基金會就在安遠縣捐資一千萬元建起了一所思源學校。思源，飲水思源啊！

香港同胞來了，又走了，走了，又來了，而老龔依然在日復一日地巡山，一條山道，一個個日子，一如既往。早上六點他便揣上乾糧、穿過霧靄向深山進發，走餓了就一邊啃乾糧一邊走，乾渴了就掬飲一把山溪水。他在這路上走了四十多年，也不知走得多遠了，他只知道，這幾十年裏走壞了一百多雙解放鞋。他也走出了一雙鐵腳板，有人説他那腳底好像長了鈎子，多高的山，多險的路，他如同走在平地上一樣。對於一個老護林員，這條路已經快要看到盡頭了，但他説，只要這兩條腿、一雙腳還走得動，他還會繼續走下去……

從尋烏到安遠，從椏髻缽山到三百山，還有數不清的像龔隆壽這樣的守望者，以一生的堅韌和執着守護着東江源，換來的是「一江清水向南流」。而那些生長於東江源的年輕一代，也有很多一路循着東江的流向，奔赴深圳、東莞打拚，從頭到尾，他們喝的還是東江水。有一位在深圳打工的小夥子看見了那穿行於青山疊翠之間、一路碧波蕩漾的東深供水工程，彷彿又回到了家鄉，他興奮而自豪地說：「這就是從我們家鄉流來的東江水呀！」

這確實是值得江西人驕傲的，如果不是東江源區的父老鄉親們守護着這一江碧水，又怎麼能換來「一江清水向南流」？當東江水從江西流入廣東境內，這保護東江的重任就落到了嶺南兒女身上。為保障東深供水的水量、水質和工程運行安全，廣東省劃定了東江飲用水水源保護區，先後頒佈了十三項法規。有人說，廣東省對東深供水的保護措施，採用的是史上最嚴謹的標準、最嚴格的監管、最嚴厲的處罰、最嚴肅的問責。為此，從河源、惠州、東莞到深圳等東江沿線城市都主動放棄了不少投資項目，換取「一江清水向南流」。

這裏就從東江入贛第一市——河源說起吧。河源，位於東江中上游，是粵東北山區與珠江三角洲平原地區的接合部，這裏離珠江三角洲並不遠。誰都知道，珠江三角洲是我國經濟最發達的地區之一，被譽為黃金三角洲，但比鄰而居的河源卻一直是廣東省的欠發達地區。無論從哪個角度看，這裏都是一個山環水繞、得天獨厚的地方，實在不該落後啊。從歷史看，這裏是嶺南最早的建邑之地，也是客家人開發嶺南最早的地區。從現實看，在「無工不富，無商不活」的大勢下，這裏不是沒有人來投資建廠開礦，河源是嶺南的富礦，鎢礦、鐵礦、螢石礦和稀土儲量位居全省第一，境內還探明世界首個超大型獨立鈮礦床，這讓多少人趨之若鶩，一個個豪商巨賈攜帶重金而來，但河源人卻一次次將他們拒之門外，唯一的理由就是要不惜一切代價保護東江水源。

河源雖不是東江之源，卻是東江流域最重要的水源地，除了東江幹流和眾多的支流，境內還擁有楓樹壩水庫（又名青龍湖）、新豐江水庫等眾多大中型水庫，尤其是始建於 1958 年的新豐江水庫，為廣東省第一大水庫，因四季皆綠、處處皆綠而被譽為萬綠湖，這是華南第一大人工湖。就這一個水庫的水，據説夠全中國人喝上十三年。這裏是東深供水工程的主要水源區，七百多萬香港同胞關注着這裏。為了保護水源，河源市拒絕了五百多個工業項目，放棄了近千億元規模的企業投資。河源也有大手筆的投入，卻不是興建能帶來滾滾財源的企業，而是投入幾十億元用於生態環保工程建設，對城市截污管網、污水處理設備和工藝進行全面升級改造。這樣一個欠發達地區，卻擁有國際一流水平的大型污水處理廠。走進河源市城南的一座大院，第一眼看見的就是一塊標誌牌——東江屏障。乍一看，你會產生一種錯覺，還以為走進了一個綠意盎然的濕地公園。眼前，嶺南深秋的陽光透過綠蔭與花影，在清風與陽光中，一池清水閃爍着瀲灩的波光。誰又能想到，這竟是經污水處理後變成清水的中水池，那清靜的池水如同一面映現天空的鏡子，在水中嬉戲的魚兒蕩漾起一陣陣漣漪，偶爾掠起幾朵浪花，每一滴水都是那樣乾淨、透亮。當你看着這一切，眼裏也閃爍出乾淨、透亮的光澤。穿過園中的亭台水榭，如徜徉於嶺南山水園林。從前門走到後門，就是一家污水處理廠的出水口，但你壓根就感覺不到這是一處污水出水口，但見蘆葦搖曳，野花綻放，那出水口看上去就像是水草叢中的一個泉眼……

河源，這就是河源給我留下的第一印象——東江屏障。面對這樣一座城市，你只能靜下心來打量，否則你真的會產生錯覺。它的存在，確實與我們對一個沿海發達省份的印象有着強烈的反差。若要理解這背後的一切，就必須對價值觀進行重新確認。看這樣一個地方，你絕對不能只看硬邦邦的GDP（地區生產總值），更要看它的柔性價值。2021年，河源的GDP在廣東省二十一個地級市中排名第十九位，但其水環境質量持續位居全省第一，全市飲用水源水質達標率、地表水功能區水質達標率均達百分之百，新豐江水庫、楓樹壩水庫的水質常年保持國家地表水I類標準。河源雖說沒有深圳那樣的高新科技研發基地或東莞那樣的高端製造業基地，但河源也擁有一塊閃光的招牌——中國優質飲用水資源開發基地。這就是一座城市的潛力和後勁啊，而河源連續三年發展後勁排名全省第一。

當東江流到石馬河河口，又到了一個源頭。這江河交匯處，一直是東深供水工程最直接的水源地和取水口。在東深供水改造工程竣工運行後，石馬河重新恢復了自南向北的天然流向。為保護東江

圖24　東江上游河源、惠州兩市封山育林，實行水源生態涵養（廣東省水利廳供圖）

水質和保障對港供水不受石馬河的影響，東莞市在東改工程竣工運行的第二年（2004 年）就決定實施石馬河調污工程，採用橡膠壩將石馬河污水截住，將污水經橋頭大圍底涵閘調入東引運河，當河道汛期遭遇洪水時，則用橡膠壩坍壩泄洪。十幾年來，隨着社會經濟的迅猛發展，這一調污工程及橡膠壩的運行效率均已無法滿足調污要求，一座建成於 20 世紀 60 年代的建塘反虹涵也因年代久遠需要重建。為消除工程運行的安全隱患，進一步提高東江水源的安全保障能力，由廣東省水利廳牽頭，聯合深圳、東莞和惠州三市，決定實施石馬河河口東江水源保護一期工程，於 2017 年 10 月開工，2020 年 10 月竣工。主要工程包括新建石馬河河口攔污節制閘、重建建塘反虹涵、擴建調污箱涵、拆除橡膠壩以及新建管理樓等。這一工程進一步提升了石馬河調污工程的調污能力，為保障東深供水及東江下游水質又加了一道安全閥。

走進橋頭，在水一方，忽然不知自己身在何處。一陣陣清香被潮濕的風吹來，又吹去。我立刻嗅到了，那是蓮荷。而蓮荷，對於水是必不可少的，「蓮荷長碧池」，「清水出芙蓉」，這都是古人形容蓮荷與水的關係。蓮荷是橋頭的象徵，也是橋頭的一個節日。二十頃蓮湖，讓水泊橋頭芳香四溢。二十頃蓮湖有多大？一眼望開去，萬千蓮荷頃刻間籠罩了我的視野。這無數蓮荷儘管有着千姿百態，但每一朵蓮花都是清晰的，就像每一滴水那樣清晰。每年春夏，那麼多遊人，還有許多香港同胞來到橋頭，不為別的，只是來看看橋頭的蓮花。在蓮花面前，我早已喪失了比喻的能力，沒有任何一個比喻可以形容蓮花。她的美，超過了所有的比喻。最好的方式，就是用心去看，你就能看到心裏去。心裏沒有什麼別的念頭，於是單純，於是純真，這樣你才會發現，一朵蓮花的身影也充滿着人的神態。暗自想，一朵蓮花最大的願望是什麼？人類也許不知道，但人類應該能夠虔誠地感覺到那種無比清純的力量。只有蓮花，只有像蓮花一樣高潔的心靈，才能讓世界變得這樣乾淨。

二

河流一直是時間的象徵，沒有什麼比流水更能見證歲月滄桑。「流水不腐，戶樞不蠹，動也。」一句春秋箴言，揭示了一個供水工程在動態化的建設和管理過程中的規律。水是流動的，時間是流動的，人也是流動的，一切都隨着時間的推移而不斷發展，「凡益之道，與時偕行」，這道行，説穿了就是管理運行。

大凡工程，三分建，七分管。我已經反覆描述東深供水工程建設之艱巨，而這一工程如何運營管理，則是另一艱巨而持久的使命。從 1965 年初開始，東深供水工程運行至今，在管理上大致分為兩個階段，第一階段由廣東省東江—深圳供水工程管理局負責運營管理，其主要職能是對香港、深圳和東莞供應原水及東深沿線的農田灌溉。這一管就是三十多年，其間經歷了東深供水一期、二期和三期擴建工程。2000 年，在東深供水改造工程正式上馬之前，廣東省委、省政府決定對廣東粵港投資控股（有限）公司進行重組，並將東深供水項目作為優質資產注入廣東粵海控股集團有限公司（以下簡稱「粵海控股」）。時任東深管理局黨委書記兼局長葉旭全被任命為粵海控股黨組成員、董事副總經理，在企業重組過程中，葉旭全即是粵海控股的負責人之一，與此同時，他還要作為東深管理局的黨委書記兼局長領導和組織將東深供水優質資產注入粵海的工作。這雙重的職務也是雙重的職責，而歷史已經證明，粵海重組是非常成功的，被譽為「亞洲最佳重組交易」。在重組的過程中，經原國家外經貿部批准，原東深供水工程管理局經過改制，在粵海控股旗下成立了廣東粵港供水有限公司，這是一家集原水供應、自來水經營、污水處理和水環境綜合治理等多種水務業務於一體的大型綜合運營商。而這一次改制，無論是對東深供水工程，還是對「東深人」，都是一次劃時代的轉型。

一個跨流域、跨世紀的大型供水工程，從初建到如今，大致經歷了三代人。東深供水工程的守護者和管理者都自稱是「東深人」，他們也在歲月輪迴裏換了一茬又一茬。如今已到拄杖之年的黃惠棠老人，他從一個小學畢業的「土夫子」民工一步一步地成長為東深供水戰線的一位高級技工，一直到 2003 年，隨着東深供水改造工程竣工運行，他也光榮退休了。這樣一位平凡的水工，在他身上一輩子都找不到什麼典型事跡。你要問他這一生是怎麼度過的，他也會發出一聲歎息：「人吶，一輩子就是這樣走過來的！」但他從來沒有懷疑自己度過的歲月，更不會去追問值不值得，能夠成為一名「東深人」，他一直都深深地感到欣慰和自豪。我突然想，這樣一位平凡得不能再平凡的老人，就是以這種平凡而執着的堅守，確保了東深供水工程和水質的安全，這其實就是他最不平凡的事跡啊！

當第一代「東深人」交出了接力棒，第二代「東深人」就接過接力棒，用黃老的話説，那是「一茬接着一茬幹，一錘接着一錘敲」，一代接着一代守護着這條供水生命線。黃惠棠的兩個兒子黃沛坤、黃沛華在參加工作時就從父輩手中接過了接力棒，一個擔任橋頭供水管理部水質室巡邏維護員，一個擔任太園泵站運行值班長。大兒媳陳孌也是一名「東深人」。1993 年，陳孌從廣東省水電學校畢業後，就進入了原東深供水工程管理局。那時，三期擴建工程剛剛投入運營，她就參與了運行管理，先後在司馬泵站、蓮湖泵站和旗嶺泵站工作，從值班員做起，一直做到安全主任、站長。我見到她時，她剛剛調任橋頭供水管理部水質室主任。她一邊帶我參觀水質監控系統，一邊深有感觸地說：「這個工程最早是老一輩人一擔一擔挑出來的，作為後來者，我們要守護好這條供水生命線，對港供水無小事，必須確保萬無一失！」

一聽這話，我心裏也下意識地一緊。我也知道，東深供水工程就是一個龐大的系統工程，若要萬無一失，每一個細節、每一個環節都不能鬆懈，稍有鬆懈就可能釀成大事故。陳孌給我講起 2002 年 6 月發生的一次險情。當時，她在太園泵站擔任值班長。某天，到下午六點鐘下班時，她正準備起身去飯堂吃飯，忽然聽到副廠房低壓室傳來一個輕微的響聲。她感覺有些異樣，隨即迅速查看了一下監控系統，一切正常，而監控系統也沒有發出報警信號。按說，她可以照常下班了，但職業的敏感性還是讓她高度警覺，她隨後又走進低壓室去查看，發現站用變壓器櫃正冒出濃煙並伴有火光。不好，出事了！她旋即跑回中控室，用遠程控制系統將冒煙起火的變壓器退出運行，一邊操作一邊向調度和站長緊急報告險情，並讓另一名值班員通知保安員趕來援助。報告完畢，陳孌便和聞訊趕來的值班員、保安員一起滅火，在他們的奮力撲救下，變壓器的煙火很快被撲滅了。而此時，陳孌那緊繃了近半個小時的神經一下放鬆了，而過度的緊張一旦鬆弛，也讓她兩腿一軟，差點摔倒了，但她扶着牆壁頑強地站了起來，又繞着變壓器仔細檢查一圈，確認沒有後續異常情況發生後，她才長長地吁了一口氣。這一次有驚無險的事故，在時隔近二十年後回想起來，她還心有餘悸，如果當時沒有高度警覺，一旦引發大火，整個系統都會毀於一旦，而只要有一級泵站出了問題，就會影響到全線供水，一旦波及對港供水，那更是重大責任事故了。幸虧當時大家在應急處理時基本功紮實，才能將事故損失控制到最小的程度，從而保證了對香港的正常供水。

走出監控室，站在橋頭供水管理部的院子裏，我也長吁了一口氣。這個院子不小，有着深深的歲月感。仰望那高過閘壩的大樹，半個多世紀的歲月足以撐起滿院綠蔭，地上的濃蔭如樹冠一樣漫開，那閘壩和泵站投在流水上的陰影比建築本身更清晰。這陰影掩蓋了許多鮮為人知的過往，那些離我們越來越遙遠的面孔，越來越模糊的往事，也許只有在那一代過來人的回憶中才依稀得以再現。當年，那座在東深供水首期工程建起來的第一級抽水泵站——舊太園泵站，就建在這個老院裏。這一座老泵站雖説早已停止運行，但它為我們在歲月長河中追蹤提供了一個最初的出發點。

從橋頭供水管理處走向東深供水工程正在運行的第一站——新太園泵站，感覺一下跨越了三十年。這是在東改工程中新建的一座泵站，從喇叭形的引水閘、高屋建瓴的泵站到頗具現代感的站房和辦公樓，在山環水繞中依山就勢而建，層層疊疊。當你沿着鮮花綠植夾道的石階拾級而上，流水也在逐漸上升。這原本就是一個水往高處流的工程，在大片綠蔭的掩映下，那像巨石一樣的閘墩，在嘩嘩流水的沖刷下激起陣陣浪濤聲，東江水從這裏經過四級提升，然後一路奔流南下。

走進寬敞而整潔的泵房內，六台機組一字排開，那都是頂天立地的大型水泵，而人類看上去是那樣渺小。如今的泵站，已進入數字化、智能化的時代，值守人員都在中控室裏通過電腦視頻等多媒體系統監控着這泵站裏裏外外的一切，哪怕一隻蝴蝶飛進大院，他們都能看清那翅膀上的斑紋。而在這偌大的站房裏，只有一位穿着藍灰色工裝的中年漢子，正在仔細地查看六台機組的運行情況。他不只是看，還時不時將耳朵貼在機器上，就像在聆聽機器的心跳，然後在平板電腦上輸入一個個數據信息，哪怕有一絲雜音也逃不過他的耳朵。這位中年漢子，就是太園泵站副站長莫仲文。説來，莫仲文也是一位典型的「東二代」，他父親莫根旺早在 1964 年開春就投身於東深供水首期工程建設，後來又參與了一至三期擴建工程，一直在東深供水線上幹到退休。莫仲文從小就看見了父輩的辛勤勞累，卻也對這個工程特別好奇，誰都知道水往低處流，而這個工程卻偏偏要讓水往上流，這到底是怎麼回事呢？隨着年歲漸長，一個少年的好奇變成了越來越濃厚的興趣，總想對這個工程一探究竟。1992 年夏天，莫仲文從水電學校畢業，適逢東深供水三期擴建工程開建，他毫不猶豫地加入這個大家庭中。他是學電子電工專業的，但在他剛剛入職的 20 世紀 90 年代，東深供水工程的現代化程度還很低，運行管理主要靠密集的人工作業，泵站中控室運行人員每小時都要到現場人工巡查和抄表，然後逐級上報，而工程調度只能靠電話發出指令。邁進新世紀後，隨着東深供水改造工程投入運行，一切開始發生革命性的變化，從中控室到泵站機組相繼實現了電子化，莫仲文那幾乎無用武之地的專業特長終於可以發揮出來了。

而今，當年初出茅廬的小夥子已成為一位穩健幹練的管理者，他也見證了近三十年來水利科技的現代化進程，東深供水工程的運行管理系統歷經一次次更新迭代，擁有了越來越先進的機械設備。在更新換代中，這個工程已經造就和擁有一批接一批的專業技術人才。一代人有一代人的使命和擔當。隨着管理水平和科技水平的不斷升級，為了讓管理運行水平與工程質量、現代化設施相匹配，東深供水管理團隊提出以「一流工程，一流管理」為目標，實現了工程全線遠程自動優化調度，總部可以遠程控制各個泵站閥門開合。然而，無論科技如何進步，人都是無可替代的主角。水是尋常之物，卻也是非常之物，一旦供水中斷或水質遭受污染，那就是天大的事，也是天大的責任。對港供水一刻也不能停，泵站施行的是二十四小時輪班制。而對於每一個「東深人」來說，「手機永不關機，二十四小時待命」，一直是生活常態，只有堅持這樣的常態，才能在非常時刻應對各種突發情況。

2018 年 9 月 16 日，超強颱風「山竹」從西北太平洋呼嘯而來，這是珠江三角洲自 1983 年以來遭受的最強風暴，登陸時最大風力高達 14 級，狂風吹倒了深圳街頭的一棵棵大樹，有的被攔腰刮斷，有的被連根拔起。每一次颱風來襲都會裹挾着暴雨，這對於東深供水是嚴峻的考驗，一旦石馬河洪水暴漲，漫進了人工清水渠道，水質勢必遭受大面積污染。而此時，設在深圳的東深供水調度中心早已嚴陣以待，一道道閃電穿過暴雨如注的窗戶玻璃，照亮了一張張緊繃着的面孔。正在值班的調度管理人員陳龍輝在第一時間給塘廈管理部下達指令，要求他們馬上派技術人員趕赴旗嶺泵站，將 1 號、2 號和 3 號防洪閘門全部關閉。塘廈管理部副總經理何久根得到指令，旋即披上雨衣，帶領幾個技術人員驅車趕往三個防洪閘。但剛出發不久，由於公路遭受水淹，又加之被吹倒的樹木、電線杆橫七豎八倒在路上，汽車被堵住了。何久根趕緊打電話給旗嶺泵站值班人員，讓他們趕過去採取應急處置措施。旗嶺泵站站長藍偉華接到電話，就帶着幾個人衝進了暴風雨中。一路上，他們被狂風吹得東歪西倒，雨衣被風撕破，那些被狂風吹落的樹枝和廣告牌稀裏嘩啦地砸下來，幾個人只能抱着腦袋，弓着身軀，連滾帶爬，一步一步地掙扎前行。當他們趕到防洪閘時，渾濁的河水正在不斷上漲，已經接近溢流堰頂部，好險啊！如果來遲幾分鐘，污水就要湧進清水渠道。藍偉華把手猛地一揮，幾個人一起動手，將三扇防洪閘門關閉了。但他們還來不及舒緩一下緊張的神經，又接到一個緊急求助電話，那是東莞石馬河流域管理處打來的，由他們管理的石馬河旗嶺水閘的電纜線被颱風吹斷了，而備用電源又因漏電跳閘，若不能及時打開泄洪閘門，上游沿線的幾個經濟重鎮就會直接面臨洪水的威脅！藍偉華一聽就明白，必須馬上接通一條臨時電纜線。而這時，何久根等被困人員也趕過來了，他們衝風冒雨趕到旗嶺水閘，同水閘工作人員一道拉電纜、接電源，隨着旗嶺水閘恢復通電，及時泄洪，洪水的威脅終於解除了。大夥兒忙完這一切，已是凌晨五點多鐘，此時每個人都像是從洪水裏掙扎上岸的，感覺從死的邊緣又過渡到了生的境界。這個颱風之夜，他們確實是冒着生命危險闖過來的，而他們也確保了在一次重大自然災害發生後無一例安全事故發生，這也堪稱在突發情況下採取緊急處置措施的一個經典案例。

塘廈，一直處於東深供水工程的樞紐位置，而塘廈金湖泵站既是東深供水改造工程的制高點，也是全國第一家一級達標水利工程

圖 25　金湖泵站（廣東省水利廳供圖）

管理單位。該站共有八台機組（其中六台工作泵、兩台備用泵），全部採用先進的立式液壓全調節抽芯混流泵。我早就聽說過東深供水工程的智慧泵房，百聞不如一見，在這裏，從機電設備到操作運行系統，在計算機網絡、大數據、物聯網和人工智能等技術的支持下，一切都是高度自動化和智能化運行。

在泵站一旁的輸變電站，遠遠地，我就看見一台智能機器人正在巡檢高壓輸電線路。但我不敢走近，那高壓電網的電磁輻射，一直令人駭然色變，而南方的陽光又強烈刺眼，那高壓電網更給人咄咄逼人之感。而在此前，對這高壓電網只能採用人工巡檢，就算你不怕輻射或採取必要的防護措施，在這刺眼的陽光下，有的故障或隱患用肉眼也難以發現，又加之點位多、範圍大，難免會留下死角或盲點。2020 年 6 月 1 日，金湖泵站引進了一位「新成員」，就是這台智能巡檢機器人，這小家伙像個機靈的孩子一樣特別可愛，一來這裏就度過了一個快樂的兒童節。而它一來就大顯神威，頭頂上架着一副像望遠鏡一樣的儀器，具備測溫和高清攝像兩個主要功能，一旦開始運行，比人力巡檢的功能強大得多。它像一位巡邏的哨兵，每天按時巡檢四次，對輸變電站的四百多個關鍵測溫點進行測溫監控，夜裏還能進行紅外光巡查。在高性能傳感器的加持下，這小家伙具有卓越的穩定性、靈敏的足端觸地感知和基於視覺的自主跟隨，可在複雜多變的氣候環境下進行攝像巡視，不但極大提高了巡視效率，還能基於人工智能、大數據、雲計算及 5G 實時通信等技術對站裏的表計、油位計等實現圖像識別監控，並提供全方位實時識別、報警、留痕和推送等服務，真正做到了無死角、不受限、全視域實時監控。這小家伙來這裏一周後，就在 6 月 9 日晚上的例行巡查中發現一個故障隱患：121 開關 B 相接線板和 1211 刀閘 C 相觸頭溫度超過允許值。其中，開關接線板的報警溫度為 80 攝氏度，刀閘觸頭的報警溫度為 50 攝氏度。而一旦達到報警溫度或出現其他異常現象，巡檢機器人隨即就會發出自動報警，值班人員在警報聲中迅疾趕來，經停電檢查，才發現開關出線壓板的固定螺杆生鏽和刀閘觸頭氧化，兩處接觸電阻均大於正常值幾十倍。經更換螺杆和打磨處理，接觸電阻值恢復正常值。這也是智能機器人立下的首功，在第一時間就發現了設備隱患。實踐證明，這種智能化機器人既節約了大量人力，也讓巡檢的安全係數大為提升，其自動反應的速度也確實遠遠超過了人類。金湖泵站的員工都對這個小機靈連連豎大拇指，稱讚它「專業又敬業，可愛又可靠」。而今，在安全管理上，東深供水已走在行業前列，成為國內跨流域調水工程自動化、信息化的標杆。然而，無論自動化的程度有多高，人工智能設備有多強大，人，依然是運行管理的主體。在金湖泵站有一些「專業又敬業」的員工，對機器故障的反應速度甚至超過了系統自動反應的速度。李恆林是金湖泵站的一位普通員工，從二十歲出頭進入東深供水工程工作，在這裏一幹二十多年，他説自己只幹了一件事，就是保證正常供水。而要保證正常供水，其實很簡單，就是保證泵站機電設備一直在正常的狀態下運行。這是件特別簡單的工作，也是件特別單調的工作，一天到晚，一年到頭，坐在同一把椅子上，面對同一台電腦，盯着同一個屏幕或儀表，如果沒有執着的堅守，誰又能堅持下來啊。一旦你坐不住了，那很可能就不正常了。李恆林還真度過了一個不尋常的日子，那是 2011 年 8 月 8 日晚上，他和另一位值班員在中控室值守。一切一如既往，在設備運行的聲波頻率中，他們靜靜地注視着眼前的視頻。到了 22 時，他們接到了遠程調度的指令，開 5 號機組。這也是正常指令，但李恆林已有多年的工作經驗，機組在開停機時往往為異常狀況的高發時刻。他接到指令後立馬起身，到 5 號機組現場監視開機過程監控流程，在機組完全啟動之前，他始終堅守在現場，直到機組啟動並正常運行後，他才回到中控室繼續監控。而這次在遠程開機幾分鐘後，在機組 10 千伏開關合閘的一瞬間，接線箱內竟有一道藍色的弧光冒出。這不正常，一定是出什麼故障了！李恆林這麼多年來也經歷過大大小小機組異常現象，但這種現象他還從未見過。但他沒有慌張，隨即做出了冷靜沉着而又果斷的處置，先是迅疾地趕到機組監控櫃按下緊急停機按鈕，並切斷電源。在停機後，藍色的弧光消失了，但接線箱內有一縷縷青煙冒出。李恆林在確認現場無安全隱患後，隨即按故障報告流程將有關情況分別向遠程調度、值守站長報告，並做好緊急搶修的準備工作。隨後，塘廈供水管理部副總經理莫仲文和維修部負責人先後趕到現場，對5號機組進行開機檢查，排除了故障和隱患。而這一事故雖説是有驚無險，但若不是從一開始就能迅速發現，極可能釀成一起損失慘重的大事故。像李恆林這樣一個普通的值班員，能對故障做出準確判斷、沉着應對、及時反應並果斷處理，在一個非常時刻顯示出了他訓練有素的綜合素質。而從5號機組啟動到果斷按下緊急停機按鈕，時間僅有一秒鐘，這是生死攸關的一秒鐘！

一路上，我見到了許多像李恆林一樣的普通員工，他們在平凡的崗位上度過默默無聞的一生，而在一生中的某個瞬間，這些平凡的身影也會迸射出明亮而燦爛的光澤，然後又歸於尋常，一如既往，這才是一切正常的狀態。而就在他們日復一日、年復一年、一如既往地守望下，東江之水正在光影流轉間奔向那個既定的方向和目的地，或是靜水深流，或是暗流洶湧。若要看清這一切的一切，還得登上一個制高點。在金湖泵站上方的一座山嶺上，就是當年東深供水改造工程竣工時的慶典之地，也是東改工程的紀念園。登上山嶺，我又一次下意識地仰望，仰望那座二十多米高的大型雕塑——生命之源，一位身穿曳地長裙的年輕母親，坐在陽光下，以蔚藍色的天空為背景，她微微低着頭，露出豐滿的乳房，一隻手摟着一個正在哺乳的嬰兒，另一隻手托起一條纏綿的絲絹，她靜謐而又安詳地凝視着懷抱中的孩子，臉上洋溢着柔情似水的神色，那腰下飄拂的裙裾和手中托起的絲絹輕柔如水，在風聲與濤聲中正飄向南中國海的方向……

圖 26　深圳水庫（廣東省水利廳供圖）

三

從東江橋頭走到深圳梧桐山下，一路山重水複，但只要一直循着那「清清的東江水」，你就不會迷失方向。往這兒一走，眼前一下豁然開朗，好大一個湖！忽然想起唐人的詩句：「浮光隨日度，漾影逐波深。」

這個湖，就是位於深圳市東部、東連梧桐山的深圳水庫，深圳市民都親切地稱之為東湖，一個東湖公園也因水而興，而它更早的名字就叫水庫公園。早在 1961 年，深圳水庫初期工程竣工後，當時的寶安縣深圳鎮便在這裏開闢了一個小公園，這是深圳歷史上建立最早的一個市政公園，也可謂是深圳最早的一個水利風景區。此後，隨着東深供水工程和深圳水庫的不斷擴建和升級改造，這個一直沒有正式命名的公園也經歷了一輪輪的擴建和改造，直到 1984 年 10 月，這個公園才被深圳市政府正式定名為東湖公園。從車水馬龍、熙熙攘攘的大街上往這綠蔭掩映的公園裏一走，感覺世界突然變了，一條條小徑宛如植物的觸須一樣舒展延伸，山環水繞，峰回路轉，靜可觀山，動可觀水。那一方朱欄碧瓦的華亭，廊柱上刻有北宋名士王禹偁撰寫的一副楹聯：「遠吞山光，平挹江瀨。」他其實並非為這一方山水而作，但用在這裏卻格外真切。這亭前還有一尊主題雕塑——源。這尊雕塑選用三塊未經雕琢的毛石（原石）作為框架，中心則採用鏡面不鏽鋼制成一顆仿真水滴，像一顆從乾涸的眼角流出的淚水，又像一顆搖搖欲墜的露珠，凝視着這一顆水滴，你腦子裏會下意識地生發出無數源自一滴水的意義——追根溯源，正本清源，飲水思源，生命之源……而在這亭後還有一道高低錯落、曲徑通幽的百米長廊，在長廊兩側又佈置有一系列雕塑，像是三本打開的石書，均採用花崗岩和銅版畫結合的形式，刻記有深圳水庫從初建、擴建到改造的歷程，還有水庫建設在不同歷史階段的圖片資料，這是一條以深刻的方式留下難以磨滅的痕跡的歷史長廊。

若從空間看，從東江橋頭一路走過來，走到這裏，已是對港供水的最後一站。但若從時間看，這裏又是對港供水的最先一站。早在20世紀50年代末，廣東省政府開始籌劃在深圳河上游興建一座大型水庫，但這個水庫一開始與東江無關。深圳河屬珠江三角洲水系，其幹流上游為沙灣河，發源於牛尾嶺，上游還有一條重要支流——蓮塘河，發源於梧桐山。而深圳河幹流中下游為深圳與香港的界河，自東北向西南流入深圳灣，注入珠江口的伶仃洋。1959年11月中旬，深圳水庫正式開工，那也正是冬修水利的季節，一萬多名民工從寶安縣各個公社奔上工地。為了搶在來年雨季之前完成主壩——攔水大堤的土方工程，指揮部掀起了一場「百日大戰」。儘管當時已經入冬，但從當年的歷史照片看，很多民工都是光着膀子、打着赤膊挖土挑擔，那你追我趕的隊伍像衝鋒陷陣一般。但據指揮部每天的土方量測算，就憑這樣的速度，也難以保證在雨季之前完成主壩土石方工程，這一萬多名民工還遠遠不夠。為此，寶安縣委又決定從各公社再抽調兩萬多名民工，在三天內全部進場施工。一時間，投入水庫建設的總人數高達近四萬人，這也是深圳水利建設史上一場空前絕後的大決戰，以前從未有過，而以後隨着機械化程度的提高更不會有這種人海戰役了。而在那個時代，「人多力量大，柴多火焰高」就是最樸素的真理，嶺南那個寒冷的季節，由此變成了一個熱火朝天的冬天。1960年3月4日，那也是農曆「二月二，龍抬頭」

的日子，一條長龍在深圳河上游昂然崛起，如橫空出世一般。這條近一公里長、三十米高的主壩土方工程，比原計劃到 5 月完成提前了兩個多月，只用一百天時間就完成了，號稱「百日堤壩」。

在主壩興建過程中，施工技術人員就開始鋪設通向香港的輸水管道，這種地下埋管是必須與土石方工程同步進行的。輸水管需要八百噸鋼材。在那個時代，鋼材是國家緊缺和嚴控的計劃物資，廣東省傾盡全力也無法湊齊，只能上報國務院。周恩來總理在接到報告的第一時間就親自批示從鞍鋼調運八百噸鋼材，從而保證了輸水管道和主壩工程同期完工。而在主體工程完成後，還有溢洪道等配套工程尚未完全打通。溢洪道是水庫等水利建築物的防洪設備，多築在水壩的一側，像一個大槽，當水庫裏水位超過安全限度時，水就從溢洪道向下游流出，防止水壩被大水毀壞。深圳水庫的溢洪道的地質全是風化石，施工難度大，又加之施工場地狹小，難以採取大兵團作戰，只能調集精鋭隊伍進行攻堅戰。這個任務由邊防駐軍某部一個營負責，一直在艱難而緩慢地推進。進入 5 月，一場 12 級颱風帶來的暴雨，導致水庫水位暴漲，這對剛竣工不久的主副壩造成極大的威脅。按照原來測算，水庫集雨面積為 52 平方公里，正常貯水要兩年左右才達正常水位，誰知一場颱風暴雨就讓水庫逼近警戒水位，在風雨最烈時，水位一個小時便升高一米。若是大壩被洪水沖垮，不但水庫工程前功盡棄，還將給深圳河兩岸人民帶來滅頂之災，一個原本為香港同胞造福的工程，將變成一個震驚世界的災難性工程。危急時刻，當地駐軍調來了大部隊和幾十輛卡車，衝上了抗洪搶險的第一線，他們頂着狂風暴雨築起一道道人牆，抵擋着洪水對大壩的直接衝擊。在駐軍戰士用血肉之軀捍衛大壩的同時，廣東省委、省政府也做了最壞的打算，萬一超過警戒水位，那就炸副壩保主壩。幸運的是，到中午時分，暴風雨終於停了，水位才慢慢降下來。而這一場超過了設計者預料的颱風暴雨，也是一次非常及時的警示。暴風雨過後，指揮部又按照更高的標準加高、加固了攔河大壩。

由於深圳河只是珠江三角洲水系中的獨立河流，僅憑其本身的流量和深圳水庫的集水面積，難以滿足深圳本地用水量和對香港的供水量。這種相對獨立的蓄水庫其實就是一個大水塘，除了攔蓄深圳河上游的水量，只能靠雨水補充。直到 1965 年 3 月，東深供水首期工程竣工，將東江水引進深圳水庫後，才從根本上解決了水源問題，深圳水庫因此也被定為 1965 年 3 月竣工。由此，深圳水庫從最初的一個獨立蓄水水庫變成了一個樞紐型的調節水庫，一邊接納源源不斷流來的東江水，一邊源源不斷地向香港供水。隨着東深供水的三次擴建工程和一次改造工程，深圳水庫也經歷了一次次升級改造，這才是我們今天看到的深圳水庫，從對港供水的最先一站到最後一站，風流水轉，這裏一直是供水香港的重要水源地，現已被列為全國重要飲用水源地。

山水從來是互為鏡像的，透過那在秋日的陽光下蕩漾的碧波，可以清晰地看見青山疊翠的倒影，狀若深圳的一葉綠肺。那是梧桐山，一座朝着大海生長的山，一座與香港「新界」山脈相連、水脈相通的青山，其主峰為深圳第一高峰。每一座山都有遺傳密碼般的記憶，而梧桐山的遺傳密碼就隱於神話之中。「鳳凰鳴矣，於彼高岡。梧桐生矣，於彼朝陽。菶菶萋萋，雍雍喈喈。」這《詩經》中的描述，恰好可以用來形容此山中梧桐生長的茂盛。在神話傳說中，唯有梧桐鳳凰來，鳳非梧桐而不棲，梧桐樹因此被賦予靈性乃至神性。這山上不只有梧桐樹，也是嶺南天然常綠闊葉林的主要分佈區，依次有規律地分成南亞熱帶常綠闊葉林、南亞熱帶山地常綠闊葉林和山頂矮林。站在梧桐山上，俯瞰深圳水庫，一片煙波浩渺的大澤，綠汪汪地倒映着雄偉的山勢與變幻莫測的雲霧。這是綠水裏的青山，青山裏的綠水，連雲霧都是綠的。沒有看見那傳説中的鳳凰，但見那些飛出花叢的蜻蜓、蝴蝶散發出迷人的氣息，山水間到處都是飛翔的翅膀，每一隻鳥都在發出不同的鳴叫聲，而浪花正一朵一朵地綻開。那些追風逐浪的白鷺，興許是在追逐那水中的魚兒，偶爾有魚兒驚飛而起，從一朵浪花飛向另一朵浪花，在深秋的陽光下劃過一道道銀亮的光澤。

魚和水，從來就是一種親密得不可分離的關係。深圳水庫中的魚類，一部分是隨東江水一起遊來的天然魚類，還有一部分是在生態專家指導下放養的魚苗，採取人放天養的方式。對於水，魚是最敏感的生命，這水質哪怕發生一點微妙的變化，魚比人類更先知，更清楚，隨即就會以生命的本能做出反應。一旦有魚生病甚至死亡，這水就有問題了。魚類不只是水質的生物指示器，也能維持水體健康和生態平衡，尤其是鰱魚、鱅魚等濾食性魚類對大水面水體可以起到生物淨化作用，形成以水養魚、以魚淨水的良性循環。當你在一片水域裏看見了活潑潑的魚類，這水也是乾淨、活泛而充滿了生命力的。

當然，對於東深供水的監測，還有更科學的方式和嚴格的指標。我正沿着一道大壩邊走邊看，一條水質監測船徐徐駛來，那船上載着兩位檢測人員，陽光把她們年輕的身影照得分外清晰。一個靠近船頭，正彎着身子用儀器在水中取樣檢測，她低着頭，看不清她的面容，但從她那凝然不動的身影看，此時她已全神貫注，仿佛已深深地沉浸於水中。另一位檢測人員則在平板電腦上記錄着什麼，陽光勾勒出一個神情專注的側影。凝望着她們的身影，不知不覺地，我也深深地沉浸於其中，連呼吸也放低了，生怕打擾了她們。

當船靠岸時，我才走過去同她們攀談起來。一打聽，那位剛才在水中取樣的姑娘名叫佟立輝。她是內蒙古呼倫貝爾人，2010 年從武漢大學水質科學與技術專業碩士研究生畢業，通過應聘，入職廣東粵港供水有限公司。就在那一年，為了進一步保障供水水質，廣東粵港供水有限公司正式組建了粵海水務水環境監測中心。此前，東深供水的檢測指標只有二十多個。隨着監測中心成立，從東江橋頭到深圳水庫，在工程全線配備了視頻設備，對關鍵區域實現三百六十度無死角、全天候監控，每天三個指標，每周八個指標，每月三十多個指標，在兩年後就達到了一百多項檢測指標。

如何才能精準地進行監測和檢測呢？佟立輝説：一是對水質構成了在線監測，現在只要輕點鼠標，就可以查看水質監測數據，還可通過水質預警平台的頁面，查詢東江取水口、雁田水庫和深圳水庫實時水質監測結果。而在線監測設備還有無人採樣監測船進行巡檢，只要將採樣點位進行數字化設置後，無人採樣監測船就可以按照設定的時間和點位自動採樣和密集巡檢，還可以抵達人工巡檢難以發現的盲點。二是現場檢測，這主要是靠水質監測人員每天到固定點位進行現場採樣檢測，這也是佟立輝的職責所在。經多年歷練，佟立輝已擔任廣東粵港供水有限公司生產技術部水質管理經理，主要負責整個工程的水質保護，包括水質監測、監測方案制訂以及查找和解決水質可能存在的潛在問題。而旁邊那位則是一位入職不久的女孩子，她剛才記錄的是檢測設備自動生成的數據，這些數據對於我就像天書一般，但我看清了，每個數據都精確到小數點後的兩位數。三是實驗室檢測，如她們採集的這些水質樣本，隨即就會送到水環境監測中心進一步檢測分析，如 pH 值、氨氮、濕度及溶解氧等，如今，粵海水務水環境監測中心已能檢測出五百多項水質指標數據，比佟立輝初來乍到時翻了兩百多倍。

這些關鍵性的檢測結果，不光是由他們掌握，還要及時向香港方面提供。每天早上九點，香港水務人員都會準時打電話來核對數據，這一流程從東深供水工程對港供水以來一直延續至今，從水量到水質都要一一核對。與此同時，香港水務署也要在東深供水進入香港的第一站——木湖抽水泵站採樣檢測並做出化驗報告。粵港雙方不但要進行常態化的數據交換，在技術層面上也要定期進行交流。數據是特別枯燥的，而為了讓香港同胞喝上放心水，這些指標數據就是讓香港同胞放心的重要依據。這麼多年來，東深供水工程在對港供水的歷史上，還從未發生過因為水質問題而中斷供水的情況。而對於水質，如今的要求越來越高了。根據香港水務署做出的化驗報告，「東江輸入香港的水質不但沒有降低，而且有非常顯著的改善」，非常顯著！這是香港水務署在公開聲明中的原話。香港水務署一再重申，東江水可安全飲用，讓香港七百多萬市民放心。

其實，對於水質最關注的就是佟立輝這樣的監測人員，最不放心的也是他們，為了守護好每一滴水不受污染，他們的眼睛一直睜大着，神經一直緊繃着。對於某些過於苛刻的要求，她是特別理解的，水，畢竟是直接往生命裏灌注的東西，哪怕對水質的要求苛刻一點，也是人之常情啊。當我問到東深供水的水質現在怎麼樣時，佟立輝露出了一臉的陽光和笑容，她說：「我們的供水質量，一直穩定保持優於國家地表水Ⅱ類水質的質量。」

這話，乍一聽像書面術語，而這些檢測人員，也早已習慣用這種嚴謹的方式來表達。我知道，只要達到國家地表水Ⅲ類水質標準，就可以作為城市生活飲用水，而東深供水的水質一直穩定保持在國家地表水環境質量Ⅱ類水標準以上，主要水質指標如氨氮、溶解氧已接近國家地面水Ⅰ類標準，這一結果既是來自粵海水務水環境監測中心的恆常監測，也是來自香港水務署的嚴格監測。這已是當之無愧的優質飲用水。而在保障水質符合甚至優於港方標準後，東深人還一直在追求更高的水質標準，他們不但要對標世界衞生組織（WHO）和歐美發達國家的飲用水質標準，對一些標準外的污染物，如水體異味物質、環境雌激素、藥物和抗生素等也有了精確的檢測能力，這在國內已處於領先水平。當我沿着東深供水工程沿線一路走過來，無論走到哪裏，隨時都能看見一幅赫然醒目又底氣十足的標語：「粵海水務——中國水安全專家。」

我見到的這幾位年輕人，都是第三代「東深人」。這一代一代的「東深人」，各有各的經歷，各有各的個性，卻也有一種共同的性格，那就是從來不畏懼任何挑戰，這是半個多世紀以來的一種精神傳承。就說佟立輝吧，這位「85 後」的年輕人，從入職東深以來，一直被前輩們的事跡深深地感染着，她深情地說：「幾代前輩給我們打下了非常好的基礎，無論是工程質量，還是『東深人』的情懷，對我們現在的工作團隊都有非常大的鼓舞和鞭策。同前輩們相比，我們現在的條件好多了，哪怕面臨再多的挑戰，我們也要像前輩們一樣，像這穿山越嶺的東江水一樣，只要你認准了一個方向，就沒有過不去的坎……」她這話聲調不高，卻讓我為之一振。透過他們健康、陽光而又充滿自信的身影，我感到了一種來自生命深處的底氣。

一條被稱為生命之源的河流，又何嘗不是源自一代代人的生命深處？

當我站在深圳水庫大壩上，遠眺香港境內的木湖抽水泵站，那是東江水入港的第一站。由於疫情阻隔，難以越境採訪，但疫情卻阻隔不了流向香港的東江水。深秋，正值紫荊花盛開的季節，這是嶺南逐水而生、長勢強健的一種植物，百姓人家素喜於庭院種植紫荊，紫荊枝繁葉茂，花團錦簇，一直是家庭和睦、骨肉情深的象徵，如晉人陸機詩云:「三荊歡同株，四鳥悲異林。」

相傳南朝時，京兆尹田真與兄弟田慶、田廣三人分家，別的家產都好處置，唯有院子裏一株枝繁葉茂的紫荊花樹難以分割。當晚，兄弟三人商量，決定將這株紫荊截為三段，每人分一段。翌日清晨，兄弟三人去砍樹時，一個個都傻眼了，那紫荊花樹竟然在一夜之間枝葉枯萎、花朵凋零。田真見狀，手撫紫荊一聲悵歎：「人不如木也！」

兄弟三人都扔了斧子，一個家又分而復合，那株紫荊花樹隨之又恢復了生機。

常言道，人非草木，而草木卻也頗通人性啊。而今，這紫紅色的花朵從東江之濱沿着東深供水工程一直延伸到了香港，已成為香港的一個象徵，從家族到國族，最佳境界就是像紫荊花一樣簇擁在一起……

後記

一

這是一個離我近在咫尺的工程，卻也是一個神祕的存在。

十幾年前，我從湖南移居嶺南，一直住在東江之濱。對這條河流我有一種源於生命本能的關注，我和我的家人喝的也是東江水。然而，東深供水工程對於我而言卻一直充滿了神祕感。為了保護水質不受外界污染，這一工程一直在嚴密的、封閉式管理狀態下運行，外人一般是難以進入的。而那些建設者和管理者又非常低調，關於他們的事跡也鮮有公開報道。直到 2021 年 4 月 21 日，中共中央宣傳部授予東深供水工程建設者群體「時代楷模」稱號，這個「建設守護香港供水生命線的光榮團隊」才漸漸被揭開了神祕的面紗。這也給我帶來了一個難得的機遇，在廣東省水利廳的鼎力支持下，我終於走進了一扇扇神祕的大門去一探究竟。這也是我一個久存心中的願望，那就是去縱深揭示這條河流和這一工程的來龍去脈，去見識見識那些「深藏功與名」的建設者和守望者。

這是一次恍如穿越時空的漫漫長旅。這一工程本身並不綿長，但首期工程、三次擴建和一次另闢蹊徑的改造，迄今已歷經近六十年歲月，大致經歷了三代人。我一邊通過田野調查，在時空中往復穿梭，抵達當年的一個個施工現場，打量和搜尋那些處於不同時間節點的水利設施，一邊追蹤採訪工程的建設者和守護者。而最難追溯的就是東深供水首期工程，那幾乎是一段塵封的歷史。而今，第一代建設者和管理者大多已難以尋覓，有的老前輩與世長辭，即便是一個當年二十出頭的小夥子，現在也是年事已高的老人。他們既是歷史的親歷者也是歷史的見證人，而對他們的採訪幾乎是搶救性採訪。其中有兩位繞不過去的歷史人物，一位是東深供水首期工程的總指揮曾光，一位是東深供水工程管理局首任局長王泳，他們都是從烽火歲月中走出來的東縱老戰士，在中華人民共和國成立後投身於水利建設，既是東深供水工程建設和管理的開創者也是奠基者。然而，這兩位老前輩早已辭世，關於他們生平事跡的史料幾近於空白。為此，我翻檢了東江縱隊的大量史料和方志文獻，如海底撈針般從歷史的縫隙中尋覓他們的蹤跡，並通過一些過來人的口述，基本釐清了他們的生平事跡和對東深供水工程的突出貢獻。尤其是，通過他們的生平事跡，我對歷史有了一個縱深發現，從東江縱隊到東深供水工程也有着內在的血脈傳承。這不是偶然的，這是一條必然的路。

當我們立足於今天的時空，回頭審視這一跨流域、跨世紀的大型供水工程，在長度上它並不顯眼，遠遠趕不上後來居上的南水北調工程。但對於這樣一個工程，你還真不能從單純的水利工程意義上看，一旦脱離其背後的真相，我們對這一工程的回望和理解將變得非常狹隘。對於它，僅僅用眼睛是看不清楚的，還必須用心去看，用生命去理喻。

這是一個生命工程，東深供水不同於一般的供水工程，對港供水也不同於一般的城市供水，這是哺育粵港兩地同胞的生命水，更是香港與祖國內地骨肉相連的一條血脈、血濃於水的一條命脈，每一滴水都飽含着祖國母親對香港同胞的深情大愛，那源遠流長的生命之源，早已滲入香港的每一寸土地，融入了香港同胞的血脈深處。香港經濟學會顧問劉佩瓊經歷過香港當年的水荒，見證了香港今日之繁榮，她真誠地說：「有鹽同鹹，無鹽同淡！祖國永遠是香港的靠山，不管過去、現在還是未來，中央都是急港人所急、想港人所想，全力維護和增進香港市民的福祉。」

這是一個跨越了改革開放前後兩個時代、連接了內地和香港兩種社會制度的民生工程，也是一個超越了單純水利意義的政治工程，從一開始周恩來總理就做出了明確的批示：「應從政治上看問題」。而民生和民心就是最大的政治。對於東深供水工程，香港社會一直是高度關注的，在香港回歸之前，幾乎每任港督到任後都會造訪東深供水工程。英國前首相撒切爾夫人也在其回憶錄中對中國內地向香港供水給予了中肯而誠實的評價。粵港兩地同胞「同飲一江水」「同是一家人」，在香港回歸祖國後，歷任特首也一直心繫東深供水工程，這樣一條生命線，直接關係到「一國兩制」的政治穩定、維繫着香港繁榮穩定。香港特區政府水務署署長盧國華說：「五十多年從未間斷的東江水，是香港的大動脈，支持着香港社會和經濟的穩定發展，可以說，沒有東深輸水工程，就沒有今天香港的人口及發展規模。東深供水讓市民安居樂業的同時，也體現了國家對香港一貫的關懷和支持，更體現了香港與內地的緊密關係。」

這是一個推動香港經濟騰飛和深圳、東莞等沿線城市現代化崛起的經濟工程。隨着源源不斷的東江水湧入香港，水資源極度匱乏的香港煥發了生機。自 1965 年東深供水「引流濟港」的半個多世紀以來，香港人口從 1960 年三百多萬增長到如今的七百五十多萬，香港地區生產總值從一百多億港元增長到兩萬多億港元（2020 年達 2.41 萬億港元）。昔日那個在水荒中掙扎的香港而今已成為與紐約、倫敦比肩的國際金融中心、遠東地區的貿易中心和世界上最大、功能最多的自由港。這一切，如香港特區立法會議員葉國謙所說：「東江水是香港的命脈，沒有了東江水，香港不可能成為一個繁榮穩定的城市。」另一方面，東深供水工程在優先供水香港的同時也反哺了沿線的建設者。在改革開放之前，東深供水工程對東莞、寶安沿線一帶承擔着供水並兼有灌溉、排澇、發電和防洪等綜合功能，而自改革開放以來，深圳（原寶安縣）從一個幾十萬人口的邊陲農業縣崛起為一座人口逼近兩千萬、GDP 超過廣州和香港的一線城市。同飲一江水的東莞，也從一個百萬人口的農業縣崛起為一座擁有千萬級人口、萬億級 GDP 的超大城市。這只是大致的數據，它所帶來的實際經濟效益是難以做出準確統計的，但誰都知道，若沒有東深供水，就沒有香港的經濟騰飛，也沒有深圳、東莞等沿線城市的現代化崛起。

這是一個用心血、汗水和智慧凝聚而成的精品工程，一個跨區域調水和水質保護的典範工程，也是一個不斷創新的科技工程，堪稱是一部濃縮的中國水利工程建設史和水利科技發展史。從首期工程開始，建設者們就本着「建一項工程，樹一座豐碑」的信念，從最初的肩挑手挖、鑿山劈嶺、架管搭橋，到接下來的每一次擴建和改造升級中都有關鍵技術創新；從大型機械化施工到全線自動化管理，再到如今的數字化、智能化升級，形成了涵蓋科研、設計、生產加工、施工裝配及運營等全產業鏈融合一體的智能建造產業體系。尤其是東深供水改造工程，來自全國各地的設計、科研、監理和施工人員，以一流的管理、一流的設計、一流的施工、一流的監理以及一流的材料設備供應，實現了建設「安全、優質、文明、高效的全國一流供水工程」的總目標，攻克了四項關鍵技術，創造了四個「世界之最」，驗收優良率達到百分之百，先後榮獲中國建築工程魯班獎、詹天佑土木工程大獎、中國水利優質工程大禹獎和國家優質工程獎等諸多國家級殊榮，並入選新中國成立 60 周年百項經典暨精品工程。經典，精品，對於東深供水工程是當之無愧的，一代代的設計者和建設者們，既立足於當下又專注於卓越與長遠的眼光，用四十年時間打造了一個具有典範性、體現了水利工程之精髓又具有推廣價值的經典之作。這是人與水利的天作之合，也是彼此的相互成全。

二

當我追溯着一條血脈、一條生命線的來龍去脈時，東江也正在經受越來越嚴峻的考驗。自 2020 年入秋以來，由於受極端天氣影響，華南地區再次遭遇曠日持久的大旱，秋旱連冬旱，冬旱連春旱，降雨量創下了自 1956 年以來同期最少的紀錄，有的站點為微量紀錄甚至是零紀錄，隨着災情不斷擴展蔓延，大江小河水位越來越低，東江流域的三大水庫——新豐江、楓樹壩和白盆珠水庫出現了建庫以來最小總入庫流量，其中惠州境內的白盆珠水庫連續一百多天在死水位以下運行。這也是自東深供水工程建成以來，東江流域遭遇的歷史罕見的秋冬春夏連旱的最大旱情。東江告急，香港危急！據香港水務署通報，2021 年上半年香港降雨量、本地集水量和總存水量均比常年明顯偏少，一些山塘水庫水位急劇下降，對東深供水的需求也隨之增加，否則，香港又可能陷入一輪水荒。

在這一嚴峻的背景下，為百分之百確保對港供水安全，粵港兩地政府又於2020年底簽署了新的供水協議，對港供水將根據香港的實際需求實施動態供水調節機制，這為對港供水安全提供了有效依據和保障，也讓七百多萬香港同胞吃下了定心丸。為了應對極端旱情，廣東省水利部門對東江流域內三大水庫及其他蓄水工程設施進行科學調度，一方面優化水利工程運行；一方面精細控制東江流量，在水位不斷下降時，一直把保障對港供水安全擺在第一位，在大旱之年對港供水量有增無減，在超負荷的狀態下滿足了香港同胞的生產生活用水需求。

這持續近一年的旱情，直到2021年夏秋之交，隨着颱風帶來的雨水增多，東江流域三大水庫的蓄水量開始逐步回升才有所緩解，從東江流域到東深供水，又暫時挺過了一段最困難時期，在抗擊旱情上取得了階段性勝利。暫時，緩解，這根本就不是什麼勝利的詞語。倘若接下來沒有大量降雨補充，今冬明春的供水保障任務將更為艱巨。這也是東江流域和東深供水一直面臨的挑戰，如何才能從根本上解決東江流域的水危機？

從東深供水的歷史看，東江還是那條東江，流量還是那樣的流量，但香港、深圳、東莞以及東江流域內的一座座城市早已今非昔比。這三大城市的需水量一直呈幾何級上升，即便沒有遭受極端乾旱天氣，東江供水的利用率也已達到國際警戒線的頂峰，這是一條東江難以承受的生命之重。

若要解決東江的水危機，必須把視野進一步放開。從珠江流域的大背景看，這南方最大的流域，其流量在國內僅次於長江，擁有充沛的水資源，但由於時空分佈嚴重不均，造成東西兩翼極不平衡。從人口、經濟和社會發展看，珠江三角洲地區呈現東強西弱，而水資源量則東少西多，與生產力佈局不匹配的特點。在人口集中、經濟發達的東江流域，水資源總量還不到廣東省的兩成，卻承擔着對港供水的重任，還要支撐着全省近三成的人口用水和近一半的地區生產總值。而作為珠江幹流的西江，總水量超過了東江約十倍，一條西江就超過了十條東江，但西江的水資源開發利用率僅為百分之二左右。水資源開發利用的嚴重不均，又加之水資源時空分佈的嚴重不均，勢必會帶來一系列的問題，有的地方水滿為患，洪水泛濫，有的地方乾旱缺水，旱魃橫行。這都是水危機，水多了是危機，水少了也是危機，而在水危機的步步緊逼下，也催生了一個比東深供水工程更宏大的設想——興建珠江三角洲水資源配置工程，從西江向珠江三角洲東部地區引水——西水東調。只有這樣，對全流域水資源進行空間優化配置，才能從根本上、從長遠上解決整個珠江流域的水危機。

為此，從 2004 年開始，廣東省水利廳便牽頭開展一系列統籌謀劃與科學論證，直至 2019 年，珠江三角洲水資源配置工程才全面開工，僅前期工作就歷時十五年之久。

嚴振瑞，這位曾先後參加了東深供水三期擴建和全面改造的設計者，現任廣東省水利電力勘測設計研究院有限公司總經理，這次他又挑起了大梁，主持珠江三角洲水資源配置工程的規劃設計，這是一盤更大的棋。而就在規劃設計的過程中，又迎來了一個重大的時代機遇，中央作出了建設粵港澳大灣區的重大決策。從國內看，這是中國開放程度最高、經濟活力最強的區域之一，包括香港、澳門兩個特別行政區和廣東省廣州市、深圳市、珠海市、佛山市、惠州市、東莞市、中山市、江門市、肇慶市 9 座城市，總面積 5.6 萬平方公里，總人口約 7000 萬人。從國際看，這是與美國紐約灣區、舊金山灣區、日本東京灣區並稱的世界四大灣區之一，但它又不同於其他灣區，從一開始就面臨着「一個國家、兩種制度、三個關稅區」造成的制度差異，在世界上還沒有同類經驗可循。若要深入推進粵港澳大灣區一體化的進程，水資源就是一個不可或缺的因素。從粵港澳大灣區東部、珠江口東岸看，擁有香港、廣州、深圳、東莞、惠州 5 座城市，無論是城市規模、人口數量還是經濟發展程度，都要遠遠超過珠江口西岸。從水資源來説，若要支撐如此龐大的經濟體運行，東江水早已難負重荷，只有通過對珠江三角洲水資源的重新調配才能解決傾斜和失衡的狀態。這一工程引起了國家的高度重視，2018 年 8 月，珠江三角洲水資源配置工程可行性研究報告獲國家發改委批覆，被列入國家重大水利工程。

這是迄今為止廣東省歷史上投資額最大、輸水線路最長、受水區域最廣的水資源調配工程。按總體規劃設計，這一工程西起西江幹流鯉魚洲，東至深圳公明水庫，由一條幹線、兩條分幹線、一條支線、三座泵站和四座調蓄水庫組成，工程全長 113.2 公里，穿越珠江三角洲核心城市群，沿途輸水至廣州南沙擬新建的高新沙水庫、東莞的松木山水庫及深圳羅田水庫，設計年供水量 17.08 億立方米，總投資約 354 億元，施工總工期 60 個月，按計劃將於 2025 年內建成通水。

2019 年 5 月，這一工程正式開工，廣東粵港供水有限公司以東深供水工程的運營管理團隊為基本班底組建了廣東粵海珠三角供水有限公司，徐葉琴擔任了工程總指揮。這一新時代的工程，與此前的東深供水工程已不能同日而語，採用的是世界先進的設備和技術，目標是「打造新時代生態智慧水利工程」，但工程背後所面臨的技術難題、風險挑戰，也超過以往絕大多數水利工程。為了最大限度節約土地，該工程全線大多採用地下深埋盾構方式，在縱深 40 米至 60 米的地下空間建造，為灣區發展預留寶貴的土地資源和淺層地下空間，建設者們必須攻克長距離深埋盾構施工、高水壓襯砌結構設計及施工、寬揚程變速水泵研發、長距離深埋管道檢修等一系列世界級難題。

這一工程的唯一取水口，建在距離獅子洋四十多公里外的鯉魚洲島上，該島位於佛山順德的西江之心，必須開鑿一條交通隧洞，這是龍頭工程，也是全線第一個盾構隧洞，由於水文地質環境異常複雜，必須攻克諸多技術高地。徐葉琴作為工程總指揮，此時已經不再年輕了，卻如當年一樣敢闖敢拚。在大夥兒眼裏，這高大如鐵塔一般的漢子，總是給人一種典型的硬漢形象，然而，他內心裏其實也有柔軟乃至脆弱的地方。那最柔軟的就是難以割捨的親情，而最脆弱的就是對家人難以彌補的虧欠和內疚。他父親患肺癌十年，他一直掛念着父親，卻很少有時間回安徽老家看望父親，更沒有時間陪伴他老人家。父親也很少給他這個遠在異鄉的遊子打電話，只有被病魔折磨得疼痛難忍時，才會給他打個電話，卻不是訴說自己的病痛，而是一再安慰他：「葉琴啊，我還好呢，你不用掛念，我聽說東江那邊又旱了，你可一定要把水弄好了，讓香港那邊有水喝啊！」徐葉琴聽着父親那顫抖的聲音，他的心也在顫抖。多年來，父親一直想到他工作的地方來走一走、看一看，特別想看看東江水是怎麼流到香港的。徐葉琴也多次對父親説，等自己有空了，一定接他老人家來這裏看看。這也是他對老父親做出的一個承諾，可這麼多年來他愣是抽不出一點時間去接老父親，這樣一個簡單的承諾竟然一直無法實現。這年12月26日，徐葉琴正在鯉魚洲島上指揮施工，突然接到哥哥從老家打來的電話：「老弟啊，爸走了，他知道你忙，臨走時不讓告訴你……」徐葉琴猛地一抖，一下愣住了。對父親的病逝，他是早有心理準備的，但還是感到那樣突然，他用顫抖的手緊握着手機，卻説不出一句話來。哥哥又哽咽着説：「老弟啊，爸不怪你，他説自古忠孝難以兩全，你是為國盡忠，那我就代你盡孝。放心吧，爸的後事由我們來料理……」那電話在一陣嗚嗚的風聲中掛斷了，他都不知道電話是何時掛斷的，一直久久地握着手機，彷彿想要緊緊地拽住什麼。而他心裏十分清楚，他對父親的承諾再也無法實現了。在父親去世後的第四天，徐葉琴在完成一個關鍵工程的指揮任務後，才連夜趕回老家，去送父親最後一程。這一次，他在老家待了十天，這也是他參加工作後在老家待的時間最長的一次，但「子欲養而親不待」，他陪伴的只是寒風中的一幢老屋和荒野上的一抔黃土……

人生中總有太多難以彌補的遺憾，而你只能為今天的使命和未來的期待而活着。徐葉琴一直有着深深的自責，他對不起老父親、對不起家人。但從東深供水工程到珠江三角洲水資源配置工程，他從未辜負自己肩負的使命。撫今追昔，這位早已年過天命的漢子，眼裏閃爍着透亮的光澤，説：「東江水不僅有清澈的過去，更有清甜的未來。」

三

一條水路，一條血脈，一條生命線，在人類付出的心血和汗水中向前延伸，每一個工程都是血肉之軀築起來的。歷史不會忘記，山河不會忘記，那些經歷過乾旱和水荒煎熬的香港同胞更不會忘記。哪怕在國家困難時期，對香港同胞的困難也絕不會袖手旁觀，那一代一代的建設者和守護者肩負着「國之重任，港之命脈」，被一條對港供水生命線凝聚在一起，一直在為這一工程而接續奮鬥。而在東深供水工程運營的過程中，還有一代代人全力守護着這條對港供水的漫長生命線。這是一個特殊群體，也是一個光榮團隊——「東深人」。這個「光榮團隊」也是一個由無名英雄組成的團隊，多年來他們連同那段塵封的歷史，一直處於默默無聞的狀態，默默地付出，默默地堅守，一如「天地有大美而不言」，亦如「水善利萬物而不爭」。他們錘煉着巖石，也錘煉了自己的筋骨，如一層石頭壓着一層石頭的實幹，只有這樣的實幹，才能聚集和迸發出一種偉大的力量，可以穿越一道道峽谷，也可以穿透歷史。如果不走近他們你或許不會發現，我們這個社會的內部還有這樣一種力量的存在。而他們的追憶，他們的講述，既是個人的人生記憶、生命記憶，組合在一起，也是祖國內地與香港血脈相連、休戚與共的國家記憶。

從東江到香江，一條生命線，幾代家國情。「百里清渠，長吟慈母搖籃曲；千秋建築，永譜香江昌盛歌。」當清清的東江水從香港的水龍頭嘩嘩流出，每一滴水都見證了東江兒女對七百多萬香港同胞血脈相連的親情，也傾注了祖國對香港血濃於水的心血。

隨着東江水源源不斷地流進香港，那旱魃橫行的水荒早已成為歷史，漸漸成為越來越久遠的傳説。為了讓從未經歷過水荒的香港年輕一代了解歷史真相，香港華僑華人研究中心主任許丕新和香港僑界會一直在呼籲，將東深供水工程和數十年來一直默默奉獻的建設者群體載入《香港志》和大中小學國民教育有關課程中，讓香港人永遠不要忘記這一偉大工程和它的建設者。香港國民教育促進會主席薑玉堆先生説：「這段歷史對香港人來説是非常重要的，這個水可以説就像一個人血管裏的血。如果沒有這個水，我敢肯定香港就沒有今天了。」從 2015 年至今，香港國民教育促進會連年舉辦香港青少年「東江之水越山來」歷史溯源活動。在前輩們的感召下，已有越來越多的香港青少年從香江走向東江，參觀東深供水工程。葉子嘉是一名正在廣州中醫藥大學就讀的香港學子，他跟隨學校組織的交流團參觀了東深供水工程，第一次親眼見到了寫在課本裏的東江，從一幅幅歷史照片中看到了五十多年前發生的一幕幕，東深供水工程的建設者們靠着手挖、肩挑、背扛，開山劈嶺、修堤築壩，先後戰勝五次強颱風的襲擊……這一幕幕，讓葉子嘉在內心裏感到了深深的震撼。這也是他第一次真切地感受到，原來每天打開水龍頭就可以飲用的自來水，背後竟然有着這樣艱辛而悲壯的歷史。他忍不住問自己，這成千上萬的內地同胞為了修建東深供水工程，流血流汗甚至為此而獻出了生命，這每一滴水裏流淌着的是怎樣的愛與親情？葉子嘉説，當他看到紀念園裏那座母親抱着孩子的雕塑時，就在那個瞬間，他一下子明白了。為什麼一個母親要不惜一切代價為香港付出？這就是一種血脈相融、難以割捨的骨肉親情啊！

此刻，當一段漫長的追溯進入尾聲，從珠江口傳來一個突破性的喜訊，2022年新年伊始，獅子洋輸水隧洞全線貫通。這是一條從珠江口獅子洋底穿過的咽喉隧洞，也是珠江三角洲水資源配置工程隧洞掘進關鍵一環，沿線佈滿多條地質斷裂帶，在施工過程中面臨線路埋深大、圍岩透水強、海底換刀難等多重挑戰，施工難度在國內乃至世界水利工程史上也實屬罕見。這個元旦假期，建設者依然堅守在施工一線，終於打通了這道海底咽喉，整個工程有望於2023年底提前建成通水。屆時，這一工程引來的西江水和東深供水工程引來的東江水將比翼雙飛，為粵港澳大灣區的供水安全提供雙重保障和戰略支撐，為香港等地提供應急備用水源，堪稱是推動大灣區騰飛的雙引擎。而這不是一次追溯的尾聲，而是開啟未來的序章。

在倍感欣慰之際，我心裏依然充滿了隱隱的遺憾和惆悵。從一開始，我就想透過一條河流，看清那些走在時間深處的身影，但那成千上萬的建設者群體，我追尋到的只是極少的一部分，又加之採訪期間幾度遭逢疫情阻隔，還有一些採訪對象由於身體原因或其他特殊情況未能接受採訪，只能留下遺憾了。而那些默默無聞的建設者們，這是我想要追尋又難以追尋的，他們現在星散何處？如今一切安好？面對東江，四顧茫然，又讓我在茫然中有一種莫名的惆悵。而對這條河流我一直心存感激，在這次恍若穿越時空的追溯中，我真切地感覺到自己心中的許多東西，正在一點一點地變得純淨，變得通透。走進這裏的風土，感覺如同經歷了一次內心故鄉的漫遊。只要還能夠走在這一條乾乾淨淨的河流邊，我就覺得是最大的幸福，自然，也有許多難以言說的滋味，在漫天的陽光下化入一江碧水中……

2022年1月10日，於東江之濱

附　錄　主要參考資料

（以發行或出版時間先後為序）

《東江之水越山來》（紀錄片），羅君雄編導，香港鴻圖影業公司攝制，香港新聯影業公司發行，1965年版。

《東江縱隊史》，《東江縱隊史》編寫組編，廣東人民出版社，1985年版。

《東江—深圳供水工程志》，廣東省東江—深圳供水工程管理局編，廣東人民出版社，1992年版。

《珠江志》，水利部珠江水利委員會《珠江志》編纂委員會編，廣東科技出版社，1993年版。

《廣東省志·水利志》，廣東省地方史志編纂委員會編，李德成主編，廣東人民出版社，1995年版。

《東莞市志》，東莞市地方志編纂委員會編，廣東人民出版社，1995年版。

《博羅縣志》，博羅縣地方志編纂委員會編，中華書局，2001年版。

《點滴話當年：香港供水一百五十年》，何佩然著，商務印書館（香港）有限公司，2001年版。

《大型工程建設的旗幟：來自廣東東深供水改造工程的報告》，中共廣東省委政策研究室、廣東省水利廳編，廣東人民出版社，2003 年版。

《丹心碧水獻紫荊：記東深供水改造工程建設三十傑》，彭澤英主編，花城出版社，2003 年版。

《東深供水改造工程開展勞動競賽的探索和實踐》，廣東省總工會、廣東省水利廳、廣東省東江—深圳供水改造工程建設總指揮部等編，中國水利水電出版社，2004 年版。

《東深供水改造工程》，廣東省東江—深圳供水改造工程建設總指揮部編，中國水利水電出版社，2005 年版。

《中國當代水務②——國外與港澳地區水務專輯》，深圳市水務局編，中國水利水電出版社，2005 年版。

《惠州市志》，惠州市地方志編纂委員會編，中華書局，2008 年版。

《東江流域》，「中國地理百科」叢書編委會編著，世界圖書出版廣東有限公司，2017 年版。

《東江流域水環境與水生態研究》，楊揚、王賽、崔永德著，科學出版社，2019 年版。

東深供水工程建設實錄

陳啟文　著

責任編輯　李茜娜
裝幀設計　譚一清
排　　版　黎　浪
印　　務　劉漢舉

出版　開明書店
香港北角英皇道 499 號北角工業大廈一樓 B
電話：（852）2137 2338　傳真：（852）2713 8202
電子郵件：info@chunghwabook.com.hk
網址：http://www.chunghwabook.com.hk

發行　香港聯合書刊物流有限公司
香港新界荃灣德士古道 220-248 號
荃灣工業中心 16 樓
電話：（852）2150 2100　傳真：（852）2407 3062
電子郵件：info@suplogistics.com.hk

印刷　美雅印刷製本有限公司
香港觀塘榮業街 6 號 海濱工業大廈 4 樓 A 室

版次　2022 年 10 月初版

規格　16 開（240mm×170mm）

ISBN　978-962-459-231-3

本書繁体字版由廣東人民出版社有限公司授權出版